21世纪大学本科计算机专业系列教材

计算机图形学

杨钦 徐永安 翟红英 编著

清华大学出版社
北京

内 容 简 介

本书全面介绍计算机图形学的系统组成、图形生成与显示算法以及交互实现技术。主要内容包括：计算机图形系统、基本光栅图形生成技术、图形变换、交互绘图技术、真实感图形的生成技术、曲线与曲面、几何建模以及与计算机图形学相关的研究领域。本书的特点是取材精炼，注重算法与实现相结合，便于读者用较少的时间精力全面地掌握计算机图形学的主要内容。本书将计算机图形学的基本理论、算法与 OpenGL 技术有机结合，可以加深读者对基本理论、算法的理解，并且有利于读者牢固地掌握 OpenGL 技术。本书强调图形交互技术，介绍了基于 Windows 操作系统的 Visual C++ 图形程序开发平台和 OpenGL 技术的实现，增加了学习的趣味性，有助于读者进行图形学实验，为读者今后在学习和工作中应用图形学技术开发应用系统打下坚实的基础。

本书适合作为高等学校计算机图形学的教学用书，对从事 CAD 和 CG 研究、应用和开发的广大科技人员也有较高的参考价值。

图书在版编目(CIP)数据

计算机图形学/杨钦，徐永安，翟红英编著. —北京：清华大学出版社，2005(2024.12重印)
(21世纪大学本科计算机专业系列教材)
ISBN 978-7-302-10434-6

Ⅰ. 计⋯　Ⅱ. ①杨⋯ ②徐⋯ ③翟⋯　Ⅲ. 计算机图形学—高等学校—教材　Ⅳ. TP391.41

中国版本图书馆 CIP 数据核字(2007)第 006412 号

责任编辑：张瑞庆
责任印制：刘　菲

出版发行：清华大学出版社
　　　　　网　　址：https://www.tup.com.cn, https://www.wqxuetang.com
　　　　　地　　址：北京清华大学学研大厦 A 座　　　　邮　　编：100084
　　　　　社 总 机：010-83470000　　　　　　　　　　邮　　购：010-62786544
　　　　　投稿与读者服务：010-62776969，c-service@tup.tsinghua.edu.cn
　　　　　质量反馈：010-62772015，zhiliang@tup.tsinghua.edu.cn
印 装 者：涿州市般润文化传播有限公司
经　　销：全国新华书店
开　　本：185mm×230mm　　　　印　张：16.75　　　　字　　数：358 千字
版　　次：2005 年 3 月第 1 版　　　　　　　　　　　　印　　次：2024 年 12 月第 21 次印刷
定　　价：42.90 元

产品编号：009636-04/TP

序 言

21 世纪是知识经济的时代,是人才竞争的时代。随着 21 世纪的到来,人类已步入信息社会,信息产业正成为全球经济的主导产业。计算机科学与技术在信息产业中占据了最重要的地位,这就对培养 21 世纪高素质创新型计算机专业人才提出了迫切的要求。

为了培养高素质创新型人才,必须建立高水平的教学计划和课程体系。在 20 多年跟踪分析 ACM 和 IEEE 计算机课程体系的基础上,紧跟计算机科学与技术的发展潮流,及时制定并修正教学计划和课程体系是尤其重要的。计算机科学与技术的发展对高水平人才的要求,需要我们从总体上优化课程结构,精炼教学内容,拓宽专业基础,加强教学实践,特别注重综合素质的培养,形成"基础课程精深,专业课程宽新"的格局。

为了适应计算机科学与技术学科发展和计算机教学计划的需要,要采取多种措施鼓励长期从事计算机教学和科技前沿研究的专家教授积极参与计算机专业教材的编著和更新,在教材中及时反映学科前沿的研究成果与发展趋势,以高水平的科研促进教材建设。同时适当引进国外先进的原版教材。

为了提高教学质量,需要不断改革教学方法与手段,倡导因材施教,强调知识的总结、梳理、推演和挖掘,通过加快教案的不断更新,使学生掌握教材中未及时反映的学科发展新动向,进一步拓广视野。教学与科研相结合是培养学生实践能力的有效途径。高水平的科研可以为教学提供最先进的高新技术平台和创造性的工作环境,使学生得以接触最先进的计算机理论、技术和环境。高水平的科研还可以为高水平人才的素质教育提供良好的物质基础。学生在课题研究中不但能了解科学研究的艰辛和科研工作者的奉献精神,而且能熏陶和培养良好的科研作风,锻炼和培养攻关能力和协作精神。

进入 21 世纪,我国高等教育进入了前所未有的大发展时期,时代的进步与发展对高等教育质量提出了更高、更新的要求。2001 年 8 月,教育部颁发了《关于加强高等学校本科教学工作,提高教学质量的若干意见》。文件指出,本科教育是高等教育的主体和基础,抓好本科教学是提高整个高等教育质量的重点和关键。随着高等教育的普及和高等学校的扩招,在校大学本科计算机专业学生的人数将大量上升,对适合 21 世纪大学本科计算机科学与技术学科课程体系要求的,并且适合中国学生学习的计算机专业教材的需求量也将急剧增加。为此,中国计算机学会和清华大学出版社共同规划了面向全国高等院校计算机专业本科生的"**21 世纪大学本科计算机专业系列教材**"。本系列教材借鉴美国 ACM 和 IEEE/CS 最新制定的 *Computing Curricula 2001*(简称 CC2001)课程体系,反映当代计算机科学与技术学科水平和计算机科学技术的新发展、新技术,并且结合中国计算机教育改革成果和中国国情。

中国计算机学会教育专业委员会和全国高等学校计算机教育研究会,在清华大学出版社的大力支持下,跟踪分析 CC2001,并结合中国计算机科学与技术学科的发展现状和计算机教育的改革成果,研究出了《中国计算机科学与技术学科教程 2002》(China Computing Curricula 2002,简称 CCC2002),该项研究成果对中国高等学校计算机科学与技术学科教育的改革和发展具有重要的参考价值和积极的推动作用。

"**21 世纪大学本科计算机专业系列教材**"正是借鉴美国 ACM 和 IEEE/CS CC2001 课程体系,依据 CCC2002 基本要求组织编写的计算机专业教材。相信通过这套教材的编写和出版,能够在内容和形式上显著地提高我国计算机专业教材的整体水平,继而提高我国大学本科计算机专业的教学质量,培养出符合时代发展要求的具有较强国际竞争力的高素质创新型计算机人才。

中国工程院院士

国防科学技术大学教授

21 世纪大学本科计算机专业系列教材编委会名誉主任

2002 年 7 月

前　言

图形是一种重要的信息表达和传递方式。与语言、文字、数字相比，用图形表达信息更直观、更丰富。诞生于 20 世纪 60 年代的计算机图形学是研究如何使用计算机生成图形的一门学科。随着计算机软硬件的不断发展，尤其在 20 世纪 80 年代以后，计算机图形学快速发展，计算机能够表达的图形越来越丰富，从二维图形到三维实体，从静态图片到实时动画，从线框图到真实感显示，从产品设计、工程分析到动画、广告、影视艺术，计算机图形学在众多领域得到应用，而且在应用过程中与其他学科相结合，产生了很多新兴的学科，如 CAD/CAM/CAE、可视化、动画、仿真、虚拟现实等，计算机图形学在现代社会生活中发挥着越来越重要的作用。

本书作者自 1994 年开始从事计算机图形学的教学和科研工作，从计算机图形学发展和应用研究两个方面系统地总结了 10 多年的教学和科研体验，写成此书。

本书共分 9 章。第 1 章为绪论，介绍计算机图形学的发展历史、研究内容和应用领域；第 2 章是计算机图形系统，概述计算机图形系统的软硬件发展，介绍 Windows 操作系统下的图形程序开发方法和 OpenGL 绘图程序；第 3 章是基本光栅图形生成技术，概述基本光栅图形生成方法，重点介绍目前应用较多的经典方法，并且给出 Visual C++ 和 OpenGL 生成基本图形的实现；第 4 章是图形变换，在叙述几何变换和坐标变换的概念和作用的基础上，详细介绍交互绘图过程中的显示变换、OpenGL 坐标变换机制、线段裁剪和多边形裁剪；第 5 章是交互绘图技术，介绍 Windows、MFC、OpenGL 对交互绘图的支持与实现；第 6 章是真实感图形的生成技术，概述真实感图形生成方法的发展，介绍消隐、光照、纹理映射、阴影生成、反走样技术，用 OpenGL 生成真实感图形；第 7 章是曲线与曲面，分析曲线、曲面生成方法的发展，重点介绍当前实用图形系统中常用的曲线曲面生成方法，用 OpenGL 生成 NURBS 曲线和曲面；第 8 章是几何建模，介绍当前实用造型系统中常用的三维建模方法；第 9 章是计算机图形学相关的研究领域，介绍 CAD/CAM、计算机动画、可视化、虚拟现实、逆向工程等新兴学科的发展。

本书具有如下特点：

(1) 精选内容、突出主线

计算机图形学在 40 年的发展过程中不断地推陈出新,为适应教学需求,增添成熟的新内容,并介绍最新的发展方向,使学生能够用有限的时间和精力系统准确地了解计算机图形系统、基本原理、应用和发展方向。

（2）强调交互技术

交互绘图是图形应用系统的重要环节,是计算机图形学的重要内容。本书加强这一部分内容不仅有助于学生进行计算机图形学实验,而且为开发专业图形应用系统提供基础。

（3）强调 OpenGL,注重实验

图形学的理论和算法比较艰深和难懂,但实验结果却可以非常直观和生动。本书介绍了 Windows 操作系统下图形程序开发环境和 OpenGL,提供一套在教学中多次使用的实验图形平台,让学生在这个平台上完成计算机图形学的实验。同时通过 OpenGL 生成和显示图形,进一步加深学生对计算机图形学的概念、原理和算法的理解,起到事半功倍的效果。OpenGL 是独立于硬件设备、窗口系统和操作系统的图形标准,以 OpenGL 为基础开发的应用程序可以在各种平台间移植。学会使用 OpenGL 可以为今后开发图形应用系统打下基础。

本书由杨钦制定详细的编写大纲和写作要求。第 1 章由徐永安与翟红英共同撰写;第 2 章由翟红英撰写;第 3 章由朱大培撰写;第 4、8 章由陶海燕撰写;第 5 章由宫法明撰写;第 6 章由李吉刚撰写;第 7 章由徐永安撰写;第 9 章由徐永安、蔡强撰写。全书由杨钦、徐永安和翟红英统稿,杨钦最后修改定稿。

本书在编写过程中得到了北京航空航天大学马殿富教授、陈其明教授、葛本修教授的指导和大力支持。北京航空航天大学计算机学院计算机图形学研究室的博士研究生程丹和硕士研究生金宁林等在本书的统稿和审校过程中也做了许多工作。在此表示衷心的感谢!

由于作者水平有限,书中难免有错误及不当之处,恳请读者批评指正。

作 者

2005 年 1 月

目 录

第 1 章

绪　　论

　　图形是一种重要的信息表达和传递方式。从古老的象形文字、各种绘画作品到近代的卡通、动画以及现代的影视作品，从艺术作品到工程图纸，图形在人类社会的生活与工作中无处不在。与语言、文字、数字相比，图形表达信息更直观、更丰富，具有语言文字无法比拟的优势。诞生于 20 世纪 60 年代的计算机图形学(computer graphics，CG)是研究如何使用计算机生成图形的一门学科。随着计算机软硬件的不断发展，尤其 20 世纪 80 年代以后，计算机图形学快速发展，计算机能够表达的图形越来越丰富，从二维图形到三维实体，从静态图片到实时动画，从线框图到真实感显示，计算机图形学从产品设计、工程分析到动画、广告、影视艺术在众多领域得到应用。在应用过程中计算机图形学与其他学科相结合，产生了很多新兴的学科，如 CAD/CAM/CAE、可视化、动画、仿真和虚拟现实等。计算机图形学在现代社会生活中发挥着越来越重要的作用。

　　本章概述了计算机图形学的发展历史、研究内容以及应用领域，使读者对这门学科有较为全面的了解。

1.1　计算机图形学的发展历史

1.1.1　起源

　　computer graphics (计算机图形学)最早是美国麻省理工学院的 Ivan E. Sutherland 于 1963 年在他的博士论文"Sketchpad：一个人-机通信的图形系统"中首次提出。此前麻省理工学院于 1950 年采用了类似示波器的 CRT 研制了第一台图形显示器，1958 年 Calcomp 公司将数字记录仪发展成滚筒式绘图仪，GerBer 公司基于数控机床研制出平板式绘图仪。这些工作为计算机图形学的诞生奠定了硬件基础。Ivan E. Sutherland 在 Sketchpad 系统中实现了用光笔在图形显示器上选择、定位等交互功能，是交互式计算机图形学的开端，他本人被世人公认为"计算机图形学之父"。图 1-1 所示为 Ivan E. Sutherland 操纵 Sketchpad 系统。

图 1-1　Ivan E. Sutherland 操纵 Sketchpad 系统

一个完整的计算机图形系统包括硬件和软件两部分。硬件部分涉及图形输入、处理、显示、存储和输出等设备，软件部分涉及图形生成、显示、处理算法以及图形数据存储、交换的格式等。自 20 世纪 60 年代计算机图形学诞生至今，计算机图形学的软硬件一直在发展、更新。

1.1.2　计算机图形学硬件设备的发展

计算机图形学最基本的硬件是计算机，20 世纪 60～70 年代计算机速度、容量虽然发展很快，但用于处理、存储图形仍显不足，且价格昂贵，计算机图形学的研究与应用仅限于少数条件优越的企业、高校以及科研机构的实验室。20 世纪 80 年代以后，计算机速度和容量飞速发展，至今 CPU 速度已达万亿次/秒，容量达到了千兆，价格不断下降，计算机不仅在企业中使用，而且走进了千家万户，目前计算机的速度和容量为动态、复杂对象的图形表达奠定了一定的基础，但要生成、处理实时动态的高逼真度复杂对象，仍需更高速度和更大容量的计算机。

图形显示器是计算机图形学中的关键设备。20 世纪 60 年代中期较早出现的随机扫描显示器（也称矢量显示器）具有较高的分辨率和对比度，但为了避免图形闪烁，需要以30 次/秒的频率不断刷新屏幕上的图形，且价格昂贵，难以普及。20 世纪 60 年代后期研制出了存储管式显示器，它不需要缓存和刷新功能，价格低廉，缺点是不具有动态显示修改图形的功能，不适合交互式图形生成技术的发展。20 世纪 70 年代初很快又出现了基于电视技术的光栅扫描显示器，它是一个画点设备。光栅扫描显示器技术一直在发展、改进，能够显示的颜色非常丰富，至今仍是主流的图形显示器。

近年来，液晶显示器和等离子显示器开始普及，这两类显示器轻便、易于携带，但目前在价位和色彩方面稍逊于光栅扫描显示器。未来将出现分辨率更高、色彩丰富、轻便、可折叠式的显示器。图 1-2 是 SAMSUNG 液晶显示器。

交互式计算机图形学另一部分重要的设备是输入输出设备。输入设备最基本的作用就是将各种形式的信息转换成适合计算机处理的形式。图形输入设备从逻辑上分为 6 种功能,即定位(locator)、笔画(stroke)、数值(valuator)、选择(choice)、拾取(pick)及字符串(string),也可称为 6 种逻辑交互设备,一种逻辑交互设备对应一种或一类图形输入设备,而实际的图形输入设备是某些逻辑输入功能的组合。早期的纸带输入机是计算机发展初期惟一的输入设备,是通过读出穿孔纸带上的信息并把信息输入计算机,但它不具备交互性。随后出现了二维交互式输入设备,如人们所熟悉的键盘,鼠标,还有图形输入板、扫描仪、光笔、游戏杆、跟踪球、触摸屏和语音系统等,主要完成定位、拾取和坐标输入等功能。三维交互式输入设备包括空间球、数据

图 1-2 SAMSUNG 液晶显示器

手套、数据衣、数据鞋以及头盔、立体眼镜等,用于虚拟现实系统中。未来的输入设备的发展将使人与计算机更加融合,人的语音、手势、身体语言甚至是面部表情都可以被计算机所识别和输入。

图形的输出设备主要有打印机和绘图仪两种。目前常用的打印机有喷墨打印机和激光打印机,喷墨打印机比较便宜,激光打印机出图质量较高。绘图仪有滚筒式和平板式,按工作原理分有笔式和喷墨等,绘图仪的主要性能指标有最大绘图幅面、绘图速度和精度。

总体上,除特定用途,计算机图形系统的硬件设备发展基本成熟,能够满足实际应用中的大部分需求,可依据特定工作需求,选择相应的硬件设备。随着计算机图形学的不断发展,未来将有更多的硬件设备用于图形的采集、显示和输出,如逆向工程中的三维形状数字化仪以及三维打印设备等。

1.1.3 计算机图形学算法研究的发展

计算机图形学算法主要研究物理模型或假想模型在计算机中的表达、显示,大体有以下几个方面。

1. 光栅扫描图形的生成

主要包括基本图元的生成,如直线、圆、圆弧、椭圆等算法研究,其中有著名的Bresenham 算法及大量的改进算法;多边形填充、裁剪等也是光栅扫描图形的基本算法。目前这些算法经过反复修改,都已经有高效率的成熟算法。

2. 图形变换

主要是几何变换和投影知识在计算机图形学领域的应用。

3. 真实感图形生成

如何提高计算机表达物理模型的逼真度一直是计算机图形学的研究热点和难点,从

早期的基于线、面运算的隐藏线、隐藏面去除算法到 Z 缓冲器算法,从 Gouraud、Phong 简单光照模型到光线追踪、辐射度算法,计算机能够处理阴影、透明和纹理,生成的图形(像)也越来越逼近真实物理模型,不仅能够表达人造物体,而且对自然对象如树木、花草、河流、火焰和云雾等也有特定的算法。随着进一步的研究,将会有更多的自然对象能够方便地用计算机来表达。

4. 几何建模技术

受早期计算机速度和容量的限制,计算机图形学最早能够表达的是线框模型,线框模型简单,缺乏立体感,存在多义性,不能计算物体的物理属性。随着计算机速度和容量的快速提高,计算机图形学中越来越多地采用面模型和体模型,面模型能够准确显示物体的表面形状及纹理,并可以计算部分物理属性,体模型能够比较方便地计算各种物理属性,但在计算机中表达比较困难,目前计算机图形学中大多仍采用基于边界面的实体造型方法,基于实体单元的三维模型只有在少数特殊用途中才使用,如何将复杂对象表达为简单几何形体的集合仍是当前计算机图形学的研究热点和难点。

5. 曲线曲面生成方法

相对于点、直线、平面以及二次曲线曲面,自由曲线曲面在计算机中的表示比较困难。20 世纪 60~70 年代,为了将计算机图形学应用于汽车、飞机的辅助设计,美、法、英、德等国的研究人员设计出很多曲线曲面的构造方法,比较著名的有美国波音公司的 Ferguson 于 1963 年提出的用于飞机设计的参数三次方程,法国雷诺汽车公司的 Bézier 于 1962 年提出的以逼近为基础的曲线曲面设计系统 UNISURF,de Casteljau 大约于 1959 年在法国雪铁龙汽车公司的 CAD 系统中亦有同样的设计,Coons 于 1964 年提出了一类布尔和形式的曲面。早期曲线曲面设计方法计算效率不高,局部可修改性不好,绘图过程的几何意义不明确。20 世纪 70 年代出现了 B 样条曲线曲面,1972 年,deBoor 和 Cox 分别给出均匀 B 样条的标准算法。均匀 B 样条曲线曲面具有计算效率高、局部可修改、绘图过程几何意义明确等优点,但未考虑型值点的分布对参数化的影响。1975 年以后,Riesenfeld 等人研究了非均匀 B 样条曲线曲面,美国锡拉丘兹大学的 Versprille 研究了有理 B 样条曲线曲面,20 世纪 80 年代末、90 年代初,Piegl 和 Tiller 等人对有理 B 样条曲线曲面进行了深入的研究,并形成非均匀有理 B 样条(non-uniform rational B-spline,NURBS)。1991 年国际标准组织(ISO)正式颁布了工业产品数据交换的国际标准,该标准将 NURBS 作为惟一的一种产品几何定义的自由型曲线曲面。目前大多数 CAD 软件中均采用 NURBS 曲线曲面建立几何模型。

6. 图形学应用算法

计算机图形学诞生以后在很多领域得到了应用,在不同专业领域的应用都存在相应的应用算法研究,很多专业与计算机图形学在应用中相结合孕育出新的学科,如计算机辅助设计、可视化、虚拟现实、计算机动画等,这些新学科的发展拓宽了计算机图形学的应用领域,促进了计算机图形学的发展。

　　在 40 多年的发展历程中,尤其是近 20 年,计算机图形学的研究与应用互相促进,快速发展,图形学中不断出现新的算法和新的理论,基于体绘制的 Volume Graphics 就是图形学中新近发展的一个分支,同时在发展的过程中一些旧框架、旧硬件环境下的一些算法和理论被淘汰,计算机图形学会在不断地推陈出新的过程中继续发展。

1.2　计算机图形学的研究内容

　　计算机图形学是研究在计算机中输入、表示、处理和显示图形的原理、方法及硬件设备的学科,其研究内容如表 1-1 所示。

表 1-1　计算机图形学的研究内容

研究内容	定　义
图形的输入	研究如何输入图形或图形数据到计算机中
图形的表示	研究如何在计算机内存和外存中表达和存储图形
图形的处理	研究如何将某种形式表达的图形转换成另一种表达形式
图形的显示与输出	研究如何将计算机中以某种形式表达的图形生成可见的图像

　　计算机图形有别于笔墨画、油画或照相机拍摄的照片,它是通过计算机利用算法在专用显示设备上设计和构造出来的。所设计和构造的图形可以是现实世界中的客观对象,如汽车、飞机、树木花草和河流山川等,也可以是抽象和虚构的物体,如科幻电影、卡通以及动画和实景拍摄相结合的好莱坞大片中的特技场景和人物。

　　计算机图形学与图像处理、计算几何、计算机辅助几何设计等学科密切相关。计算机图形学的主要目的是由数学模型生成的真实感图形,其结果本身就是数字图像;而图像处理的一个主要目的是由数字图像建立数学模型,这说明了图形学和图像处理之间相互密切的关系。计算几何(computational geometry)定义为形状信息的计算机表示、分析与综合。随着计算机图形学及其应用的不断发展,计算机图形学、图像处理和计算几何等与图相关的学科越来越融合,且与应用领域的学科相结合,产生了诸如可视化、仿真和虚拟现实等新兴学科。

1.3　计算机图形学的应用领域

　　随着计算机硬件性能的不断提高,价格的逐渐降低以及图形软件的日臻完善和丰富,计算机图形学的应用领域变得十分广泛。尤其是 20 世纪 80 年代以后,计算机图形学快速发展,并在应用中与其他学科相结合,产生了很多新兴的学科,以下就是计算机图形学典型应用的简要描述。

1. 图形用户界面

图形用户界面(graphical user interface,GUI)是一种人与计算机通信的界面显示格式,允许用户使用鼠标等输入设备操纵屏幕上的图标或菜单选项,以选择命令、调用文件、启动程序或执行其他一些日常任务。与通过键盘输入文本或字符命令来完成例行任务的字符界面相比,图形用户界面有许多优点。图形用户界面由窗口、下拉菜单、对话框及其相应的控制机制构成,在各种新式应用程序中都是标准化的,即相同的操作总是以同样的方式来完成。在图形用户界面,用户看到和操作的都是图形对象,应用的是计算机图形学的技术。

2. 计算机辅助设计与制造(CAD/CAM)

计算机图形学在设计与制造业的应用被称为计算机辅助设计(computer aided design,CAD)和计算机辅助制造(computer aided manufacturing,CAM)。应用 CAD/CAM 技术可以缩短设计与制造周期,降低设计与制造成本,提高设计与制造质量。尤其是 CAD/CAM 与网络和数据库技术的集成,计算机集成制造系统(CIMS)在飞机、汽车、船舶、电子和轻纺等工业领域的应用明显地提高了生产效率。

3. 科学计算可视化

科学计算可视化(visualization in scientific computing)是用图形或图像表示科学计算过程中的数据以及计算结果的数据,便于人们分析和理解这些抽象数据。可视化技术不仅能够提高海量数据的处理效率,而且在不可见数据场方面更能显示其特长,亦即 see the unseen,这在温度场、应力场、电磁场、流场等数据场的分析过程中发挥了重要作用。

4. 地理信息系统

地理信息系统(geographical information system,GIS)是建立在地理图形基础上的信息管理系统。在地理信息系统中利用计算机图形学技术来绘制高精度的地理、地质及其他自然资源和现象的图形,如地形图、气象图等,可以提供直观、形象的决策支持。

5. 娱乐

计算机图形学在娱乐领域的应用在生活中随处可见,如影视特技、游戏、广告和节目片头中的计算机动画等都蕴含了先进的图形处理技术,传递给观众一种新奇、刺激的视觉和心理感受。

6. 计算机艺术

将计算机图形学应用于实际艺术创作中,产生了计算机艺术,实现了传统的艺术创作方法无法或不能表现的艺术作品。图 1-3 是利用计算机图形学中的分形技术产生的艺术图案。

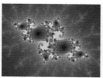

图1-3　分形技术产生的几个艺术图案

7. 虚拟现实

虚拟现实(virtual reality,VR)又称为虚拟环境(virtual environment)是指由计算机生成的一个逼真的视、听、触觉一体化的三维实时空间,三维图形学是该项技术的基础。用户可以使用数据手套、头盔等特定的设备,与其中的虚拟物体进行交互,相互影响,从而产生亲临现场的感受和体验。可以利用虚拟现实技术进行技术操作训练和建筑设计修改等。

8. 逆向工程

逆向工程(reverse engineering),也称反求工程、反向工程,是一种现代化新产品开发技术,解决了由产品实物模型到产品数字模型,进而作修改和详细设计,快速开发出新产品的过程,为现代设计方法和快速原型制造等提供了技术支持。逆向工程的发展前景非常广阔。

习　题

1.1　计算机图形学的研究内容是什么?

1.2　计算机图形学、图像处理、计算几何之间是什么关系?

1.3　列举出自己所熟悉的计算机图形学的3个应用实例。

第 **2** 章

计算机图形系统

计算机图形系统由硬件系统和软件系统组成。本章介绍常用的图形外部设备、计算机图形软件、图形标准、Windows 图形环境，最后，将着重介绍使用 OpenGL 开发绘图程序的方法。

2.1 计算机图形系统概述

计算机图形系统包括图形外部设备及图形软件。图形标准是图形系统在计算机和图形设备之间进行移植的必要保证。

2.1.1 计算机图形外部设备

计算机图形外部设备分为图形输入设备和图形输出设备。图形显示设备作为图形系统的基本输出设备，在交互式图形系统中占重要地位。

1. 图形显示设备

目前应用最普及的计算机图形显示器采用的是基于阴极射线管(CRT)的光栅扫描显示器。阴极射线管(CRT)的结构如图 2-1 所示，主要由电子枪、聚焦系统、加速电极、偏转系统和荧光屏 5 部分组成。

电子枪发射电子束，经过聚焦在偏转系统控制下电子束轰击荧光屏，在荧光屏上产生足够小的光点，光点称为像素(pixel)。阴极射线管在水平和垂直方向单位长度上能识别的最大光点数称为分辨率，分辨率越高，显示的画面越清晰。彩色 CRT 显示器的色彩是通过将发出不同颜色的荧光物质进行组合而得到的，每个像素处分布着呈三角排列的 3 个荧光点，这 3 个荧光点分别为发红、绿和蓝色光的 3 种荧光物质，有 3 支电子枪分别与这 3 个荧光点相对应。因为荧光点非常小而且充分靠近，所以看到的是具有它们混合颜色的一个光点，即像素。通过调节电子枪发出的电子束中所含电子的多少，可以控制击中的相应荧光点的亮度，因此以不同的强度击中荧光点，就能够在像素点上生成极其丰富的

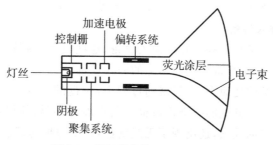

图 2-1　阴极射线管(CRT)的结构

颜色。如图 2-2 是一个具有 24 位面的帧缓冲存储器,红、绿、蓝各 8 个位面,其值经数模转换控制红、绿、蓝电子枪的强度,每支电子枪的强度有 256(8 位)个等级,则能显示 $256 \times 256 \times 256 = 16$ 兆种颜色,16 兆种颜色也称作(24 位)真彩色。

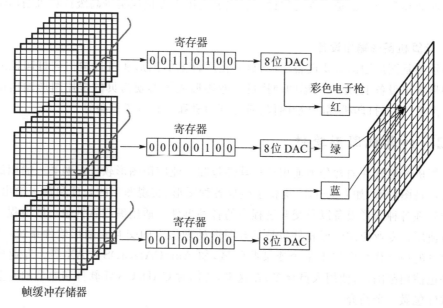

图 2-2　一个具有 24 位面的帧缓冲存储器

　　随着技术的发展,20 世纪 80 年代中期产生了平板显示器,如液晶显示器和等离子显示器等。液晶显示器(liquid crystal display,LCD)的原理是利用液晶的物理特性,通电时导通,晶体在电场作用下,排列变得有秩序,通过它的光的折射角度会发生变化,使光线容易通过;不通电时,晶体排列变得混乱,光被遮挡,不能通过。等离子显示器(plasma display panel,PDP)是一种利用气体放电激发荧光粉发光的显示装置。等离子管是等离子显示器的发光元件,大量的等离子管排列在一起构成屏幕。

平板显示器具有超薄超轻、无辐射、低功耗等优良特性,近几年来正在逐步普及。

2. 计算机图形输入设备

计算机图形输入设备是一种交互式输入设备,这些设备包括键盘、鼠标、轨迹球和触摸屏等,其中键盘和鼠标是经常使用和熟悉的输入设备。

键盘最早从打字机演变而来,在发展的过程中,键盘的键数越来越多,主要增加了一些具有特定功能的按键。键盘的按键构造也不断发展,由开始的机械式改进为电容式和薄膜式。随着键盘技术的成熟,还出现了无线键盘,带手写板的键盘等等。

鼠标是计算机的主要输入设备,它的发展经历了机械式鼠标、光学机械式鼠标、老式光电式鼠标和新型光电式鼠标几个阶段。新型光电式鼠标比起老式光电式鼠标最大的优点是不需要在特殊的鼠标光电板上操作。现在还出现了利用红外线和无线电技术进行通讯的无线鼠标,无线鼠标更灵活自由。

空间球和数据手套是三维定位设备。主要应用于虚拟现实等高级计算机图形学应用系统中。

3. 计算机图形输出设备

显示器是图形输出必要设备之一,显示在屏幕上的图形还可以输出到打印机或绘图仪等图形输出设备上,形成图形的硬拷贝。能够形成图形硬拷贝的常用图形输出设备有笔式绘图机、喷墨打印机、静电绘图仪、激光打印机和照相排版设备等。

2.1.2 计算机图形软件

计算机图形软件通常分为通用编程软件包和专业应用图形软件包两类。通用编程软件包常常是图形库,如 OpenGL,提供了生成各种图形、实现图形的处理和输入输出操作、控制和处理各种图形设备以及交互过程中的各种事件。通用编程软件包一般由程序员在开发时使用。专业应用图形软件包是具有图形处理能力的交互式图形软件系统,为非程序员提供的而且往往应用于某个或某些领域,如 AutoCAD、3DS MAX 等。专业应用图形软件包使用范围广,使用人员众多,在这里,我们对 CAD/CAM 软件和典型的专业应用图形软件包做一个简介。

1. 几何造型平台

当今流行的几何造型平台主要有两种:ACIS 和 Parasolid。目前大多数著名的 CAD/CAM 软件是基于 ACIS 或 Parasolid 开发的。几何造型平台 ACIS 和 Parasolid 最早都源于英国剑桥大学。Braid Ian 于 1973 年以博士论文的形式发表了使用体素拼合和边界表示的第一个实体造型实验系统。此后吸收了 Baumgart B. G. 在研究机器人视觉景物造型系统 GEOMED 中的多面体建模技术(该技术用翼边结构描述多面体的面、边、点之间的拓扑关系以及用欧拉算子构造和修改多面体模型),逐步建立起用边界表示法 (B-rep)生成三维实体的理论体系。1974 年 Braid Ian 和他的导师 Charles Lang 以及同窗

Alan Grayer 等创办了 Shape Data 公司,开发了第一代实体造型软件 Romulus,1988 年又改进为 Parasolid,是一个以复杂曲面为基础的实体造型通用开发平台,支持流形造型与生成型拓扑(非流形造型、单元体造型、混合维造型),提供了布尔运算、局部操作、显示、查询等功能。

Parasolid 性能好、知名度高,已被近百家公司和研究单位购买,作为 CAD 系统的核心软件,著名的 CAD 软件 UGII 和 SolidWorks 等都是以它作为图形核心系统。

Parasolid 现在是英国 EDS(Electronic Data Systems)公司推出的 CAD/CAM 开发平台,在世界上已有 7000 多个基于它的最终用户产品,其应用范围主要集中在机械 CAD/CAM/CAE 领域,用户群包括系统开发商、企业、大学、研究机构等。

1989 年 Braid Ian 等人推出了第三代几何造型系统 ACIS,ACIS 为 3 位核心技术人员名字和实体(Solid)的第一个字母的组合。ACIS 的开发者后来与成立于 1986 年的美国空间技术公司(Spatial Technology Inc.)联合,把 NURBS 技术纳入其中,增加了 NURBS 曲面模块,成为商品化的几何造型核心系统。它鼓励各软件公司在 ACIS 几何平台上开发与 STEP 标准相兼容的集成造型系统,并共享相同的几何模型,相互可以直接交换产品数据,ACIS 构成了这些系统的几何总线。

ACIS 的特点是采用面向对象的数据结构,利用 C ++ 语言对源代码重写使数据结构更加严谨、运行速度也大大加快。1989 年推出的 ACIS 由于算法上的改进,其运行速度是第一代 Romulus 的 4~20 倍,是第二代 Parasolid 的 2~6 倍。

ACIS 允许线框、曲面、实体任意灵活组合使用,为各种 3D 造型应用系统的开发提供了几何造型平台。目前 ACIS 3D Toolkit 在世界上已有 380 多个基于它的开发商,并有 180 多个基于它的商业应用,最终用户已近一百万。许多著名的大型系统都是以 ACIS 作为造型内核,如 AutoCAD、CAD-KEY、Mechanical Desktop、Bravo、TriSpectives、TurboCAD、SolidModeler 和 VellumSolid 等。到目前为止,Spatial Technology 公司已经推出了最新的 ACIS 7.0 几何平台。ACIS 产品由两部分构成:核心模块(ACIS 3D Toolkit)和多种可选模块(Optional Husks)。在核心模块中提供了基本、通用功能,而在可选模块中提供了一些更为高级的和更专用的功能,其主要功能有:构造曲面技术;求交、布尔运算和缝合;过渡;模型分析;显示与交互;模型管理。

ACIS 是采用软件组件技术设计的开放式体系结构,可使不同用户、不同应用采用不同的组件组合,开发者也可以用自己开发的组件替代 ACIS 组件。ACIS 的 C ++ 库由 35 个 DLL 组成,为开发 3D 应用软件提供了极大的柔性和功能基础,开发者可以迅速把 ACIS 的新版本集成到产品中。

2. CAD/CAM 软件

全世界 CAD/CAM 很多,这里介绍一些国内使用较多的主要软件。

- AutoCAD

AutoCAD 是世界第四大 PC 软件公司 Autodesk 的主导产品,于 20 世纪 80 年代初就已经进入我国,是当今优秀的二维绘图软件之一。1996 年 Autodesk 公司推出了 MDT,在 PC 平台上实现了混合建模技术,集完整的二维绘图工具集和先进的三维设计功能为一体,包含二维绘图、三维参数化实体造型、曲面造型以及基于约束的装配造型。

- Unigraphics(UG)

UG 是 Unigraphics Solutions 公司的产品,最早源于美国麦道飞机公司,以 Parasolid 几何造型核心为基础,采用基于约束的特征建模技术,几何造型完全采用特征化的参数和变量设计方法,将优越的参数化和变量化技术与传统的实体线框和曲面功能结合在一起。1997 年 Unigraphics Solutions 公司合并了 Intergraph 公司的机械 CAD 产品,将微机版的 Solid Edge 软件统一到 Parasolid 平台上,由此形成了一个从低端到高端兼有 UNIX 工作站版和 Windows NT 微机版的较完善的 CAD/CAE/CAM/PDM 集成系统。

- Pro/Engineer

Pro/Engineer 是美国参数技术公司(Parametric Technology Corporation,PTC)的产品。PTC 公司 1985 年于波士顿成立,是全球 CAID/CAD/CAE/CAM/PDM 领域最具代表性的著名软件公司,是世界第一大 CAD/CAE/CAM 软件公司。Pro/Engineer 基于特征造型,曲面、实体均以特征形式表现在造型树记录上,修改和再定义很容易;提出的单一数据库参数化基于特征全相关的概念改变了机械 CAD/CAE/CAM 的传统观念,这种全新的概念已成为当今世界机械 CAD/CAE/CAM 领域的新标准。

- I-DEAS 软件

I-DEAS 是美国 SDRC 公司的产品,是全世界制造业广泛应用的大型 CAD/CAE/CAM 软件。SDRC 提出了一种比参数化技术更先进的实体造型技术——变量化技术,这成为 CAD 软件今后发展的方向,它以极高的效率在单一数字模型中完成从产品设计仿真分析测试直至数控加工的产品研发全过程。

- CATIA 软件

CATIA 是法国达索公司 20 世纪 70 年代开始开发的,目前已与美国 IBM 公司合作,该软件广泛应用于飞机设计,如波音 777、阵风战斗机、F-22、鹘式飞机,全球有 4000 多家厂商采用 CATIA 软件。

- Cimatron 软件

Cimatron 是成立于 1982 年的以色列 Cimatron 公司的产品,是 CAD/CAM 一体化软件,运行于 Windows 系统,采用美国空间技术公司的 ACIS 几何造型平台。

- MasterCAM 软件

MasterCAM 是美国 CNC 公司(1984 年成立)基于 PC 的 CAD/CAM 软件,采用 Parasolid 几何核心。MasterCAM 采用 NURBS 设计曲面,CAM 功能较强。

- Delcam's Power Solution 软件

英国 Delcam 公司是世界领先的专业化模具设计与制造软件系统开发商,该公司的产品以适合于复杂形体的产品、零件与模具的设计与制造而著称,是西方发达国家模具制造行业的主流软件之一。Delcam's Power Solution 是基于 Windows 的 CAD/CAM 集成系统,由 PowerSHAPE、PowerMILL、CopyCAD、ArtCAM 和 PowerINSPECT 等 5 个主要模块组成。1999 年 Delcam 的 PowerMILL 跃居全球工具模具制造业 CAM 系统供应商第一位;其专业化的逆向工程系统 CopyCAD 开创性地提供了局部逆向的新方法,可使逆向工程的建模时间缩短 70%～90%,在模具制造业具有很好的应用前景。

国内自主开发的 CAD/CAM 软件主要有:北京高华计算机有限公司推出的高华CAD、北航海尔软件有限公司的 CAXA、浙江大天电子信息工程有限公司开发的基于特征的参数化造型系统 GS-CAD98、广州红地公司的金银花系统、华中理工大学开发的开目CAD 等。

进入 20 世纪 90 年代,用于逆向设计的软件发展很快,如美国的 Imageware、Geomagic。除专用的逆向工程软件,UG、ProE 等软件添加了逆向设计功能模块,I-DEAS兼并 Imageware 以及 Delcam 的 CopyCAD 模块等表明正向、逆向设计相结合是未来CAD/CAM 软件的发展方向之一。

3. 计算机动画软件

计算机动画软件很多,最早出名的有三大公司的产品:加拿大 Softimage 公司的Softimage、美国 Alias Research 公司的 Alias、Wavefront Technologies 公司的Wavefront。

Softimage 公司 1986 年成立于加拿大的蒙特利尔,公司创始人丹尼尔·朗格鲁斯是三维动画技术的先驱。他发明了反向动力学和运动捕获等众多重要的三维动画技术。在Maya 面世之前,Softimage 3D 一直是模拟物理运动和角色动画方面最优秀的制作软件。曾用 Softimage 创作的大片有《泰坦尼克》、《木乃伊复活》、《侏罗纪公园》、《人工智能》等。

1994 年 Softimage 被微软公司收购,1996 年推出基于 Windows NT 平台的Softimage 3D。Softimage 3D 最擅长卡通造型和角色动画以及模拟各种虚幻的情景、光影。电影《侏罗纪公园》中的恐龙就是用 Softimage 3D 制作完成的。Softimage 3D 的建模能力很强,支持网络、NURBS 及变形球等对象。它的渲染效果也非常好,远远超过了Autodesk 公司的 3DS MAX,国内电视台和一些影视广告公司都用它来制作片头和动画,如中央电视台的《东方时空》和《中国新闻》等。Softimage 现在隶属于 Avid 公司,2000 年4 月推出 Softimage/XSI,率先提供了非线性动画编辑工具。

Alias 和 Wavefront 以及法国一家公司被美国 SGI 公司并购,1998 年推出的 Maya凝结着无数三维动画精英们的心血,电影《星际战队》体现了 Maya 强大的功能。

Renderman 是 Pixar 公司的一款可编程的三维创作软件,在三维电影的制作中取得了重大成功,《玩具总动员》中的三维造型全部是由 Renderman 绘制的。

此外,美国 Autodesk 公司的 3DStudio MAX 是国内广泛使用的三维动画软件,运行于 Windows 平台,广泛应用于电影、电视、计算机游戏、多媒体和出版等行业。在《迷失的太空》中,绝大部分的太空镜头就是由 3DS MAX 制作的。3DS MAX 最大的优点在于插件特别多,许多的专业技术公司都在为 3DS MAX 设计各种插件,其中许多插件是非常专业的,如专用于设计火、烟、云效果的 After-burn,制作肌肉的 Metareye 等,利用这些插件可以制作出精彩的效果。

4. 科学计算机可视化软件

AVS 系统是美国 Advanced Visual Systems Inc. 公司推出的一个通用的体数据可视化系统,主要运行在大型机和工作站上。

VolVis 是美国纽约州立大学以 Arie E. Kaufman 教授为首的研究小组设计的体数据可视化系统,是在 X/Motif 的支持下开发的,主要运行在工作站上。

ApE 是美国 TaraVisual Inc. 公司设计的一个通用的科学可视化系统,主要运行于大型机和工作站上,具有很好的可移植性和可扩展性。

Visualizer 是中科院自动化所国家模式识别实验室医学图像处理分析研究小组设计开发的一个可视化系统。

2.1.3 图形标准

图形标准的制定是为了在不同的计算机系统和外设之间进行图形应用软件的移植。这种移植性包括应用程序在不同系统之间的可移植性、应用程序与图形设备的无关性、图形数据的可移植性和程序员层次的可移植性。

为了实现这些可移植性,有 3 个接口必须实现统一标准。第一个接口是应用程序与图形软件的接口,称为应用接口,它隔离了应用程序与处理图形的实际物理设备的联系,从而保证了应用程序在不同系统之间的可移植性。第二个接口是图形软件与图形外部设备之间的接口,称为虚拟图形设备接口,它保证了图形软件与图形外部设备的无关性。第三个接口是数据接口,它规定了记录图形信息的数据文件的格式,使得软件与软件之间可以交换图形数据。

1. 图形标准的产生与发展历史

图形标准的产生始于 1974 年,在美国国家标准化委员会(American National Standards Institute,ANSI)举行的主题为"与机器无关的图形技术"工作会议上,提出了制定有关标准的基本原则。在 1977 年,美国计算机协会(Associational for Computing Machinery,ACM)计算机图形学专业组(Special Interest Group on Graphics,SIGGRAPH)提出了三维核心图形系统(3D core graphics system)的图形软件标准,在 1979 年又推出了该图形软件标准的改进版本。在 1985 年国际标准化组织(International Standard Organization,ISO)批准了第一个图形软件标准 GKS(graphical kernel system),

这是一个以 3D Core 为蓝本的二维图形软件包。在 1988 年它的三维扩充 GKS-3D 被 ISO 批准为三维图形软件标准。与此同时,PHIGS(programmer's hierarchical interactive graphics system)程序员层次交互式图形系统也被 ISO 批准为三维图形软件标准。随后,ISO 又发布了计算机图形接口标准 CGI(computer graphics interface)和计算机图形元文件标准 CGM(computer graphics metafile)。

除了由官方标准化组织发布的图形标准外,还有一些被工业界普遍使用,已经成为事实上的标准。这些标准通常是由公司或大学推广,其中比较著名的有 SGI 等公司开发的 OpenGL,微软公司开发的 DirectX 等。

2. DXF 图形交换格式

DXF(drawing exchange file,图形交换文件)是 Autodesk 公司首先用于描述 AutoCAD 图形的文件,该文件为 ASCII 码文本文件或二进制文件。DXF 文件是由 5 个段(section)组成:标题段(header)存放 DXF 文件一般图形信息,包括变量名及与之对应的数据;表段(tables)包含命名项的定义,存放一系列表,如层表、用户坐标系统表和线型表等;块段(blocks)存放块定义实体;实体段(entities)存放图形实体;文件结束(end of file)段表示 DXF 文件的结束。

DXF 文件实现了其他应用程序与 AutoCAD 间的信息交换,许多 CAD 系统具有输出和读入该文件的功能,它已经成为一种工业标准。

3. CGM 计算机图形元文件

CGM(computer graphic metafile)计算机图形元文件规定了生成与设备无关的图形定义、存取和传送图形数据的格式。它提供了把不同图形系统所产生的图形集成到一起的一种手段,适用于各种设备和应用程序。CGM 标准主要由两部分组成,第一部分是功能规格说明,包括元素标志符、语义的说明以及参数描述,以抽象的词法描述了相应的文件格式。第二部分描述了文件词法的 3 种形式的编码,即字符、二进制数和正文编码。

4. IGES 图形交换标准

IGES(intial graphics exchange specification)初始图形交换文件是用于不同 CAD/CAM 系统间或同一 CAD/CAM 系统内部不同模块间交换图形信息,在 1982 年成为 ANSI 标准。它是由标记段(flag)、开始段(star)、全局段(global)、项目索引段(director entry)、参数数据段(parameter data)和结束段(terminate)组成的,有 ASCII 码、压缩的 ASCII 码及二进制 3 种文件格式的文件。

IGES 图形交换标准以几何信息描述为中心,可描述的几何模型有线框模型、面模型和实体模型等,它的基本单元为实体,实体分为几何实体、描述实体和结构实体 3 类。利用 IGES 文件进行转换的转换模式如图 2-3 所示,各商用 CAD 系统几乎都提供了 IGES 文件前、后置处理程序,前置处理程序负责把传送来的数据格式转换成 IGES 文件格式,后置处理程序负责把 IGES 文件格式转换成 CAD 系统内部的数据格式,这使得 CAD 系统间传递信息非常便利。

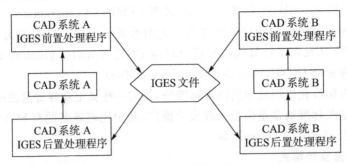

图 2-3　IGES 文件转换模式

5. STEP 产品模型数据交换标准

STEP(standard for the exchange of product model data)产品模型数据交换标准是为了克服 IGES 存在的问题(如文件太长,有些数据不能表达等)而开发的,是一个描述在整个生命周期中产品数据的国际标准,强调建立能存入数据库中的一个产品模型的完整表示。产品生命周期包括产品的设计、制造、使用、维护和报废等。产品在生命周期的各个过程产生的信息庞杂,分散在不同的位置。这就要求这些产品信息以计算机能够理解的形式表示,而且在 CAD/CAM 系统间进行交换时保持一致和完整。STEP 标准规定了产品数据的表达和交换。

2.2　Windows 操作系统下图形程序开发方法介绍

Microsoft Windows 是基于图形用户界面的操作系统,广泛应用于微机平台上。这一节我们对 Windows 图形环境、图形输出功能和图形程序开发方法进行简要阐述,便于今后在 Windows 环境中进行图形学编程实验,加深对所学知识的理解和感性认识。本书不是专讲 Windows 编程方法的,更多的 Windows 编程知识请参看相关书籍。

2.2.1　Windows 应用程序执行模式

Windows 的前身是 DOS 操作系统,在 DOS 操作系统下,标准的 C/C++ 应用程序中,必须包括一个 main 主函数,当运行应用程序时,操作系统自动调用 main 主函数。用户输入(主要是键盘输入)或系统功能调用主要通过调用适当的函数来实现,而被调用的函数可以是库函数或用户自定义函数。其中,自定义函数完成用户的目标功能。因此,可以看出标准的 C/C++ 应用程序是调用式的工作方式,执行的模式如图 2-4 所示。

与 DOS 最大的不同在于 Windows 操作系统是基于消息的操作系统,即操作系统的各部分间是通过消息进行通信的,应用程序与操作系统的交互也是通过消息来完成。在

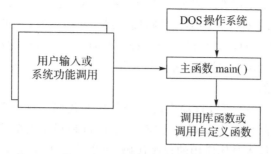

图 2-4 DOS 程序执行模式

Windows 应用程序中,也有一个 WinMain 函数,它是 Windows 应用程序执行的开始点。WinMain 函数在完成初始化后创建该应用程序的一个窗口,这个窗口被称为"主窗口"。主窗口创建了窗口函数 WndProc,用来接收和处理消息。用户的所有操作均以消息的形式进入消息队列,应用程序从消息队列中检测和选取消息,并分别处理。基于消息的 Windows 应用程序的执行模式如图 2-5 所示。

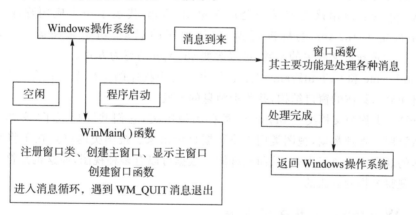

图 2-5 Windows 应用程序执行模式

2.2.2 基本的 Windows 应用程序

Windows 操作系统下的应用程序开发平台很多,主要有 Microsoft 公司的 Visual C++、Visual Basic,以及 Borland 公司的 C++ Bulider、Delphi 等,均可用于图形程序设计。由于本书的主要实例以 Visual C++ 为开发平台,故而简要介绍一下 Visual C++ 程序设计的基本概念。

为了方便程序的开发工作,Visual C++ 提供了一套应用程序框架,应用程序框架指的是用于生成一般的应用程序所必须的各种面向对象的软件组件的集合。C++ 程序设计的特点之一就是大量使用类库来进行功能扩展。类库是一个可以在应用程序中使用的相互关联的 C++ 类的集合。一些类库是随编译器一起提供的,一些是由其他软件公司销售的,还有一些是由用户自己开发的。应用程序框架是一种类库的超集,它用来定义程序的结构,将其他的类库,例如文档类、视图类及用户自定义类等,嵌入到应用程序框架中,以完成用户预期的功能。

通过定制,Visual C++ 可以自动生成一套程序源代码。一个 Visual C++ 自动生成的单文档多视风格的源代码中实现了主窗口、子窗口和程序菜单等一系列的标准功能。在这套源代码中逐渐加入具体应用的程序代码,可以快速方便地完成一个具体应用程序的开发。

用默认选项生成的多文档多视风格的源代码中,主要包含了以下 5 个类:从 CWinApp 派生的 CMyApp 类、从 CMDIFrameWnd 派生的 CMainFrame 类、从 CMDIChildWnd 派生的 CChildFrame 类、从 CDocument 派生的 CMyDoc 类以及从 CView 派生的 CMyView。

对它们的简要介绍如下。

CMyApp 类:使用该类定义的全局对象 theApp,代表了一个应用程序。其基类 CWinApp 决定了 theApp 的标准行为,包括程序的启动、初始化和运行等,通过在 CMyApp 类中重新定义有关的函数,可以改变 theApp 的行为方式。

CMainFrame 和 CChildFrame 类:它代表了应用程序的主框架窗口和子框架窗口,负责创建和显示具体的窗口结构,并负责消息的分发。

CMyDoc 类称为文档类,CMyView 类称为视图类,它们共同形成了"文档-视图"结构。文档类用于管理数据,视图类用于将数据显示出来。视图类的好处在于将数据从用户对数据的观察中分离了出来,从而允许同一数据可以有多种视图,而这也是符合客观世界中人们观察事物的方法的。

2.2.3 Windows 图形环境介绍

Visual C++ 所编写的 Windows 应用程序通常在视图类中通过在 OnDraw 函数中添加绘图代码来完成图形生成。OnDraw 函数是 CView 类的虚拟成员函数,它在 CView 的派生类中被重新定义,每次 CView 类封装的视图窗口在接到 WM_PAINT 消息后就会通过消息映射函数 OnPaint 调用它。WM_PAINT 消息是在某个视图窗口需要重画或刷新其显示内容时发出的。如果程序的数据被改变,则可以调用视图的 Invalidate 成员函数,并最终调用 OnDraw 函数来完成绘图。

图形的输出设备有显示器、打印机和绘图仪等,为了实现图形输出与设备无关,Windows 应用程序使用图形设备接口(GDI)进行图形编程。GDI 包含了 Windows 提供的全部绘图函数,这些函数会自动参考被称为设备上下文(device context)的数据结构,而 Windows 则自动将设备上下文映射到具体的物理设备上实现图形输出。

1. 设备上下文 DC

Windows 系统不允许直接操作显示输出设备，而是通过一个抽象层与设备上下文来进行通讯。设备上下文(device context,DC)也称为设备描述表，是 GDI 中的重要的组成部分。设备上下文是一种数据结构，它定义了一系列图形对象以及图形对象的属性和图形输出的图形模式。图形对象包括画线的画笔、用于填充图形的画刷、位图和调色板等。

设备上下文表示物理设备的逻辑形式，Windows 和 MFC 类库提供了 4 种类型的设备上下文：

显示设备上下文 Display DC,将显示信息输出到视频显示器。

打印设备上下文 Printer DC,将显示信息输出到打印机。

内存设备上下文 Memory DC,为特定的设备保存位图图像。

信息设备上下文 Information DC,用于访问默认设备数据信息的设备上下文。除了这种类型的设备上下文，其余的设备上下文都可用来实现一种输出。

2. 使用设备上下文

设备上下文不能被应用程序直接存取，只能通过调用有关函数或使用设备上下文的句柄(HDC)来间接地存取设备上下文及其属性。MFC 类库提供了不同类型的设备上下文的类，每一个类都封装了代表 Windows 设备上下文的句柄(HDC)和函数。

(1) CDC 类：是设备上下文的基类，其他的设备上下文类都是 CDC 的派生类。CDC 类非常庞大，包含 170 多个成员函数和数据成员，利用它可以访问整个显示设备和其他输出设备。

(2) CPaintDC 类：CPaintDC 类是 OnPaint()函数使用的设备上下文类，代表了窗口的绘图画面。如果重新编写视图的 OnPaint()函数，就需要使用 CPaintDC 类来定义一个对象。该类的构造函数自动调用 Win32 API 函数 BeginPaint()，为绘图准备一个窗口。析构函数自动调用 Win32 API 函数 EndPaint()函数来释放设备上下文。

(3) CClientDC 类：CClientDC 类是窗口客户区的设备上下文类，代表了客户区窗口的绘图画面。客户区窗口不包括边框、标题栏和菜单栏。该类的构造函数自动调用 Win32 API 函数 GetDC()来创建设备上下文，析构函数自动调用 Win32 API 函数 ReleaseDC()函数来释放设备上下文。

(4) CWindowDC 类：CWindowDC 类是整个窗口区域的设备上下文类，整个窗口区域既包括客户区又包括非客户区，即允许用户在显示器屏幕的任何地方绘图，包括窗口边框、标题区域。因为视图窗口没有非客户区，所以 CWindowDC 更适合于框架窗口。类的构造函数自动调用 Win32 API 函数 GetDC()，析构函数自动调用 Win32 API 函数 ReleaseDC()函数来释放设备上下文。

(5) CMetaFileDC 类：CMetaFileDC 类用于创建一个 Windows 图元文件的设备上

下文。Windows 图元文件包含了一系列 GDI 绘图命令。

3. 映射模式

在 Windows 中确定图形输出位置都离不开坐标系。GDI 支持设备坐标系和逻辑坐标系。设备坐标系是以像素点作为度量单位,默认方式下,以用户区域的左上角为原点,从左到右为 X 轴的正方向,从上到下为 Y 轴的正方向。设备坐标系又分为 3 种独立的坐标系,屏幕坐标系、窗口坐标系和用户区坐标系。这 3 种坐标系的坐标原点的位置是不同的。

逻辑坐标系是不考虑具体设备的一个统一坐标系,Windows 通过映射模式将逻辑坐标转化成设备坐标。映射模式是在图形绘制过程中所依据的坐标系。

2.2.4 Windows 图形程序开发方法

使用 Visual C++ 在 Windows 下进行图形程序设计的基本步骤如下:

① 在绘制之前,创建绘图工具并设置相关的颜色、线型和线宽等属性;

② 调用相关的绘图函数选择绘图工具并进行绘图;

③ 在绘制之后,恢复原有的绘图工具。

举例如下:

```
void CMyView::OnDraw(CDC * pDC)
{
    //使用默认画笔画一条直线
    //默认情况下,画笔的属性是实线型、1 个像素宽、黑色
    pDC -> MoveTo (100,100);
    pDC -> LineTo (200,200);

    //申请一个画笔指针,用于保存当前设备环境下的画笔
    CPen * pOldPen;

    //以下创建画笔并绘制直线
    CPen dashPen;
    //创建一个画笔,其属性是虚线型、1 个像素宽、红色
    dashPen.CreatePen (PS_DASH,1, RGB(255,0,0));
    //选择新创建的画笔,使用 pOldPen 保留原画笔
    pOldPen = pDC -> SelectObject (&dashPen);
    //使用新画笔绘制直线
    pDC -> LineTo(300,100);
    //绘制完毕一定要恢复原画笔
```

```
                pDC -> SelectObject (pOldPen);

                //再次使用原画笔再绘制直线
                pDC -> LineTo (400,200);
}
```

图 2-6　不同线型的直线

上述程序的运行结果如图 2-6 所示。

2.3　OpenGL 介绍

　　OpenGL 是图形硬件的一个软件接口,是国际上通用的开放式三维图形标准。它提供了一个标准的计算机图形学所使用的数学模型到显示的接口,应用非常广泛。本节主要介绍 OpenGL 的背景知识、主要功能以及在 Windows 环境下开发 OpenGL 绘图程序的方法。

2.3.1　OpenGL 的背景情况

　　OpenGL(open graphics library,开放性图形库)是以 SGI 的 GL 三维图形库为基础制定的一个开放式三维图形标准。SGI 在 1992 年 7 月发布了 1.0 版。OpenGL 规范由 ARB(OpenGL architecture review board,OpenGL 结构评审委员会)负责管理,目前加入 OpenGL ARB 的成员有 SGI、Microsoft、Intel、IBM、Sun、Compaq 和 HP 等公司,它们均采用了 OpenGL 图形标准,许多软件厂商以 OpenGL 为基础开发自己的产品,硬件厂商提供对 OpenGL 的支持。由于 OpenGL 的广泛应用,它已经成为一个工业标准。

　　OpenGL 独立于硬件设备、窗口系统和操作系统,使得以 OpenGL 为基础开发的应用程序可以在各种平台间移植。OpenGL 可以运行在当前各种流行操作系统之上,如 Windows 95/98、Windows NT/2000、Linux、Mac OS、UNIX 和 OS/2 等。需要特别指出的是,由于 Microsoft 公司在其 Windows 95 或更高版本的操作系统和 Visual 系列高级语言开发环境中捆绑了 OpenGL 标准,使得 OpenGL 在微机中得到了更为普遍的应用。

　　OpenGL 可以用各种编程语言调用。各种流行的编程语言如 C、C ++、FORTRAN、Ada 和 Java 等都可以调用 OpenGL 中的库函数。

2.3.2　OpenGL 的主要功能

　　OpenGL 可以绘制各种简单的三维物体,也可以高效地生成交互的复杂动态场景,它有如下主要功能。

　　绘制模型:OpenGL 图形库提供了绘制点、线及多边形的函数,应用这些基本几何图形可以绘制出用户需要的三维模型。另外,OpenGL 图形库还提供了球、锥、多面体和茶壶等复杂的三维物体以及贝塞尔和 NURBS 等复杂曲线曲面的绘制函数。

各种变换：在现实世界中，所有的物体都是三维的，因此，OpenGL 通过一系列的变换来实现将三维的物体显示在二维的显示设备上。OpenGL 图形库提供了基本变换和投影变换。基本变换有平移、旋转、变比和镜像 4 种变换，投影变换包括平行投影和透视投影两种。在算法上，它们是通过矩阵操作来实现的。

着色模式：OpenGL 提供了两种颜色的显示方式，一种是 RGBA 模式，另一种是颜色索引方式。在 RGBA 模式下，每一像素的颜色值由红、绿、蓝色值和可能存在的 A 值来描述。在颜色索引模式下，每个像素的颜色值由颜色索引表中的颜色索引值来指定，颜色索引表是一个定义了 R、G 和 B 值的特定集合。

光照处理：在自然界我们所见到的物体都是由其材质和光照相互作用的结果，OpenGL 提供了辐射光(emitted light)、环境光(ambient light)、漫反射光(diffuse light)和镜面光(specular light)。材质是指物体表面对光的反射特性，在 OpenGL 中用光的反射率来表示材质。

纹理映射(texture mapping)：纹理是数据的简单矩阵排列，数据有颜色数据、亮度数据和 alpha 数据。OpenGL 应用纹理映射将真实感的纹理粘贴在物体表面，使物体逼真生动。

位图和图像：OpenGL 提供了一系列函数来实现位图和图像的操作。位图和图像数据均采用像素的矩阵形式表示。位图主要应用于各字体中的字符，只保存像素的信息，可以用于遮盖其他图像，类似于掩码。图像可通过扫描和计算得到，图像数据包含每一像素的多个信息。位图和图像数据可以在屏幕和内存间进行传递。

制作动画：OpenGL 提供了双缓存(double buffering)技术来实现动画绘制。双缓存即前台缓存和后台缓存，后台缓存用来计算场景和生成画面，前台缓存用来显示后台缓存已经画好的画面。当画完一帧时，交互两个缓存，这样循环交替以产生平滑动画。

选择和反馈：OpenGL 为支持交互式应用程序设计了选择操作模式和反馈模式。在选择模式下，则可以确定用户鼠标指定或拾取的是哪一个物体，可以决定将把哪些图元绘入窗口的某个区域。而反馈模式，OpenGL 把即将光栅化的图元信息反馈给应用程序，而不是用于绘图。

此外，OpenGL 还提供了点、线及多边形的反走样技术，能够实现深度暗示(depth cue)、运动模糊(motion blur)和雾化(fog)等特殊效果。

2.3.3　OpenGL 的绘制流程和原理

OpenGL 的绘制主要是将二维或三维的物体模型描绘至帧缓存，这些物体由一系列的描述物体几何性质的顶点(vertex)或描述图像的像素(pixel)组成。OpenGL 执行一系列的操作把这些数据最终转化为像素数据并在帧缓存中形成最后的结果。其基本过程如

图 2-7 所示。

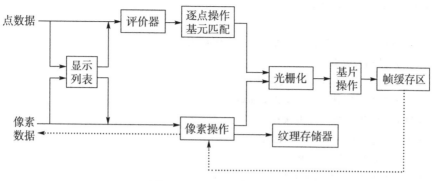

图 2-7　OpenGL 绘图过程

OpenGL 指令从左侧进入 OpenGL，有两类数据，分别是由顶点描述的几何模型和由像素描述的位图、影像等模型，其中后者经过像素操作后直接进入光栅化。评价器（evaluator）用于处理输入的模型数据，例如对顶点进行转换、光照，并把图元剪切到视景体中，为下一步光栅化做好准备。显示列表（display list）用于存储一部分指令，留待合适时间以便于快速处理。光栅化将图元转化成二维操作，并计算结果图像中每个点的颜色和深度等信息，产生一系列图像的帧缓存描述值，其生成结果称为基片（fragment）。基片操作主要的有帧缓存的更新、测试、融合和屏蔽操作，以及基片之间的逻辑操作和抖动（dithering）。

2.3.4　使用 Visual C++ 开发 OpenGL 绘图程序的基本方法

在 Visual C++ 中，视图类用来显示图形，需要修改该类的成员函数代码以实现 OpenGL 绘图，其主要过程如下。

① 改造 PreCreateWindow 函数。

将窗口的客户区设置为 OpenGL 能够支持的风格。具体添加代码如下：

```
cs.style |= WS_CLIPCHILDREN|WS_CLIPSIBLINGS;
```

② 改造 OnCreate 函数。

开发 OpenGL 绘图程序时，需要设置像素格式。像素格式告诉 OpenGL 绘制风格、颜色模式、颜色位数和深度位数等重要信息。它与操作系统平台相关，OpenGL 提供了专门的函数来处理。

可以在 OnCreate 函数中定义像素存储格式，并创建一个 OpenGL 操作所必须的绘图上下文 RC（rendering context）。使用一个 PIXELFORMATDESCRIPTOR 结构来指定像素格式，使用 wglCreateContext() 函数创建绘图上下文 RC。具体添加代码如下：

```
//首先定义像素存储格式
PIXELFORMATDESCRIPTOR pfd =
{
    sizeof(PIXELFORMATDESCRIPTOR),  // pfd 的大小
    1,  //结构的版本号
    PFD_DRAW_TO_WINDOW|  //支持 Window
    PFD_SUPPORT_OPENGL|  //支持 OpenGL
    PFD_DOUBLEBUFFER,  //双缓存
    PFD_TYPE_RGBA,  //RGBA 颜色模式
    24,  //24 位颜色深度缓存
    0,0,0,0,0,0,  //color bits ignored
    0,  //no alpha buffer
    0,  //shift bit ignored
    0,  //不使用累积缓存
    0,0,0,0,  //accum bits ignored
    32,  //32 位 z 缓冲
    0,  //不使用模板缓存
    0,  //no auxiliary buffer
    PFD_MAIN_PLANE,  //选择主层面
    0,  //保留
    0,0,0  //layer masks ignored
};
CClientDC dc(this);
int pixelFormat = ChoosePixelFormat(dc.m_hDC,&pfd);
BOOL success = SetPixelFormat(dc.m_hDC,pixelFormat,&pfd);
//创建绘图上下文 RC
m_hRC = wglCreateContext(dc.m_hDC);
```

③ 改造 OnSize 函数。

当视图尺寸变化时,应及时将新的客户区尺寸通知 OpenGL,才能够正确在窗口客户区域显示二维场景,通过命令 glViewport 完成这项工作。

④ 改造 OnEraseBkgnd 函数。

重定义视图类的 OnEraseBkgnd 成员,使之返回 TRUE 值可以阻止 Windows 重画窗口背景,因为 OpenGL 自己会设置窗口背景,这样可以防止窗口频繁刷新(如移动窗口)时产生的闪烁现象。

⑤ 改造 OnDestroy 函数。

在 OnDestroy 成员中需要释放 OnCreate 成员中 RC 所占用的资源,命令

wglDeleteContext 可 以 完 成 这 个 工 作, 但 在 释 放 RC 之 前, 还 需 要 使 用 命 令 wglMakeCurrent()断开 RC 与设备描述表 DC 的连接。具体添加代码如下:

```
wglMakeCurrent(NULL,NULL);
wglDeleteContext(m_hRC);
```

⑥ 改造 OnDraw 函数。

在 OnDraw 函数完成每次的屏幕绘制,添加的代码如下:

```
wglMakeCurrent(pDC->m_hDC,m_hRC);
DrawScene();  //用户自定义函数,用来编写 OpenGL 绘制语句
wglMakeCurrent(pDC->m_hDC,NULL);
```

在 DrawScene()函数中编写具体的绘图程序。

首先要进行场景设置,这需要设置视点、视距和观看方向等参数。具体设置方法可参见后面的有关章节。初始状态下,OpenGL 的视点在原点,观察方向是 Z 轴负方向。

设置完场景后,可以进行图形元素的绘制。所有图形元素都是由点构成的。点的信息由位置坐标以及颜色值、法向量和纹理坐标等各种属性信息组成。需要注意的是,OpenGL 对上述这些属性信息的管理采用的是被称为“状态机”的方法来进行的,即通过建立一些全局属性变量来存储各种属性取值,因此对该属性的设置将直接影响其后的各种模型定义,直到改变其值为止。因此,目标模型的属性信息的设置一定要在其模型几何定义前进行,通过下面的例子可以说明。

```
glBegin(GL_LINES);            //OpenGL 绘制直线命令
    glColor3f(1.0,0.0,0.0);   //设置当前颜色为红色
    glVertex2f(0,0);
    glVertex2f(1,1);
    glColor3f(0.0,1.0,0.0);   //设置当前颜色为绿色
    glVertex2f(0.2,0);
    glVertex2f(1.20,1);
glEnd();
```

程序执行结果如图 2-8 所示,上述程序段完成两条直线的绘制,其中第一条直线为红色,第二条直线为绿色。

另外一个例子的代码如下:

```
glBegin(GL_TRIANGLES);
    glColor3f(1.0,0.0,0.0);   //红色
    glVertex3f(-1.0,0.0,0.0);
    glColor3f(0.0,1.0,0.0);   //绿色
```

```
        glVertex3f(0.0,1.0,0.0);
        glColor3f(0.0,0.0,1.0);        //蓝色
        glVertex3f(1.0,0.0,0.0);
    glEnd();
```

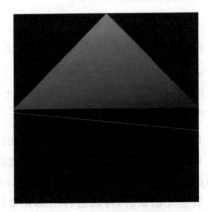

图 2-8　不同颜色的直线*　　　　　　图 2-9　彩色的三角形*

　　从程序运行结果图 2-9 可以看到,程序绘出了一个彩色的三角形,3 个顶点的颜色分别是红、绿、蓝,且相邻顶点之间的部分颜色渐变过渡,这是因为 OpenGL 会在顶点之间进行颜色插值,最终计算出对应光栅每一点的颜色。

　　实际上,在 OpenGL 中,除了描述顶点的属性信息外,还有许多其他的状态变量,OpenGL 将根据具体的参数值来决定如何绘制图形、如何显示图形和如何处理错误。它们的使用规则一致,当设置了其状态值后,如果不重新设置与之相对应的状态值,那么所设置的状态值将一直有效。这些状态的含义说明和使用方法将在后续的章节中逐步介绍,读者亦可参考相关的 OpenGL 程序设计书籍。

2.3.5　OpenGL 的缓冲区

　　OpenGL 需要用到 4 个缓冲区进行图形显示,它们分别是:颜色缓存、深度缓存、模板缓存和累积缓存。这里简要介绍其基本概念,具体的使用可在后续的章节中体现。

1. 颜色缓存

　　颜色缓存是由红、绿、蓝、alpha 位等位平面(bitplane)组成的,有前缓存(front buffer)、后缓存(back buffer)、左前(front_left)和右前(front_right)缓存、左后(back_left)和右后(back_right)缓存。左前缓存是必需的颜色缓存。前缓存是可见缓存,后缓存

_____

　　* 本书因未用彩色印刷,这里给出的是彩色图的黑白效果图。

是不可见缓存。前后缓存技术可以实现动画操作。

与颜色缓存相关的主要函数有：

（1）清除颜色缓存：glClear(GL_COLOR_BUFFER_BIT)，用于清除当前显示缓冲区内容，为开始新的绘制做好准备。

（2）设置清除颜色：glClearColor(red，green，blue，alpha)，用当前颜色(red，green，blue，alpha)清除当前显示缓冲区内容，为开始新的绘制做好准备。

（3）屏蔽颜色缓存：glColorMask()，分别设置红、绿、蓝和 alpha 的可写属性。

（4）选择颜色缓存：glDrawBuffer()，用于对双缓存中一个进行选择。

（5）交换颜色缓存：swapBuffer()，交换前后缓存中的颜色，以实现动画。

2. 深度缓存

深度缓存也叫 Z-buffer，它记录每个像素点所对应的物体点到视点的距离，由此决定表面的可见性。在进行消隐的时候，OpenGL 必须知道各物体间的相对位置关系，从而模拟出物体相互遮挡的效果，因此，需要进行深度测试。而深度测试的结果就生成了深度缓存。与深度缓存相关的 OpenGL 操作主要有：

（1）清除深度缓存：glClear(GL_DEPTH_BUFFER_BIT)，用于清除当前显示缓冲区内容，为开始新的绘制做好准备。

（2）设置清除值：glClearDepth(1.0)。

（3）屏蔽深度缓存：glDepthMask(GL_TRUE)，表示可以写深度缓存；glDepthMask(GL_FALSE)，表示禁止写深度缓存。

（4）启动和关闭深度测试：glEnable(GL_DEPTH_TEST)，表示开启深度测试；glDisable(GL_DEPTH_TEST)，表示禁止深度测试。

（5）确定测试条件：glDepthFunc()，根据函数参数确定测试方式，具体的参数说明请参考 OpenGL 手册。

（6）确定深度范围：glDepthRange(Glclampd zNear，Glclampd zFar)，参数 zNear 和 zFar 分别说明视景体的前景面和后景面向窗口坐标映射的规格化坐标，便于后续使用。

3. 模板缓存

模板缓存和累积缓存主要用于图形的特殊效果绘制，这里仅做简要介绍，其使用技巧可在实际使用中逐渐理解。

模板缓存存放像素的模板值。可用于控制像素是否被改写，因而其可以禁止在屏幕的某些区域绘图。模板缓存可以用于多种复杂图形的绘制，例如，屏蔽屏幕区域(凸区域或凹区域，因而也可以绘制凹多边形等)；遮盖物体；制作物体的交集等。

4. 累积缓存

顾名思义，累积缓存是一系列绘制结果的累积，可以用来实现场景的反走样、景深模拟和运动模糊等。例如为了实现全局反走样，可多次绘制场景，每次绘制时轻微移动场景

（相当于在空间上抖动场景），把多次绘制的结果进行累积并最后一次输出，结果场景的边界会变得模糊，从而实现全局反走样。

习　　题

2.1 当显示器分辨率为 1024×768 时，计算 24 位位图需要的帧缓冲内存。

2.2 使用 Visual C++ 生成一个单文档多视风格的应用程序，在视图类的 OnDraw 函数中添加绘图语句，实现在屏幕中绘制直线、圆等简单图形。

2.3 在文档类中添加一些自定义的数据结构来记录一些线段、圆等简单图形元素的信息，在视图的 OnDraw 函数中将文档中记录的图形元素绘制出来。

2.4 增加通过菜单和对话框来改变文档中图元信息的功能，通过将图元坐标设置为不同的值，观察图元显示出的不同位置，研究 Windows 视图坐标系原点、X 轴和 Y 轴的构成及其长度单位。

2.5 在视图类中增加基点坐标 (X_0,Y_0) 和比例 B 等变量，X_0 与 Y_0 的初始值设置为 0，B 的初始值设置为 1，在 OnDraw 函数绘制图元时对每个坐标 (X,Y) 均变换为 $((X-X_0)*B,(Y-Y_0)*B)$。增加通过菜单和对话框来改变视图类中 (X_0,Y_0) 和比例 B 参数值的功能。运行程序后，打开多个视图窗口，最后，通过对不同的视图设置不同的参数，实现文档类中同样的图元在不同的视图中的不同显示效果。体会单文档多视图的程序风格。

2.6 对题 2.5 中所生成的应用程序进行改造，实现在窗口中用 OpenGL 函数绘制图形，生成一些不同颜色的线段和三角形。（**注意**：由于还没有讲述如何进行 OpenGL 场景设置，这里可以不进行场景设置，使用默认场景设置参数，因此，绘制图元的 Z 坐标统一设置为 -1，X 和 Y 坐标限制在 -1 和 1 之间。）

2.7 在题 2.6 程序中每次重画前调用 glClearColor 和 glClear 函数，将背景设置为指定的黑色或蓝色。

2.8 在题 2.7 程序中，通过循环，在屏幕中绘制 1 万条颜色不同的斜线和 1 万个颜色不同、又不完全互相覆盖的三角形，观察一下绘制的过程。

2.9 在题 2.8 程序中，通过使用 glDrawBuffer() 和 swapBuffer() 函数，先将图形绘制到后缓存，然后再交换到前缓存。观察使用缓存后图形显示方式与题 2.8 中有何不同，思考为什么缓存对实现高质量的动画效果非常重要。

2.10 在题 2.9 基础上，自行设计一个或者多个试验程序，检验与深度缓存有关的几个函数的效果，这些函数包括：glClear、glClearDepth、glDepthMask、glEnable 和 glDepthFunc。

第 3 章

基本光栅图形生成技术

3.1　光栅图形学概述

计算机能够生成非常复杂的图形,但图形无论多么复杂,它都是由基本图形组合而成的。因此,学习基本图形的生成算法是掌握计算机图形学的基础。本章主要讨论一些基本图形的生成原理,包括直线、圆弧的生成算法,以及封闭多边形的填充算法(含颜色填充和图案填充)。

阴极射线管光栅显示器是由可发光的像素组成的矩阵,它是离散的,因此,在绘制具有连续性质的直线、曲线或区域等基本图形时,需要确定最佳逼近它们的像素,这个过程称为光栅化。当光栅化按照扫描线的顺序进行时,它被称为扫描转换。对于一维图形,在不考虑线宽时,用一个像素宽的直、曲线来显示图形。二维图形的光栅化必须确定区域对应的像素集,并用指定的属性或图案显示之,即区域填充。光栅化和扫描转换是光栅图形学的基本问题,其算法的好坏对系统的效率有直接的关系。虽然几乎所有的程序设计语言都提供了线、圆弧和填充等的绘制函数,但只有学习了基本图形的生成原理和算法,才能超越具体程序设计语言的限制,满足用户的特殊绘图要求。

本章主要以光栅图形显示为例讨论基本图形的生成原理和算法。为了方便起见,假定,编程语言提供了一个最底层的对显示设备的像素进行写操作的函数:

```
SetPixel(x,y,color);
```

其中,x 和 y 为像素的位置坐标,color 为像素的颜色。

另外,还假定所给出的坐标数据为整数类型。

3.2　线的生成算法

3.2.1　直线的生成算法

在数学上,理想的直线是没有宽度的、由无数个点构成的集合。当对直线进行光栅化时,只能在光栅显示器所给定的有限个像素组成的矩阵中,确定最佳逼近于该直线的一组像素,并且按扫描线顺序,对这些像素进行写操作,这就是通常所说的在光栅显示器上绘制直线或直线的扫描转换。对于水平线、垂直线和 45°线,选择哪些光栅元素是显而易见的,而对于其他方向的直线,像素的选择较为困难。

下面是直线的斜率截距方程:

$$y = kx + b \qquad (3-1)$$

其中,k 表示斜率,b 是 y 轴截距。给定线段的两个端点 $p_0(x_0, y_0)$ 和 $p_1(x_1, y_1)$,可以计算出斜率 k 和截距 b。

$$k = \Delta y / \Delta x = (y_1 - y_0)/(x_1 - x_0)$$
$$b = y_0 - k \cdot x_0$$

为此,只需让 x 从起点到终点每次增加(或减少)1,用式(3-1)计算对应的 y 值,再用 $\text{SetPixel}(x, \text{int}(y+0.5), \text{color})$ 函数输出该像素的颜色值即可。

上述方法可称为直线绘制基本算法,它的主要缺点是每步都需要一个浮点乘法运算和一个四舍五入运算,所以效率太低。由于一个图中可以包含成千上万条直线,所以要求绘制算法应尽可能的快。本节介绍一个像素宽直线的两个常用算法:数值微分法(DDA)和 Bresenham 算法。它们的共同点都是通过减少直线绘制过程中的浮点运算来提高效率。

1. 数值微分(DDA)法

已知过端点 $P_0(x_0, y_0)$,$P_1(x_1, y_1)$ 的直线段 $L(P_0, P_1)$,直线斜率为 $k = \dfrac{y_1 - y_0}{x_1 - x_0}$ 画线过程从 x 的左端点 x_0 开始,向 x 右端点步进,步长=1(个像素),计算相应的 y 坐标:$y = k \cdot x + b$,取像素点 $(x, \text{round}(y))$ 作为当前点的坐标。

计算

$$y_{i+1} = kx_{i+1} + b = kx_i + b + k\Delta x = y_i + k\Delta x$$

当 $\Delta x = 1$ 时

$$y_{i+1} = y_i + k$$

即:当 x 每递增 1,y 递增 k(即直线斜率)。其原理如图 3-1 所示。

上述采用的增量计算方法称为数值微分算法(digital differential analyzer,DDA)。数值微分法的本质,是用数值方法解微分方程,通过同时对 x 和 y 各增加一个小增量,计算下一步的 x、y 值。

下面是适用于所有象限的 DDA 算法生成直线的 C 语言程序:

```
void DDALine(int x0, int y0, int x1, int y1, int color)
{
    int i;
```

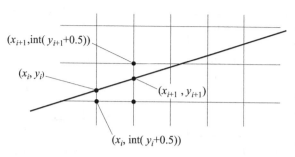

图 3-1　DDA 算法基本原理

```
float dx, dy, length,x,y;
if (fabs(x₁ - x₀)>= fabs(y₁ - y₀))
   length = fabs(x₁ - x₀);
else
   length = fabs(y₁ - y₀);
dx = (x₁ - x₀)/length;
dy = (y₁ - y₀)/length;
i = 1;
x = x₀;
y = y₀;
while(i <= length)
{
   SetPixel (int(x + 0.5), int(y + 0.5), color);
   x = x + dx;
   y = y + dy;
   i++;
}
}
```

举例：用 DDA 方法扫描转换连接两点 $P_0(0,0)$ 和 $P_1(5,2)$ 的直线段。如图 3-2 所示。

DDA 算法与基本算法相比,在扫描转换的过程中减少了浮点乘法,因而提高了效率。但是,x 与 dx、y 与 dy 必须用浮点数表示,而且每一步都要进行四舍五入后取整,不利于硬件实现,因而效率仍有待提高。

2. Bresenham 算法

为了避免 DDA 算法中费时的取整运算,人们努力寻找效率更高的直线扫描算法。1965 年,Bresenham 提出了一种更好的直线生成算法,称为 Bresenham 算法,它已经成为计算机图形学领域使用最广泛的直线扫描转换算法。Bresenham 算法基本原理是:借助

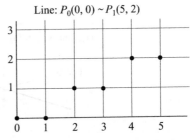

x	int($y+0.5$)	$y+0.5$
0	0	0+0.5
1	0	0.4+0.5
2	1	0.8+0.5
3	1	1.2+0.5
4	2	1.6+0.5
5	2	2.0+0.5

(a) 直线段的DDA算法   (b) 直线段 P_0P_1 的 DDA 扫描转换

图 3-2　直线段的 DDA 扫描转换

于一个误差量(表征直线与当前实际绘制像素点的距离),来确定下一个像素点的位置。算法的巧妙之处在于采用增量计算,使得对于每一列,只要检查误差量 d_i 的符号,就可以确定下一列的像素位置。

如图 3-3 所示,对于直线斜率 k 在 0～1 之间的情况,从给定线段的左端点 $P_0(x_0, y_0)$ 开始,逐步处理每个后续列(x 位置),并在扫描线 y 值最接近线段的像素上绘出一点。假设当前直线上的像素已确定,其坐标为 (x_i, y_i),那么下一步需要在列 x_i+1 上确定扫描线 y 的值。y 值要么不变,要么递增 1,可通过比较 d_1 和 d_2 来决定。

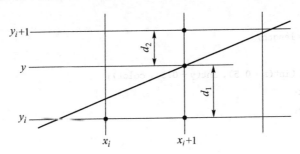

图 3-3　根据误差量 d_i 来确定理想的像素点

假设 x_i 列的像素已经确定为 x_i,其行坐标为 y_i。那么下一个像素的列坐标为 x_i+1,而行坐标要么不变为 y_i,要么递增 1 为 y_i+1。根据误差项 e 的值来决定是否增 1 的过程如下:

$$d_1 = y - y_i = (k(x_i+1)+b) - y_i$$
$$d_2 = (y_i+1) - y = y_i + 1 - (k(x_i+1)+b)$$

那么

$$d_1 - d_2 = 2k(x_i+1) - 2y_i + 2b - 1$$

设 $\Delta y = y_1 - y_0$ 和 $\Delta x = x_1 - x_0$,则 $k = \Delta y / \Delta x$,代入上式,得:

$$\Delta x(d_1 - d_2) = 2 \cdot \Delta y \cdot x_i - 2 \cdot \Delta x \cdot y_i + c \qquad (3\text{-}2)$$

其中，c 是常量，$c=2\Delta y+\Delta x(2b-1)$，与像素位置无关。

若令 $e_i=\Delta x(d_1-d_2)$，则 e_i 的计算仅包括整数运算，它的符号与 d_1-d_2 的符号相同（因为 $\Delta x>0$）。当 $e_i<0$ 时，直线上理想位置与右方像素 (x_i+1,y_i) 更接近，应取右方像素；当 $e_i>0$ 时，右上方像素 (x_i+1,y_i+1) 与直线上理想位置更接近，应取右上方像素；当 $e_i=0$ 时，两个像素与直线上理想位置一样接近，可约定取 (x_i+1,y_i+1)。

每一步单位步长都会引起沿直线段 x 和 y 方向的坐标变化。因此，可利用递增整数运算得到后继的误差量参数值。在 $k+1$ 步，误差参数可从(3-2)算出：

$$e_{i+1} = 2 \cdot \Delta y \cdot x_{i+1} - 2 \cdot \Delta x \cdot y_{i+1} + c$$

从上式中减去(3-2)，可得：

$$e_{i+1} - e_i = 2 \cdot \Delta y \cdot (x_{i+1} - x_i) - 2 \cdot \Delta x \cdot (y_{i+1} - y_i)$$

此时，参数 c 已经消去。并且已知 $x_{i+1}=x_i+1$，因而得到：

$$e_{i+1} = e_i + 2 \cdot \Delta y - 2 \cdot \Delta x \cdot (y_{i+1} - y_i)$$

如果选择右上方像素，即 $y_{i+1}-y_i=1$，则：

$$e_{i+1} = e_i + 2\Delta y - 2\Delta x$$

如果选择右方像素，即 $y_{i+1}=y_i$，则：

$$e_{i+1} = e_i + 2\Delta y$$

对于每个整数 x，从线段的坐标端点开始，循环的进行误差量的计算。其中，在起始像素 (x_0,y_0) 的第一个参数 e_0，可从方程(3-2)及 $k=\Delta y/\Delta x$ 中计算出来：

$$e_0 = 2\Delta y - \Delta x$$

下面是当 $0<k<1$ 时的 Bresenham 画线算法程序：

```
void Bresenham_Line (int x0,int y0,int x1, int y1,int color)
{
    int dx,dy,e,i,x,y;
    dx = x1 - x0, dy = y1 - y0, e = 2 * dy - dx;
    x = x0, y = y0;
    for (i = 0; i <= dx; i++)
    {
        SetPixel (x, y, color);
        x++;
        if (e >= 0)
        {
            y++;
            e = e + 2 * dy - 2 * dx;
        }else
            e = e + 2 * dy;
    }
}
```

举例：图 3-4(a) 为用 Bresenham 方法扫描转换连接两点 $P_0(0,0)$ 和 $P_1(5,2)$ 的直线段的绘制结果，图 3-4(b) 为 Bresenham 算法运行过程中的 x,y,e 3 个变量的运算结果。

如果 k 的取值范围不在 $(0<k<1)$ 之间，上述程序略作修改即可满足要求。例如，当 $k>1$ 时，y 总是增 1，再用 Bresenham 误差量判别式可以确定 x 变量是否增加 1。因此，上述程序只需交换 x 和 y 的坐标即可实现。其次，当 $k<0$，要考虑 x 或 y 不是递增 1，而是递减 1。

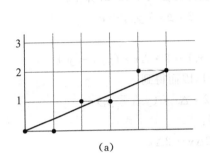

Line: $P_0(0,0), P_1(5,2)$		
x	y	e
0	0	−1
1	0	3
2	1	−3
3	1	1
4	2	−5
5	2	−1

(a)　　　　　　　　　(b)

图 3-4　用 Bresenham 画线法对连接两点的直线进行光栅化

3.2.2　圆弧的生成算法

1. 圆的基本绘制算法

圆被定义为到给定中心位置 (x_c, y_c) 距离为 r 的点集。圆心位于原点上的圆有 4 条对称轴，它们分别是：$x=0, y=0, x=y$ 和 $x=-y$。若已知圆弧上一点 (x,y)，可以得到其关于 4 条对称轴的其他 7 个点，这种性质称为八对称性。因此，只要扫描转换八分之一圆弧，就可以求出整个圆弧的像素集。

首先介绍显示圆弧上的 8 个对称点的算法：

```
void CirclePoints(int x,int y,int color)
{
    SetPixel(x,y,color); SetPixel (y,x,color);
    SetPixel(−x,y,color); SetPixel (y,−x,color);
    SetPixel(x,−y,color); SetPixel (−y,x,color);
    SetPixel(−x,−y,color); SetPixel (−y,−x,color);
}
```

另外，为了方便起见，可以只考虑中心在原点、半径为整数 R 的圆 $x^2+y^2=R^2$。对于中心不在原点的圆，可通过以下 3 个步骤来绘制：

① 首先通过平移变换，将圆画为中心在原点的圆；

② 然后再进行扫描转换,得到圆心在坐标原点的像素集合;

③ 最后把像素集合中每一个像素坐标加上一个位移量即得所需绘制圆的像素坐标。

上述思路的关键步骤是如何实现 1/8 圆的扫描转换。最容易想到的算法如下:根据圆的基本方程,可以沿 x 轴,x 从 0 到 $\frac{\sqrt{2}}{2}R$,以单位步长计算对应的 y 值来得到圆周上每点的位置:

$$y = \sqrt{R^2 - x^2}$$

但该算法每一步均包含大量的复杂计算(尤其是浮点乘法和开方运算),且所绘制的像素间间隔不一致,随着 x 的增加,间隔越来越大。

一种消除不等间距的方法是使用极坐标 r 和 θ 来计算沿圆周的点,此时圆使用参数方程来表示:

$$\begin{cases} x = r\cos\theta \\ y = r\sin\theta \end{cases} \qquad \theta \in [0, \pi/4]$$

该算法使用了三角函数和浮点运算,运算速度仍然很慢。

与直线绘制算法相似,理想的圆绘制算法也是只需作一些简单的整数和判别运算,常见的有中点画圆法。

2. 中点画圆法

下面以从 $(0, R)$ 到 $(R/\sqrt{2}, R/\sqrt{2})$ 的 1/8 圆为例,说明中点画圆法是如何确定最佳逼近于该段圆弧的像素序列的。假定当前已确定了圆弧上的一个像素点为 $P(x_P, y_P)$,那么,下一个像素只能是右方的 $P_1(x_P+1, y_P)$ 或右下方的 $P_2(x_P+1, y_P-1)$。如图 3-5 所示。

构造函数 $F(x, y) = x^2 + y^2 - R^2$,对于圆上的点,$F(x, y) = 0$;对于圆外的点,$F(x, y) > 0$;对于圆内的点,$F(x, y) < 0$。

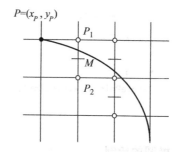

图 3-5 当前像素与下一像素的候选像素点

设 M 是图中 P_1 和 P_2 的中点,即 $M = (x_P+1, y_P-0.5)$。那么,当 $F(M) < 0$ 时,M 在圆内,这说明 P_1 距离圆弧更近,应取 P_1 作为下一像素。而当 $F(M) > 0$ 时,P_2 离圆弧更近,应取 P_2。当 $F(M) = 0$ 时,可在 P_1 和 P_2 之中任取一个,这里约定取 P_2。

根据上述原理,构造判别式

$$d_P = F(M) = F(x_P+1, y_P-0.5) = (x_P+1)^2 + (y_P-0.5)^2 - R^2$$

若 $d_P < 0$ 则应取 P_1 为下一像素,而且再下一像素的判别式为:

$$d_{P+1} = F(x_P+2, y_P-0.5) = (x_P+2)^2 + (y_P-0.5)^2 - R^2 = d_P + 2x_P + 3$$

若 $d_P \geqslant 0$ 则应取 P_2 为下一像素,而且下一像素的判别式为:

$$d_{P+1} = F(x_P + 2, y_P - 1.5) = (x_P + 2)^2 + (y_P - 1.5)^2 - R^2 = d_P + 2(x_P - y_P) + 5$$

由于这里讨论的是按顺时针方向生成第二个八分圆。则第一个像素是 $(0, R)$,判别式 d 的初始值为:

$$d_0 = F(1, R - 0.5) = 1.25 - R$$

为了避免浮点运算,可令 $e = d - 0.25$,此时,初始化运算 $d = 1.25 - R$ 对应于 $e = 1 - R$。判别式 $d < 0$ 对应于 $e < -0.25$。又由于 e 的初值为整数,且在运算过程中的增量也是整数,所以 e 始终是整数,所以 $e < -0.25$ 可以用 $e < 0$ 来代替。详细的算法如下:

```
MidPointCircle(int r, int color)
{
    int x,y;
    int e;
    x = 0; y = r; e = 1 - r;
    CirclePoints (x,y,color);
    while(x <= y)
    {
        if(e<0)
            e += 2 * x + 3;
        else
        {
            e += 2 * (x - y) + 5;
            y -- ;
        }
        x ++ ;
        CirclePoints (x,y,color);
    }
}
```

3. 椭圆的绘制

中点画圆法可以推广到一般二次曲线的生成,这里主要讨论一下椭圆的生成算法。对于一般位置的椭圆,例如 $(x - x_c)^2/a^2 + (y - y_c)^2/b^2 = 1$,可将中心平移到坐标原点,确定好中心在原点的标准位置的椭圆像素点集后,再平移到 (x_c, y_c) 位置,将问题转变为标准位置的椭圆的绘制问题。如果椭圆的长轴和短轴方向不与坐标轴 x 和 y 平行,那么可以采用旋转坐标变换的方式,同样将问题转变为标准位置的椭圆的绘制,即 $x^2/a^2 + y^2/b^2 = 1$。

定义下面椭圆中点算法的判别式:

$$F(x, y) = b^2 x^2 + a^2 y^2 - a^2 b^2 = 0 \tag{3-3}$$

则：

若 $F(x,y)<0$，说明 (x,y) 在椭圆边界内；

若 $F(x,y)=0$，说明 (x,y) 在椭圆边界上；

若 $F(x,y)>0$，说明 (x,y) 在椭圆边界外。

由于椭圆的对称性，这里只讨论第一象限椭圆弧的生成。在处理这段椭圆弧时，进一步把它分为两部分：上部分和下部分，以弧上斜率为一1的点作为分界，如图 3-6 所示。在上部分，在 x 方向上取单位步长，确定下一像素的位置；在斜率小于一1的下部分，在 y 方向取单位步长来确定下一像素的位置。

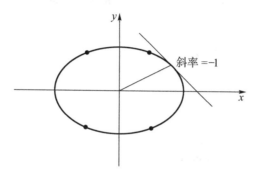

图 3-6 椭圆的上下两部分和对称性

椭圆的斜率可从方程(3-3)中计算出来：$dy/dx=-2b^2x/2a^2y$

在上部分和下部分的交界处，斜率为 $dy/dx=-1$，则上式为：$2b^2x=2a^2y$

因此，从上部分变为下部分的条件是：$2b^2x=2a^2y$

椭圆的绘制思路与中点画圆算法类似，当我们确定一个像素后，接着在两个候选像素的中点计算一个判别式的值。并根据判别式符号确定两个候选像素哪个离椭圆更近。算法的具体步骤如下。

首先讨论椭圆弧的上部分，假设当前已确定的椭圆弧上的像素点为 (x_P,y_P)，那么下一对候选像素的中点是 $(x_P+1,y_P-0.5)$。因此判别式为：

$$d_P=F(x_P+1,y_P-0.5)=b^2(x_P+1)^2+a^2(y_P-0.5)^2-a^2b^2$$

它的符号决定下一个像素是取正右方的那个像素，还是右下方的那个像素。

若 $d_P<0$，中点在椭圆内，则应取正右方像素，且判别式更新为：

$$d_{P+1}=F(x_P+2,y_P-0.5)=b^2(x_P+2)^2+a^2(y_P-0.5)^2-a^2b^2$$
$$=(b^2(x_P+1)^2+a^2(y_P-0.5)^2-a^2b^2)+b^2(2x_{P+1}+1)=d_P+b^2(2x_{P+1}+1)$$

因此，往正右方向，判别式 d_1 的增量为 $b^2(2x_{p+1}+1)$。

若 $d_P>0$，中点在椭圆外，则应取右下方像素，且判别式更新为：

$$d_{P+1}=F(x_P+2,y_P-1.5)=b^2(x_P+2)^2+a^2(y_P-1.5)^2-a^2b^2$$

$$= (b^2(x_P+1)^2 + a^2(y_P-0.5)^2 - a^2b^2) + b^2(2x_{P+1}+1) - 2a^2y_{P+1}$$
$$= d_P + b^2(2x_{P+1}+1) - 2a^2y_{P+1}。$$

因此,沿右下方向,判别式 d_1 的增量为 $b^2(2x_{P+1}+1) - 2a^2y_{P+1}$。

d_P 的初始条件是:根据弧起点 $(0,b)$,因此第一个中点是 $(1, b-0.5)$,对应的判别式是 $d_{P0} = F(1, b-0.5) = b^2 + a^2(b-0.5)^2 - a^2b^2 = b^2 + a^2(-b+0.25)$ 中点椭圆绘制算法的程序如下。其中,每步迭代过程中,需要随时计算和比较从上部分转入下部分的条件是否成立,从而将逼近方向由 x 改为 y。

```
void MidpointEllipse(int xc, int yc, int a, int b, int color)
{
    int aa = a * a, bb = b * b;
    int twoaa = 2 * aa, twobb = 2 * bb;
    int x = 0, y = b;
    int d;
    int dx = 0;
    int dy = twoaa * y;
    d = int(bb + aa * (-b + 0.25) + 0.5);
    SetPixel(xc + x, yc + y, color);
    SetPixel(xc + x, yc - y, color);
    SetPixel(xc - x, yc + y, color);
    SetPixel(xc - x, yc - y, color);
    While(dx<dy)
    {   x++;
        dx += twobb;
        if(d<0)
            d += bb + dx;
        else
        {   dy -= twoaa;
            d += bb + dx - dy;
            y--;
        }
        SetPixel(xc + x, yc + y, color);
        SetPixel(xc + x, yc - y, color);
        SetPixel(xc - x, yc + y, color);
        SetPixel(xc - x, yc - y, color);
    }
    d = int(bb * (x + 0.5) * (x + 0.5) + aa * (y - 1) * (y - 1) - aa * bb + 0.5);
    while(y>0)
    {   y--;
        dy -= twoaa;
```

```
        if(d>0)
            d += aa − dy;
        else
        {   x++;
            dx += twobb;
            d += aa − dy + dx;
        }
        SetPixel(xc + x,yc + y,color);
        SetPixel(xc + x,yc − y,color);
        SetPixel(xc − x,yc + y,color);
        SetPixel(xc − x,yc − y,color);
    }
}
```

3.3　区域的填充

本节研究如何用一种颜色或图案来填充一个二维区域。一般来说,区域的封闭轮廓线是简单的多边形。若轮廓线由曲线构成,则可将曲线转换成多条直线段顺连而成,此时,区域轮廓线仍然是一种多边形逼近。

最简单的区域填充算法是检查屏幕上的每一个像素是否位于区域多边形内。由于大多数像素不在多边形内,因此该算法的效率很低。虽然上述算法可以通过计算多边形的包围盒来减少判断像素位置的计算量,但显然仍不是最有效的算法。

在计算机图形学中,多边形区域有两种重要的表示方法:顶点表示和点阵表示。所谓顶点表示,即是用多边形的顶点序列来表示多边形。这种表示直观、几何意义强、占内存少,易于进行几何变换,但由于它没有明确指出哪些像素在多边形内,故不能直接用于区域填充。所谓点阵表示,则是用位于多边形内的像素集合来刻画多边形。这种表示丢失了许多几何信息,但便于进行填充。

根据区域的定义,可以采用不同的填充算法,其中最具代表性的是:适应于顶点表示的扫描线类算法和适应于点阵表示的种子填充类算法。

3.3.1　扫描线算法

什么是扫描线?它来源于光栅显示器的显示原理:对于屏幕上所有待显示像素的信息,将这些信息按从上到下、自左至右的方式显示。这里,每一趟自左至右的显示所涉及的像素集合具有相同的 y 坐标值,形成了一条直线,它就是一条 y 方向扫描线。同样道理,每一趟从上到下同样也能形成 x 方向扫描线。不过,人们更加习惯自左至右的扫描线。

因此,扫描线多边形区域填充算法基本原理是,待填充区域按 y 方向(x 方向亦可)扫描线顺序扫描生成。具体实现时,首先按扫描线顺序,计算扫描线与多边形的相交区间;再用指定的颜色填充这些区间内的像素,即完成这一条扫描线的填充工作。区间的端点可以通过计算扫描线与多边形边界线的交点获得。对于一条扫描线,多边形的填充过程可以分为以下4个步骤:

① 求交:计算扫描线与多边形各边的交点;

② 排序:把所有交点按 x 值递增顺序排序;

③ 配对:第一个与第二个,第三个与第四个,依次类推;每对交点代表扫描线与多边形的一个相交区间;

④ 填色:把相交区间内的像素置成多边形颜色,把相交区间外的像素置成背景色。

1. 有序边表的扫描线算法

为了提高效率,在处理每一条扫描线时,仅对与它相交的多边形的边进行求交运算。我们把与当前扫描线相交的边称为活性边(active edge),并把它们按与扫描线交点 x 坐标递增的顺序存放在一个链表中,称此链表为活性边表(AET)。

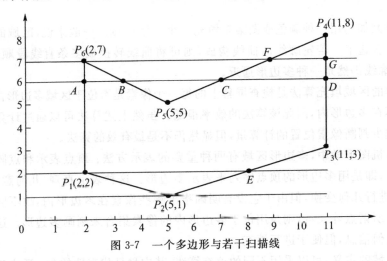

图 3-7 一个多边形与若干扫描线

图 3-8(a)为图 3-7 所示中 $y=6$ 的扫描线的活性边表,图 3-8(b)为 $y=7$ 的扫描线的活性边表。

为了提高速度,假定当前扫描线与多边形某一条边的交点的 x 坐标为 x_i,则下一条扫描线与该边的交点不要重新计算,而是通过增加一个增量 Δx 来获得。具体方法是,

设该边的直线方程为:

$$ax + by + c = 0$$

若 $y=y_i$,$x=x_i$;则当 $y = y_{i+1}$ 时,

$$x_{i+1} = \frac{1}{a}(-b \cdot y_{i+1} - c) = x_i - \frac{b}{a}$$

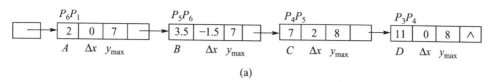

(a)

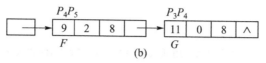

(b)

图 3-8　活性边表（AET）

图 3-8 中，$\Delta x = -\dfrac{b}{a}$ 为常数。

另外使用增量法计算时，还需要知道一条边何时不再与下一条扫描线相交，以便及时把它从活性边表中删除出去。因此，活性边表结点的数据结构应保存如下内容：第 1 项保存当前扫描线与边的交点坐标 x 值；第 2 项保存从当前扫描线到下一条扫描线间 x 的增量 Δx；第 3 项保存该边所交的最高扫描线号 $y_{\max}$。

为了方便活性边表的建立与更新，可为每一条扫描线建立一个新边表（NET），存放在该扫描线第一次出现的边。也就是说，若某边的较低端点为 $y_{\min}$，则该边就放在扫描线 $y_{\min}$ 的新边表中，图 3-9 是新边表的示意图。

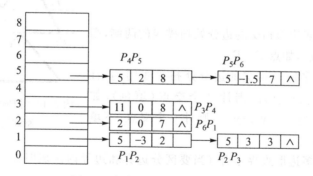

图 3-9　各条扫描线的新边表 NET

算法过程如下：

```
void polyfill (polygon, color)
int color;
多边形 polygon;
{
    for (各条扫描线,标识为 i)
    {
```

```
        初始化新边表头指针 NET[i];
        把 y_min = i 的边放进边表 NET[i];
    }
    y = 最低扫描线号;
    初始化活性边表 AET 为空;
    for (各条扫描线 i)
    {
        把新边表 NET[i]中的边结点用插入排序法插入 AET 表,使之按 x 坐标递增顺序排列;
        遍历 AET 表,把配对交点区间(左闭右开)上的像素(x, y),用 drawpixel (x, y, color)改
        写像素颜色值;
        遍历 AET 表,把 y_max = i 的结点从 AET 表中删除,并把 y_max > i 结点的 x 值递增 Δx;
        若允许多边形的边自相交,则用冒泡排序法对 AET 表重新排序;
    }
} /* polyfill */
```

扫描线与多边形顶点相交时,必须正确的进行交点个数的计算,否则,在进行填充时会出现错误。例如:图 3-7 中,多边形与扫描线 $y=7$ 交于 P_6 点,但此时 P_6 需要按零个交点来计算;然而,对于交点 P_1,则应该按 1 个交点来计算。因此,总结了以下 3 条规律,用来计算扫描线与多边形顶点的相交点数目。为了方便说明,以图 3-10 为例说明如下:

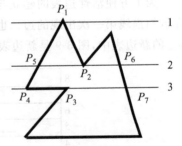

- 扫描线与多边形相交的边分处扫描线的两侧,则计一个交点,如点 P_5,P_6。
- 扫描线与多边形相交的边分处扫描线同侧,且 $y_i < y_{i-1}$,$y_i < y_{i+1}$,则计 2 个交点(填色),如 P_2;若 $y_i > y_{i-1}$,$y_i > y_{i+1}$,则计 0 个交点(不填色),如 P_1。

图 3-10 扫描线与多边形相交,特殊情况的处理

- 扫描线与多边形边界重合(当要区分边界和边界内区域时需特殊处理),则计 1 个交点。

具体实现时,只需检查顶点的两条边的另外两个端点的 y 值。按这两个 y 值中大于交点 y 值的个数是 0、1、2 来决定。

2. 边界标志算法

还有一种基于扫描线思想的边界标志算法,它比较适合于硬件实现,这里也略作介绍。它的基本思想是:在帧缓冲器中对多边形的每条边进行直线扫描转换,亦即对多边形边界所经过的像素打上标志。然后再采用和扫描线算法类似的方法将位于多边形内的各个区段着上所需颜色。对每条与多边形相交的扫描线依从左到右的顺序,逐个访问该

扫描线上的像素。使用一个布尔量 *inside* 来指示当前点是否在多边形内的状态。*inside* 的初值为假,每当当前访问的像素为被打上边标志的点,就把 *inside* 取反。对未打标志的像素,*inside* 不变。若访问当前像素时,*inside* 为真,说明该像素在多边形内,则把该像素置为填充颜色。

边界标志算法描述如下:

```
void edgemark_fill(polydef, color)
多边形定义   polydef;   int color;
{
    对多边形 polydef 每条边进行直线扫描转换;
    inside = FALSE;
    for (每条与多边形 polydef 相交的扫描线 y)
    for (扫描线上每个像素 x)
    {
        if(像素 x 被打上边标志)
            inside = !(inside);
        if(inside! = FALSE)
            drawpixel (x, y, color);
        else
            drawpixel (x, y, background);
    }
}
```

用软件实现时,扫描线算法与边界标志算法的执行速度几乎相同,但由于边界标志算法不必建立维护边表以及对它进行排序,所以边界标志算法更适合硬件实现,这时它的执行速度比有序边表算法快一至两个数量级。

3.3.2 种子填充算法

这里的区域定义是用点阵形式表示的填充图形,是像素的集合。此时,区域可采用内点表示和边界表示两种表示形式。所谓内点表示法,指区域内的所有像素着同一颜色;而边界表示法,则是指区域的边界点着同一颜色。如图 3-11 所示。在这种情况下,可以首先将区域的一点赋予指定的颜色,然后通过填充其周围的像素点,从而将填充颜色扩展到整个区域的过程,这就是种子填充算法的基本思路。

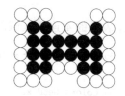

●表示内点   ○表示边界点

图 3-11 区域的内点表示和边界表示

区域填充算法要求区域是连通的,因为只有在连通区域中,才可能将种子点的颜色扩展到区域内的其他点。区域可分为 4 向连通区域和 8 向连通区域,如图 3-12 所示。4 向连通区域指的是从区域上一点出发,可通过 4 个方向,即上、下、左、右移动的组合,在不越出区域的前提下,到达区域内的任意像素;8 向连通区域指的是从区域内每一像素出发,可通过 8 个方向,即上、下、左、右、左上、右上、左下、右下这 8 个方向的移动的组合来到达。

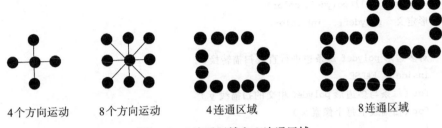

　4 个方向运动　　　8 个方向运动　　　4 连通区域　　　　　8 连通区域

图 3-12　4 连通区域和 8 连通区域

- 简单的种子填充算法

设 (x,y) 为内点表示的 4 连通区域内的一点,oldcolor 为区域的原色,要将整个区域填充为新的颜色 newcolor。内点表示的 4 连通区域的递归填充算法如下:

```
void FloodFill4(int x,int y,int oldcolor,int newcolor)
{
    if(GetPixel(x,y) == oldcolor)
    {
        SetPixel(x,y,newcolor);
        FloodFill4(x,y+1,oldcolor,newcolor);
        FloodFill4(x,y-1,oldcolor,newcolor);
        FloodFill4(x-1,y,oldcolor,newcolor);
        FloodFill4(x+1,y,oldcolor,newcolor);
    }
}
```

边界表示的 4 连通区域的递归填充算法如下:

```
void BoundaryFill4(int x,int y,int boundarycolor,int newcolor)
{
    int color = GetPixel(x,y);
    if(color! = newcolor && color! = boundarycolor)
    {
        SetPixel(x,y,newcolor);
        BoundaryFill4 (x,y+1, boundarycolor,newcolor);
```

```
        BoundaryFill4 (x,y-1,boundarycolor,newcolor);
        BoundaryFill4 (x-1,y,boundarycolor,newcolor);
        BoundaryFill4 (x+1,y,boundarycolor,newcolor);
    }
}
```

对于内点表示和边界表示的 8 连通区域的填充,只要将上述相应代码中递归填充相邻的 4 个像素增加到递归填充 8 个像素即可。

- 扫描线种子填充算法

种子填充算法原理和程序都很简单,但由于多次递归,费时、费内存,效率不高。为了减少递归次数,提高效率可以采用扫描线种子填充算法。算法的基本过程如下:当给定种子点(x,y)时,首先填充种子点所在扫描线上的位于给定区域的一个区段,然后确定与这一区段相连通的上、下两条扫描线上位于给定区域内的区段,并依次保存下来。反复这个过程,直到填充结束。

区域填充的扫描线算法可由下列 4 个步骤实现:

① 初始化:堆栈置空。将种子点(x,y)入栈。

② 出栈:若栈空则结束。否则取栈顶元素(x,y),以 y 作为当前扫描线。

③ 填充并确定种子点所在区段:从种子点(x,y)出发,沿当前扫描线向左、右两个方向填充,直到边界。分别标记区段的左、右端点坐标为 xl 和 xr。

④ 确定新的种子点:在区间$[xl,xr]$中检查与当前扫描线 y 上、下相邻的两条扫描线上的像素。若存在非边界、未填充的像素,则把每一区间的最右像素作为种子点压入堆栈,返回第②步。

```
typedef struct{                    //记录种子点
    int x;
    int y;
} Seed;

void ScanLineFill4(int x,int y,COLORREF  oldcolor,COLORREF  newcolor)
{
    int xl,xr,i;
    bool spanNeedFill;
    Seed pt;
    setstackempty();
    pt.x = x;   pt.y = y;
    stackpush(pt);                 //将前面生成的区段压入堆栈
    while(! isstackempty())
    {
```

```
pt = stackpop();
y = pt.y;


x = pt.x;
while(getpixel(x,y) == oldcolor) //向右填充
{   SetPixel(x,y,newcolor);
    x++;
}
xr = x-1;

x = pt.x-1;
while(getpixel(x,y) == oldcolor) //向左填充
{   SetPixel(x,y,newcolor);
    x--;
}
xl = x+1;

//处理上面一条扫描线
x = xl;
y = y+1;
while(x<xr)
{   spanNeedFill = FALSE;
    while(getpixel(x,y) == oldcolor)
    {   spanNeedFill = TRUE;
        x++;
    }

    if(spanNeedFill)
    {   pt.x = x-1;pt.y = y;
        stackpush(pt);
        spanNeedFill = FALSE;
    }
    while(getpixel(x,y)! = oldcolor && x<xr) x++;
}//End of while(i<xr)

//处理下面一条扫描线,代码与处理上面一条扫描线类似
x= xl;
y = y-2;
while(x<xr)
```

```
    {   spanNeedFill = FALSE;
        while(getpixel(x,y) = = oldcolor)
        {   spanNeedFill = TRUE;
            x + + ;
        }
        if(spanNeedFill)
        {   pt.x = x - 1;pt.y = y;
            stackpush(pt);
            spanNeedFill = FALSE;
        }
        while(getpixel(x,y)! = oldcolor && x<xr) x + + ;
    }//End of while(i<xr)
    }//End of while(! isstackempty())
}
```

    上述算法对于每一个待填充区段,只需压栈一次;而在递归算法中,每个像素都需要压栈。因此,扫描线填充算法提高了区域填充的效率。

3.3.3　区域图案填充算法

    在实际的使用中,有时需要用一种图案来填充平面区域,这可以通过对区域填充算法稍作修改来实现:在确定了区域内一像素之后,不是马上往像素填色,而是先查询图案位图的对应位置的颜色,当图案表的对应位置为 1 时,用填充色写像素,否则,不改变该像素的值。实际填充时,在不考虑图案旋转的情况下,可以把图案原点与图形区某点对齐来确定区域与图案之间的位置关系。

    设图案是一个 $M \times N$ 的位图,用 $M \times N$ 数组存放。M、N 一般比要填充区域的尺寸要小很多,所以图案总是周期性的重复填充以构成任意尺寸的图案。假定 (x,y) 为待填充的像素坐标,则图案位图上的对应位置为 $(x\%M,y\%M)$,其中 % 为 C 语言整除取余运算符。当图案值为 1 时,则使用填充色写,否则,采用背景色写,即:

```
if(pattern(x % M,y % N))
    SetPixel(x,y,color);//color 为填充前景色
```

3.4　文字的生成

    字符指数字、字母和汉字等符号。计算机中字符由一个数字编码惟一标识。国际上最流行的字符集是"美国信息交换用标准代码集"简称 ASCII 码。它用 7 位二进制数进行编码表示 128 个字符,包括字母、标点、运算符以及一些特殊符号。我国除采用 ASCII

码外,还另外制定了汉字编码的国家标准字符集 GB2312－80。该字符集分为 94 个区、94 个位,每个符号由一个区码和一个位码共同标识。区码和位码各用一个字节表示。为了能够区分 ASCII 码与汉字编码,采用字节的最高位来标识:最高位为 0 表示 ASCII 码;最高位为 1 表示汉字编码。

为了在显示器等输出设备上输出字符,系统中必须装备有相应的字库。字库中存储了每个字符的形状信息,字库分为矢量和点阵型两种。

3.4.1 点阵字符

在点阵字符库中,每个字符由一个位图表示。该位为 1 表示字符的笔画经过此位,对应于此位的像素应置为字符颜色。该位为 0 表示字符的笔画不经过此位,对应于此位的像素应置为背景颜色。在实际应用中,有多种字体(如宋体、楷体等),每种字体又有多种大小型号,因此字库的存储空间是很庞大的。解决这个问题一般采用压缩技术,如:黑白段压缩,部件压缩,轮廓字形压缩等。其中,轮廓字形法压缩比大,且能保证字符质量,是当今国际上最流行的一种方法。轮廓字形法采用直线或二/三次 Bézier 曲线的集合来描述一个字符的轮廓线。轮廓线构成一个或若干个封闭的平面区域。轮廓线定义加上一些指示横宽、竖宽、基点以及基线等控制信息就构成了字符的压缩数据。如图 3-13 所示。

点阵字符的显示分为两步。首先从字库中将它的位图检索出来;然后将检索到的位图写到帧缓冲器中。

1	1	1	1	1	1	0	0
0	1	1	0	0	1	1	0
0	1	1	0	0	1	1	0
0	1	1	1	1	1	0	0
0	1	1	0	0	1	1	0
0	1	1	0	0	1	1	0
1	1	1	1	1	1	0	0
0	0	0	0	0	0	0	0

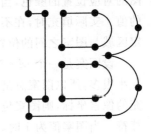

(a) 点阵字符　　　　　　　(b) 点阵字库中的位图表示　　　　　　(c) 矢量轮廓字符

图 3-13　字符的种类

3.4.2 矢量字符

矢量字符记录字符的笔画信息而不是整个位图,具有存储空间小,美观、变换方便等优点。对于字符的旋转、缩放等变换,点阵字符的变换需要对表示字符位图中的每一像素进行;而矢量字符的变换只要对其笔画端点进行变换就可以了。矢量字符的显示也分为两步。首先从字库中将它的字符信息检索出来,然后取出端点坐标,对其进行适当的几何变换,再根据各端点的标志显示出字符。

3.5　用 Visual C ++ 生成基本图形

本节介绍在 Windows 平台上使用 Visual C ++ 生成计算机图形。由于在 Visual C ++ 中当程序需要直接在屏幕或打印机上绘图时,都需要调用 GDI(图形设备接口)函数,因此首先介绍 Windows GDI,然后再介绍具体的 Visual C ++ 绘图方法。

3.5.1　图形设备接口

1. GDI 介绍

传统的 MS-DOS 程序在进行图形绘制或输出时,采用的是直接往视频存储区或打印机端口输送数据的方法,它的不利之处在于需要对每种显示卡或打印机类型提供相应的驱动程序。与 MS-DOS 不同,Windows 提供了一个抽象接口,称作图形设备接口(GDI)。我们的程序通过调用 GDI 函数和各种硬件打交道,从而实现了与具体设备无关的编程。GDI 的工作原理大致如下:首先,Windows 提供各种显示卡及打印机的驱动程序;其次,各种 GDI 函数会自动参考被称为设备环境的数据结构,而 Windows 则自动将设备环境结构映射到相应的物理设备,并且提供正确的输入输出指令。GDI 在处理速度上几乎和直接进行视频访问一样快,并且它还允许 Windows 的不同应用程序共享显示器。

GDI 包含了可用于绘制点、线、矩形、多边形、椭圆、位图以及文本的功能函数。为了方便使用,在 Visual C ++ 中对其进行了封装,形成了 GDI 对象类。所有 GDI 对象类的抽象基类都是 CGdiObject,而所有实际使用的 GDI 对象则是从 CGdiObject 派生出来的,以下是 GDI 派生类的列表:

- CBitmap——位图,是一种位图矩阵,每一个显示像素都对应于其中的一个或多个位。位图可以用来表示图像,也可以用来创建画刷。
- CBrush——画刷,通过定义一种位图矩阵,用它可以对区域内部进行填充。
- CPen——画笔,是用来画线和绘制有形边框的。具体使用时,可以指定其颜色和宽度,也可以指定其线型,例如:实线、虚线或点线。
- CFont——字体,是一种具有某种风格和尺寸的所有字符的完整集合,常常被当作资源存于磁盘中,其中有一些还要依赖某种设备。
- CPalette——调色板,是一种颜色映射接口,允许一个应用程序在不干扰其他应用程序的前提下,充分利用输出设备的颜色绘制能力。注意:调色板一般只在颜色数为 256 种或更少的情况下才使用。
- CRgn——区域,是由多边形、椭圆或者二者组合形成的一种范围,可以利用它来进行填充、裁剪以及鼠标点中测试。

2. GDI 对象的构造与析构

实际绘图时,一般不用创建基类 CGdiObject 的对象,而构造的是它的派生类对象。有些 GDI 派生类(如 CPen 和 CBrush)的构造函数允许我们在提供足够的信息的基础上,一步完成对象的创建任务;而另外一些类(如 CFont 和 CRgn)的对象的创建则需要两步才能完成,创建时,首先要调用它的默认构造函数来构造 C++ 对象,然后再进一步调用相应的创建函数,如 CreateFont 或 CreatePolygonRgn 等。

CGdiObject 类有一个析构函数,它的派生类的析构函数需要将与 C++ 对象相关联的 Windows GDI 对象删除掉。如果构造了一个 CGdiObject 派生类的对象,则在退出程序之前,必须先将它删除掉。

3. 库存 GDI 对象

Windows 包含了一些库存的可以利用的 GDI 对象。由于它们是 Windows 系统的一部分,因此程序退出前不用删除它们(实际上,Windows 对任何企图删除库存 GDI 的动作都不予理会)。MFC 库函数 SelectStockObject 可以把一个库存对象选进设备环境中,并返回原先被选中的对象的指针,同时使该对象被分离出来。所以,如果希望将自己的非库存 GDI 对象分离出来,进而将其删除,则可以随时利用这些库存对象。

3.5.2 Visual C++ 绘图方法

1. 方法介绍

本节介绍 Visual C++(以下简称 VC++)绘图实现。VC++ 程序框架基于文档-视图结构(有关 VC++ 的文档-视图结构的详细讨论,请参考其他的 VC++ 程序设计教程),其中所有的图形绘制由视图类来完成。Windows 的设备环境(CDC)是 GDI 的关键元素,它代表物理设备。绘制图形时,CDC 对象(或其派生类,例如,CClientDC 和 CWindowsDC 等)被作为参数(以指针的形式)传递给了视图类的绘制函数。通过使用这个设备环境指针,可以调用 CDC 的许多成员函数来完成各种各样的绘图工作。

例如,OnDraw 是视图类中的一个虚成员函数,每次当视窗需要被重新绘制时,应用程序框架都要调用 OnDraw 函数。当用户改变了窗口尺寸,或当窗口恢复了先前被遮盖的部分,又或当应用程序改变了窗口数据时,窗口都需要被重新绘制。如果用户改变了窗口尺寸,或者窗口需要重新恢复被遮盖的部分,则应用程序框架会自动去调用 OnDraw 函数;但是,如果程序中的某个函数修改了数据,则它必须通过调用视图所继承的 Invalidate(或者 InvalidateRect)成员函数来通知 Windows。调用 Invalidate 后会触发 OnDraw 的调用。

用计算机绘图与普通的手工绘图类似,在 OnDraw 等函数中绘制图形时,必须首先选择好画笔和画刷等绘图工具,确定好绘图坐标及比例尺,然后根据需要选用适当的绘图函数绘出图形。因此,与绘图有关的图形程序库可以分为以下 5 类:绘图工具选择函数、坐标系统设置与转换函数、绘图模式与背景设置函数、绘图函数和区域填充函数。本节的以下部分将分别介绍这些相关内容。

2. 绘图工具选择函数

Windows 应用创建输出时使用的绘图工具是画笔和画刷。应用程序可以将画笔和画刷结合在一起使用,用画笔绘制线条或勾画一个封闭区域的边界,再用画刷对其内部进行填充。

首次生成设备文本对象时,它有默认的画笔和画刷。默认画笔是黑色,宽度为一个像素。默认画刷将封闭图形的内部填充为白色。

要改变当前画刷或画笔,既可以使用库存画刷或画笔,也可以创建定制的画刷或画笔,然后将其选入设备文本对象。

- 选择库存绘图工具

要选择库存绘图工具,只须调用 CDC 成员函数 SelectStockObject 即可,函数原型是:

```
virtual CGdiObject * SelectStockObject(int nIndex);
```

如果调用成功,返回指向 CGdiObject 对象的指针(实际指向的对象是 CPen 或 CBrush 对象),否则返回 NULL。nIndex 是所要选入设备文本对象的库存对象代码,对于画刷和画笔,其值如表 3-1 所示。

表 3-1　画刷和画笔的颜色代码

宏　代　码	库存对象	宏　代　码	库存对象
BLACK_BRUSH	黑色画刷	NULL_BRUSH	空画刷(内部不填充)
DKGRAY_BRUSH	深灰色画刷	WHITE_BRUSH	白色画刷
GRAY_BRUSH	灰色画刷	BLACK_PEN	黑色画刷
HOLLOW_BRUSH	透明窗口画刷	NULL_PEN	空画笔(什么也不画)
LTGRAY_BRUSH	浅灰色画刷	WHITE_PEN	白色画笔

例如,可以使用以下代码选择白色画笔和黑色画刷:

```
pDC -> SelectStockObject(WHITE_PEN);
pDC -> SelectStockObject(BLACK_BRUSH);
```

- 创建定制的画笔工具

在 MFC 类库中,CPen 类封装了 GDI 的画笔工具,而 CBrush 类封装了 GDI 的画刷工具。在定义画笔和画刷工具时,都要调用构造函数来创建默认的画笔或画刷。绘图时使用画笔和画刷的主要步骤如下:

① 创建 CPen 类对象或 CBrush 类对象;

② 调用合适的成员函数初始化画笔或画刷;

③ 将画笔或画刷对象选入当前设备文本对象,并保存原先的画笔或画刷对象;

④ 调用绘图函数绘制图形;

⑤ 将原先的画笔或画刷对象选入设备文本对象,以便恢复原来的状态。

可以调用 CPen 的成员函数 CreatePen 来初始化画笔,函数原型为:

```
BOOL CreatePen(int nPenStyle,int nWidth,COLORREF crColor);
```

其中,nPenStyle 为画笔风格,其值如表 3-2。nWidth 为画笔的宽度(逻辑单位)。crColor 用于制定画笔的颜色。

表 3-2 画笔风格与含义

画 笔 风 格	含 义	画 笔 风 格	含 义
PS_DASH	划线,即为虚线	PS_INSIDEFRAME	在边界区域内实笔画线
PS_DASHDOT	点划线	PS_NULL	空画笔
PS_DASHDOTDOT	双点划线	PS_SOLID	实线
PS_DOT	点线		

初始化完画笔对象之后,就可以调用 CDC 的成员函数 SelectObject 将画笔选入设备文本对象。对于画笔,SelectObject 的原型为:

```
CPen * SelectObject(CPen * pPen);
```

其中,参数 pPen 是指向画笔对象的指针。SelectObject 返回一个指向原先已选入设备文本对象的画笔对象的指针。如果在此之前没有选择过画笔对象,则使用默认画笔。

- 创建定制的画刷工具

画刷的初始化主要有以下几种。

(1) 调用 CBrush 的成员函数 CreateSolidBrush 来初始化画刷,以便用纯色来填充图形的内部。函数原型为:

```
BOOL CreateSolidBrush(COLORREF crColor);
```

其中,参数 crColor 用于指定画刷的颜色。

(2) 调用 CBrush 的成员函数 CreateHatchBrush 来初始化画刷,以便用某种类型影线模式来填充图形的内部。函数原型为:

```
BOOL CreateHatchBrush (int nIndex,COLORREF crColor);
```

其中,参数 nIndex 用于指定影线模式,其值如表 3-3。影线是出现在单色背景上等间隔的线。crColor 用于指定画刷的颜色。

表 3-3　影线模式

阴影模式	含义	阴影模式	含义
HS_BDIAGONAL	反斜线	HS_FDIAGONAL	斜线
HS_CROSS	十字线	HS_HORIZONAL	水平线
HS_DIAGCROSS	斜十字线	HS_VERTICAL	竖线

(3) 调用 CBrush 的成员函数 CreatePatternBrush 来初始化画刷,以便用图案模式来填充图形的内部。函数原型为:

```
BOOL CreatePatternBrush (CBitmap * pBitmap);
```

其中,参数 pBitmap 是指向位图对象的指针。当用画刷填充图形时,图形内部将用位图一个接一个地填充。

初始化完画刷对象之后,就可以调用 CDC 的成员函数 SelectObject 将画刷选入设备文本对象。对于画刷,SelectObject 的原型为:

```
CBrush * SelectObject(CBrush * pBrush);
```

其中,参数 pBrush 是指向画刷对象的指针。SelectObject 返回一个指向原先已选入设备文本对象的画刷对象的指针。如果在此之前没有选择过画刷对象,则使用默认画刷。

初始化画刷和画笔时都必须指定颜色值。颜色的数据类型是 COLORREF,显示 RGB 值是一个 32 位整数,包含红、绿、蓝 3 个颜色域,由 RGB(红、绿、蓝)的形式指定。第一个字节(低字节)是红颜色域,第二个字节是绿颜色域,第三个字节是蓝颜色域,第四个字节(高字节)必须为 0。每个用于指定相应色彩的浓度,浓度值从 0 到 255,0 是最低强度,255 是最高强度。3 种颜色的相对强度结合起来产生实际的颜色。

指定 RGB 值既可以是手工的(如 0x00FF0000 是纯蓝),也可以用宏 RGB()来指定。RGB()的定义为:

```
COLORREF RGB(BYTE bRed, BYTE bGreen, BYTE bBlue);
```

例如,RGB(255,0,0)是红色,RGB(0,0,0)是黑色,RGB(255,0,255)是亮洋红色,可通过实验挑选最满意的颜色。

3. 坐标系统设置与转换函数

坐标系统是通过逻辑坐标与设备坐标之间的关系来定义的。逻辑坐标是指用户使用 CDC 绘图函数绘制图形的坐标,设备坐标是指计算机系统使用输出设备(显示器或打印机)来绘出图形的坐标。设备坐标是用户不能改变的。设备坐标的原点总是在左上角,用对象距离窗口左上角的以像素为单位的水平距离和垂直距离来指定对象的位置。当向右移动时,横坐标(x)值增加;当向下移动时,纵坐标(y)值增加。改变逻辑坐标与设备坐标的关系使用 CDC 的映射模式设置函数。而当逻辑坐标与设备坐标不一致时,可通过坐标转换函数来实现。

（1）映射模式

映射模式用于定义逻辑坐标的单位与设备坐标间的关系。在默认的映射模式下,逻辑坐标与设备坐标相同,坐标原点也在窗口左上角,以像素为单位,横坐标随光标向右移动而增加,纵坐标随光标向下移动而增加。但是,如果窗口支持滚动,原点将随滚动而调整。

Windows 包含 8 种不同的映射模式(见表 3-4),每种映射模式在应用程序中都有特定的用途。映射模式可细分为约束映射模式(又称固定比例映射模式)和非约束映射模式(又称可变映射模式)。

表 3-4　Windows 包含的 8 种映射模式

映 射 模 式	逻辑单位	设备单位	轴　　向
MM_HIENGLISH	1000	1 英寸	
MM_HIMETRIC	100	1 毫米	
MM_LOENGLISH	100	1 英寸	X 轴向右,Y 轴向上
MM_LOMETRIC	10	1 毫米	
MM_TWIPS	1440	1 英寸	
MM_TEXT	1	设备像素	X 轴向右,Y 轴向下
MM_ANISOTROPIC			X 和 Y 的比例可以不一致
MM_ISOTROPIC			X 和 Y 的比例一致

GDI 把上表映射模式中的前 6 种定义为约束映射模式,就是指比例因子是固定的,应用程序不能改变映射到设备单位的逻辑单位数目。每种约束映射模式中的逻辑单位与设备单位的关系见上表。

在以上 6 种映射模式中,MM_TEXT 即为默认的映射模式,其纵坐标(y)是垂直向下的,而其他 5 种映射模式的纵坐标(y)是垂直向上的。在每种约束映射模式中,每个逻辑单位映射成预定义的物理单位。例如,MM_TEXT 映射模式把一个逻辑单位映射成一个设备像素,MM_LOENGLISH 映射模式把一个逻辑单位映射成设备上的 0.01 英寸。

MM_ANISOTROPIC 和 MM_ISOTROPIC 这两种映射模式不是约束方式的,它们是用两个矩形区域(窗口和视口)推导出比例因子及轴向。其中,窗口用的是逻辑坐标,视口用的是设备坐标,都有一个原点,x 范围和 y 范围。原点可以是 4 个角中的任何一个。x 范围是从原点到对角的距离,y 范围是从原点到对角的垂直距离。

Windows 把视口的 x 范围和窗口的 x 范围的比值作为水平比例因子,把视口的 y 范围与窗口的 y 范围的比值作为垂直比例因子。这两个比例因子决定了把逻辑单位映射成像素的比例关系。除了确定比例因子之外,窗口和视口还要确定对象的轴向。Windows 总是把窗口原点映射成视口原点,窗口的 x 范围映射成视口的 x 范围,窗口的 y 范围映射成视口的 y 范围。

可以使用 MM_ISOTROPIC 映射模式创建等比例输出,把一个在逻辑坐标中对称的对象(如正方形、圆等)映射成设备坐标中对称的对象。为了保证对称性,GDI 就得缩小视口的一个范围。缩小量取决于所需范围和比例因子。这种模式也称为部分约束模式,因为应用程序并不能完全控制比例因子的改变。

MM_ANISOTROPIC 是非约束模式,应用程序通过它可以完全改变垂直和水平比例因子,并可以在选择这种模式之后随意改变窗口和视口,同时在这种模式下 Windows 不改变比例因子。

非约束映射模式下的窗口和视口的区域以及原点分别用下列函数来定义:SetWindowsExt 定义窗口区域,SetViewPortExt 定义视口区域,SetWindowsOrg 定义窗口原点,SetViewPortOrg 定义视口原点。

(2) 设置映射模式

为了设置当前映射模式,可以调用 CDC 的成员函数 SetMapMode,函数原型为:

```
virtual int SetMapMode(int nMapMode);
```

参数 nMapMode 为前面列出的 8 种映射模式之一。函数 SetMapMode 执行成功时,返回当前映射模式。如果发生错误,则返回零。

通过改变视口的 x 范围和 y 范围,可以改变 7 种现实的任何对象的大小,因此当视口区域扩大时,视口中的内容也将扩大,反之亦然。

(3) 坐标转换

可以使用 CDC 的成员函数 DPtoLP 将设备坐标转换为逻辑坐标,函数原型为:

```
void DPtoLP(LPPOINT lpPoints, int nCount = 1);
void DPtoLP(LPRECT lpRect);
void DPtoLP(LPSIZE lpsize);
```

参数 lpPoints 是指向 POINT 结构或 CPoint 对象的数组,nCount 表示数组中的点数。lpRect 指向 RECT 结构或 CRect 对象,使用这个参数表示将矩形区域的设备点转换为逻辑点。lpsize 指向 SIZE 结构或 CSize 对象。

同样,还可以使用 CDC 的成员函数 LPtoDP 将逻辑坐标转换为设备坐标,函数原型为：

```
void LPtoDP(LPPOINT lpPoints, int nCount = 1);
void LPtoDP(LPRECT lpRect);
void LPtoDP(LPSIZE lpsize);
```

4. 绘图模式与背景设置函数

(1) 设置绘图模式

绘图模式指定 Windows 如何组合画笔和显示设备上的当前颜色的方式。线的绘制除由画笔的颜色和宽度决定外，也受当前绘图模式的影响。线上每个像素的最后颜色取决于画笔颜色、当前显示设备上的颜色和绘图模式。默认绘图模式为 R2_COPYPEN，Windows 简单地将画笔颜色复制到显示设备上。例如，画线时，如果画笔是蓝色的，则不管当前颜色是什么，所生成的线上的每个像素的颜色都是蓝色的。可以调用 CDC 的成员函数 SetROP2 改变绘图模式，函数原型为：

```
int SetROP2(int nDrawMode);
```

参数 nDrawMode 指定所要求的绘图模式，其值如表 3-5。

表 3-5　绘图模式

绘　　图	描　　述
R2_BLACK	像素总为黑色
R2_WHITE	像素总为白色
R2_NOP	像素保持不变
R2_NOT	像素为显示颜色的反转色
R2_COPYPEN	默认绘图模式，像素为画笔颜色
R2_NOTCOPYPEN	像素为画笔颜色的反转色
R2_MERGEEPENNOT	像素为画笔颜色和显示颜色反转色的组合
R2_MASKPENNOT	像素为画笔颜色和显示颜色反转色的公共颜色的组合
R2_MERGENOTPEN	像素为显示颜色和画笔颜色反转色的组合
R2_MASKNOTPEN	像素为显示颜色和画笔颜色反转色的公共颜色的组合
R2_MERGEPEN	像素为显示颜色与画笔颜色的组合
R2_NOTMERGEPEN	像素为 R2_MERGEPEN 颜色反转色
R2_MASKPEN	像素为显示颜色与画笔颜色的公共颜色的组合
R2_NOTMASKPEN	像素为 R2_MASKPEN 颜色反转色
R2_XORPEN	像素为画笔颜色与显示颜色的组合，但不同时为这两种颜色
R2_NOTXOPEN	像素为 R2_XORPEN 颜色反转色

表 3-5 中,R2_NOT 称为反转模式,是实现交互式绘图中橡皮筋技术的关键。第一次画线的颜色为与显示颜色相反的颜色,在任何屏幕上均可见。而第二次画同一条线时,第一次所画的线将自动被擦除并恢复为当前的显示颜色。

(2) 背景颜色设置

默认时,在绘制图形或输出文本时背景颜色是白色。可以使用 CDC 的成员函数 SetBkColor 函数来设置新的背景颜色,函数原型为:

```
virtual COLORREF SetBkColor(COLORREF crColor);
```

参数 crColor 用于指定新的背景颜色。例如,要将背景颜色设置为绿色,可用以下语句:

```
SetBkColor(hdc, RGB(0,255,0));
```

(3) 背景模式设置

背景模式用来控制图形的背景颜色到底是用 SetBkColor 设置的颜色,还是当前显示设备上的颜色。SetBkMode 函数用于指定显示时采用透明方式还是不透明方式。函数原型为:

```
int SetBkMode(int nBkMode);
```

参数 nBkMode 指定背景模式,其值可以为 OPAQUE 或 TRANSPARENT。如果值为 OPAQUE(不透明),则图形背景为 SetBkColor 设置的当前背景颜色。如果值为 TRANSPARENT(透明),则图形背景为当前显示设备上的颜色,即 SetBkColor 函数无效。默认的背景模式为 OPAQUE。

5. 绘图函数

绘图函数都要求坐标按逻辑单位给出。默认时,图形坐标系统的左上角位于坐标 (0,0) 处,逻辑单位为像素。

(1) 设置像素(画点)

可以调用 CDC 的成员函数 SetPixel 来设置任何指定像素的颜色(画点),函数原型为:

```
COLORREF SetPixel(int x,int y, COLORREF,crColor);
COLORREF SetPixel(POINT point, COLORREF,crColor);
```

像素点的位置由参数 x 和 y 或者 point 指定,crColor 指定颜色。

注意:实际我们在编写程序画点时并不是简单地使用 SetPixel,因为这样画出来的点是一个像素,不利于观看。我们的做法是在要画点的地方画一个小的圆,再用选择的颜色将圆域填充,这样看上去就是一个比较大的点。

以下代码将画出一个半径为 5 像素的圆并以黑色填充之,看上去是一个比较大的点:

```
void CDrawDotView::OnDraw(CDC * pDC)
{
    pDC->SelectStockObject(BLACK_BRUSH);        //画出的点为黑色
    pDC->Ellipse(CRect(5,10,10,15));            // 画一个小圆
}
```

（2）设置当前位置

画线时,有些函数往往从当前位置开始画线。当前位置可以通过调用 CDC 的成员函数 MoveTo 来实现。MoveTo 函数的原型为:

```
CPoint MoveTo(int x,int y);
CPoint MoveTo(POINT point);
```

新的当前位置由参数 x 和 y 或者 point 指定。

（3）画直线

画直线可以使用 CDC 的成员函数 LineTo 实现。LineTo()函数使用当前选择的画笔绘制直线,函数原型为:

```
BOOL LineTo(int x,int y);
BOOL LineTo(POINT point);
```

直线从当前位置开始画到参数 x 和 y 或者 point 指定的坐标位置,当前位置改为 (x,y) 或者 point。

还可以调用 Polyline 函数画一系列直线。函数原型为:

```
BOOL Polyline(LPPOINT lpPoints,int nCount);
```

lpPoints 指定包含线段顶点的 POINT 结构数组,nCount 指定数组中的点数。

比如说我们要画一条从(5,5)到(50,50)的直线,如图 3-14 所示,则程序代码如下:

```
void CDrawLineView::OnDraw(CDC * pDC)
{
    pDC->MoveTo(5,5);
    pDC->LineTo(50,50);
}
```

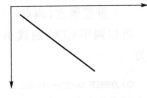

图 3-14 绘制直线的例子

（4）画弧

画弧函数用边界矩形来定义弧的大小。边界矩形是隐藏的,用于描述弧的位置和大小。画弧使用 CDC 的成员函数 Arc,函数原型为:

```
BOOL Arc(int x1,int y1,int x2,int y2,int x3,int y3,int x4,int y4);
BOOL Arc(LPCRECT lpRect,POINT ptStart,POINT ptEnd);
```

边界矩形由参数(x1,y1)和(x2,y2)或者 lpRect 定义,(x1,y1)是边界矩形的左上角坐标,(x2,y2)是边界矩形的右下角坐标。(x3,y3)或者 ptStart 是弧的起始点。(x4,y4)或者 ptEnd 是弧的终止点。此外,画弧还可以使用 CDC 的成员函数 ArcTo,函数原型为:

```
BOOL ArcTo(int x1,int y1,int x2,int y2,int x3,int y3,int x4,int y4);
BOOL ArcTo(LPCRECT lpRect,POINT ptStart,POINT ptEnd);
```

函数 ArcTo 与 Arc 基本相同,不同之处在于 ArcTo 函数将当前位置更新为弧的终止点。

(5) 画矩形

画矩形有两个 CDC 成员函数,即 Rectangle 和 RoundRect。这两个函数都是以当前画笔画一个矩形,然后用当前画刷自行填充。函数 Rectangle 画的是方角矩形,而函数 RoundRect 画的是圆角矩形。函数 Rectangle 的原型为:

```
BOOL Rectangle(int x1,int y1,int x2,int y2);
BOOL Rectangle(LPCRECT lpRect);
```

矩形区域由参数(x1,y1)和(x2,y2)或者 lpRect 指定。左上角坐标为(x1,y1),右下角坐标为(x2,y2)。

函数 RoundRect 的原型为:

```
BOOL RoundRect(int x1,int y1,int x2,int y2,int x3,int y3 );
BOOL RoundRect(LPCRECT lpRect,POINT point);
```

矩形区域由参数(x1,y1)和(x2,y2)或者 lpRect 指定。左上角坐标为(x1,y1),右下角坐标为(x2,y2)。矩形区域的圆角由(x3,y3)或者 point 确定,x3 和 y3 分别指定圆角曲线的宽度和高度。

(6) 画椭圆和圆

CDC 的成员函数 Ellipse()用于画椭圆或圆,使用的是当前画笔,并用当前画刷填充。函数原型为:

```
BOOL Ellipse(int x1,int y1,int x2,int y2);
BOOL Ellipse (LPCRECT lpRect);
```

参数(x1,y1)和(x2,y2)或者 lpRect 定义的是与椭圆相切的边界矩形,矩形的左上角坐标是(x1,y1),右下角坐标是(x2,y2)。

如果要画圆而非椭圆,可以指定正方形为外切边界矩形,此时 x2-x1 等于 y2-y1。

以下程序是一个画圆的例子(如图 3-15 所示)的程序,这个圆的外接矩形左上角坐标

是(20,20),右下角坐标是(120,120):

```
void CDrawEllipseView::OnDraw(CDC * pDC)
{
    pDC -> Ellipse(20,20,120,120);
}
```

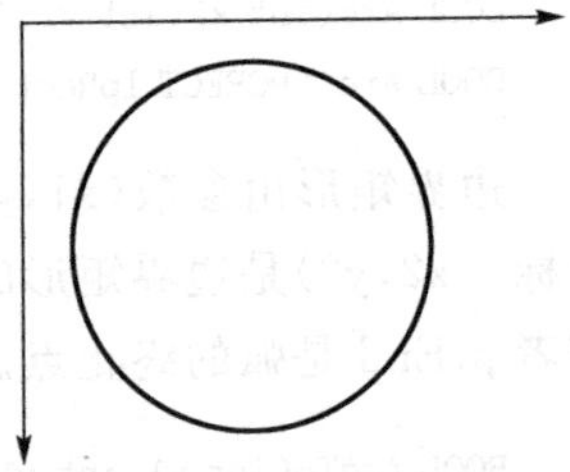

图 3-15　绘制圆的例子

(7) 画饼图

饼图是由一条弧和从弧的两个端点到中心的连线组成的图形。CDC 的成员函数 Pie 用于画饼图,函数原型为:

```
BOOL Pie(int x1,int y1,int x2,int y2,int x3,int y3,int x4,int y4);
BOOL Pie(LPCRECT lpRect,POINT ptStart,POINT ptEnd);
```

Pie 函数的参数与画弧函数的参数相同,其实画饼图主要是画弧,再加上两条连接中心的线即可,用当前画笔画完饼图后,可使用当前画刷填充图形。

(8) 画多边形

CDC 的成员函数 Polygon 用于画多边形,函数原型为:

```
BOOL Polygon(LPPOINT lpPoints,int nCount);
```

参数 lpPoints 为多边形顶点数组地址,nCount 指定数组中的顶点数。

例如,有一多边形,其顶点放在 POINT 数组中,如 point[6],顶点数据值已初始化,那么可以按以下方法画多边形:

```
Polygon(point,5);
```

(9) 画样条曲线

CDC 的成员函数 PolyBézier 用于画一个或多个贝塞尔样条曲线,函数原型为:

```
BOOL PolyBézier(const POINT * lpPoint,int nCount);
```

参数 lpPoint 为指向包含样条曲线的终点和控制点的 POINT 结构数组。nCount 指定 lpPoint 数组中的点数,该值必须大于欲画样条曲线数量的 3 倍。因为每个贝塞尔曲线需要两个控制点和一个终点,初始的样条曲线还需要一个起点。

6. 区域填充函数

CDC 的成员函数中用于区域填充的函数有:

(1) FillRect 函数

用指定画刷填充一个矩形区域,但不画边线,函数原型为:

```
void FillRect(LPCRECT lpRect,CBrush * pBrush);
```

参数 lpRect 用于指定要填充的区域,pBrush 指定用于填充的画刷。

(2) FillRgn 函数

用指定画刷填充任意一个封闭区域,函数原型为:

```
void FillRgn(CRgn * pRgn,CBrush * pBrush);
```

参数 pRgn 用于指定要填充的区域,pBrush 指定用于填充的画刷。

(3) FloodFill 函数

用指定画刷填充一个区域,函数原型为:

```
BOOL FloodFill(int x,int y,COLORREF crColor);
```

参数(x,y)是填充开始点的坐标,crColor 是指定边界的颜色。函数 FloodFill 用当前画刷从逻辑点(x,y)开始填充某个区域,该区域由参数 crColor 指定的边界颜色包围。如果点(x,y)的颜色为 crColor,或者该点在区域外,则返回零。

(4) InvertRect 函数

在给定的矩形区域内反显现有颜色,函数原型为:

```
void InvertRect(LPCRECT lpRect);
```

参数 lpRect 用于指定要反显的矩形区域。

3.6 用 OpenGL 生成基本图形

OpenGL 提供了描述点、线、多边形的绘制机制。它们通过 glBegin()函数和 glEnd()函数配对来完成。

glBegin()函数有一个类型为 Glenum 的参数,它的取值见表 3-6。

表 3-6 绘制图元类型

Mode 的值	解　　释
GL_POINTS	一系列独立的点
GL_LINES	每两点相连成为线段
GL_POLYGON	简单凸多边形的边界
GL_TRIANGLES	三点相连成为一个三角形
GL_QUADS	四点相连成为一个四边形
GL_LINE_STRIP	顶点相连成为一系列线段
GL_LINE_LOOP	顶点相连成为一系列线段,连接最后一点与第一点

续表

Mode 的值	解　释
GL_TRIANGLE_STRIP	相连的三角形带
GL_TRIANGLE_FAN	相连的三角形扇形
GL_QUAD_STRIP	相连的四边形带

glEnd()函数标志着形状的结束,该函数没有参数。

3.6.1 用 OpenGL 生成点

在 OpenGL 中,点的绘制(如图 3-16 所示)如下:

```
glBegin(GL_POINTS);
    glVertex2f(0.0,0.0);
    glVertex2f(0.0,3.0);
    glVertex2f(3.0,3.0);
    glVertex2f(4.0,1.5);
    glVertex2f(3.0,0.0);
glEnd();
```

图 3-16　点的绘制

上述代码中,glVertex2f()函数用于定义二维点,其后的参数是点的坐标,这样程序便创建了 5 个独立的点。可以在 glBegin()和 glEnd()函数对中定义任意数目的点。如果要定义三维点,则可以采用 glVertex3f()等其他形式的函数,例如:

```
glBegin(GL_POINTS);
    glVertex3f(0.0f, 0.0f, 0.3f);
    glVertex3f(0.5f, 0.5f, -0.5f);
glEnd();
```

为了获得更好的显示效果,可以使用 glPointSize()函数来定义点在屏幕上的显示大小(甚至还可以对点进行反走样处理),例如:

```
glPointSize(2.0f);
```

其中,参数 2.0 表示用 2 个像素表示一个点的直径。

3.6.2 用 OpenGL 生成直线

1. 绘制直线
直线的绘制例子如下:

```
glBegin(GL_LINES);
    glVertex2f(0.5f,0.5f);
    glVertex2f(-0.5f,0.0f);
    glVertex2f(-0.5f,0.5f);
    glVertex2f(0.0f,-0.5f);
glEnd();
```

一条直线用两个顶点来定义。因此,glBegin()和 glEnd()函数对将其中的顶点依次解释如下:第一个顶点是第一条直线的起点,第二个顶点是第一条直线的终点;第三个顶点是第二条直线的起点,第四个顶点是第二条直线的终点。

与对点的操作一样,可以设置直线的宽度,函数是:

```
glLineWidth(2.0f);
```

此外,除了绘制实线,还可以绘制点划线(Stippled Lines)等其他类型的直线。绘制前,首先需要定义点划线的类型,然后通过 glLineStipple()函数让 OpenGL 获取所定义的线型。线型可通过二进制来描述,1 代表一个实点,0 表示在该像素处不画直线。图 3-17 中表示了 8 种线型。

PATTERN	FACTOR
0x00FF	1
0x00FF	2
0x0C0F	1
0x0C0F	3
0xAAAA	1
0xAAAA	2
0xAAAA	3
0xAAAA	4

图 3-17 线型的二进制表示

其中,为了编写程序方便,一般将二进制表示为十六进制,例如图 3-17 中线型 0x00FF 实际上就是 0000000011111111。

GlLineStipple()函数可以通知 OpenGL 已改变的线型。它有两个参数,一个是 Glint,表示线型模式重复因子,另一个参数数据类型为 Glushort,表示所定义的线型。重复因子说明了用二进制表示的点的重复次数,例如,如果重复因子是 2,一个 01010101 的线型实际上被当成 0011001100110011 线型来处理。

为了启动线型,在 OpenGL 中使用 glEnable()函数,例如:

```
glEnable(GL_LINE_STIPPLE)
```

一个绘制直线的例子程序如下:

```
void drawlines()
```

```
{
    glBegin(GL_LINES);
        glVertex2f(-0.8f,0.8f);
        glVertex2f(0.8f,0.8f);
    glEnd();

    glEnable(GL_LINE_STIPPLE);
    glLineStipple(1,0x00FF);

    glBegin(GL_LINES);
        glVertex2f(-0.8f,0.4f);
        glVertex2f(0.8f,0.4f);
    glEnd();

    glLineStipple(2,0x00FF);
    glBegin(GL_LINES);
        glVertex2f(-0.8f,0.0f);
        glVertex2f(0.8f,0.0f);
    glEnd();
    glDisable(GL_LINE_STIPPLE);
        //注意：当不再使用自定义线型时,可用函数glDisable将该功能关闭
}
```

2. 绘制折线

将 glBegin() 的参数设为 GL_LINE_STRIP, 可绘制折线。例子如下:

```
glBegin(GL_LINE_STRIP);
    glVertex2f(-0.8f,0.6f);
    glVertex2f(0.8f,0.6f);
    glVertex2f(-0.8f,0.2f);
    glVertex2f(0.8f,0.2f);
glEnd();
```

在 glBegin() 和 glEnd() 之间是折线的顶点, 第一对顶点描述了折线的第一段, 然后每增加一个顶点就增加一条线段。其中, 上一线段的末点作为线段的起点, 新顶点作为线段的终点。

3.6.3 用 OpenGL 生成区域图形

1. 区域图形绘制

这里举多边形的绘制例子, 如图 3-18 所示, 程序如下:

```
glBegin(GL_POLYGON);
    glVertex2f(0.0,0.0);
    glVertex2f(0.0,3.0);
    glVertex2f(3.0,3.0);
    glVertex2f(4.0,1.5);
    glVertex2f(3.0,0.0);
glEnd();
```

图 3-18　多边形绘制

多边形用多个顶点（≥3 个）来定义，顶点之间按逆时针顺序连接，并形成封闭多边形。

2. 区域图形的填充

通常多边形用实模式填充，但也可以利用命令 glPolygonStipple() 指定某种点画模式（图案）来填充。多边形也存在反走样，而且较点和线更复杂。

```
void glPolygonStipple(const Glubyte * mask);
```

该函数指定多边形点画模式。

mask 指定 32×32 点画模式（位图）的指针，当值为 1 时绘；当值为 0 时不绘。

指定多边形点画模式需要利用 glEnable() 函数激活，也利用 glDisable() 函数去激活。

```
glEnable(GL_POLYGON_STIPPLE);
glDisable(GL_POLYGON_STIPPLE);
```

下面的程序运行结果为 3 个矩形区域，如图 3-19 所示，其中第一个矩形只使用了实模式，第二和第三个矩形使用了点画模式。

```
GLubyte fly[] = { //第二个矩形点画模式的 mask 值
0x00, 0x00, 0x00, 0x00, 0x00, 0x00, 0x00, 0x00,
0x03, 0x80, 0x01, 0xC0, 0x06, 0xC0, 0x03, 0x60,
0x04, 0x60, 0x06, 0x20, 0x04, 0x30, 0x0C, 0x20,
0x04, 0x18, 0x18, 0x20, 0x04, 0x0C, 0x30, 0x20,
0x04, 0x06, 0x60, 0x20, 0x44, 0x03, 0xC0, 0x22,
0x44, 0x01, 0x80, 0x22, 0x44, 0x01, 0x80, 0x22,
0x44, 0x01, 0x80, 0x22, 0x44, 0x01, 0x80, 0x22,
0x44, 0x01, 0x80, 0x22, 0x44, 0x01, 0x80, 0x22,
0x66, 0x01, 0x80, 0x66, 0x33, 0x01, 0x80, 0xCC,
0x19, 0x81, 0x81, 0x98, 0x0C, 0xC1, 0x83, 0x30,
0x07, 0xe1, 0x87, 0xe0, 0x03, 0x3f, 0xfC, 0xC0,
0x03, 0x31, 0x8C, 0xC0, 0x03, 0x33, 0xCC, 0xC0,
0x06, 0x64, 0x26, 0x60, 0x0C, 0xCC, 0x33, 0x30,
```

```
0x18, 0xCC, 0x33, 0x18, 0x10, 0xC4, 0x23, 0x08,
0x10, 0x63, 0xC6, 0x08, 0x10, 0x30, 0x0C, 0x08,
0x10, 0x18, 0x18, 0x08, 0x10, 0x00, 0x00, 0x08
};
GLubyte halftone[] = { //第三个矩形点画模式的 mask 值
0xAA, 0xAA, 0xAA, 0xAA, 0x55, 0x55, 0x55, 0x55,
0xAA, 0xAA, 0xAA, 0xAA, 0x55, 0x55, 0x55, 0x55,
0xAA, 0xAA, 0xAA, 0xAA, 0x55, 0x55, 0x55, 0x55,
0xAA, 0xAA, 0xAA, 0xAA, 0x55, 0x55, 0x55, 0x55,
0xAA, 0xAA, 0xAA, 0xAA, 0x55, 0x55, 0x55, 0x55,
0xAA, 0xAA, 0xAA, 0xAA, 0x55, 0x55, 0x55, 0x55,
0xAA, 0xAA, 0xAA, 0xAA, 0x55, 0x55, 0x55, 0x55,
0xAA, 0xAA, 0xAA, 0xAA, 0x55, 0x55, 0x55, 0x55,
0xAA, 0xAA, 0xAA, 0xAA, 0x55, 0x55, 0x55, 0x55,
0xAA, 0xAA, 0xAA, 0xAA, 0x55, 0x55, 0x55, 0x55,
0xAA, 0xAA, 0xAA, 0xAA, 0x55, 0x55, 0x55, 0x55,
0xAA, 0xAA, 0xAA, 0xAA, 0x55, 0x55, 0x55, 0x55,
0xAA, 0xAA, 0xAA, 0xAA, 0x55, 0x55, 0x55, 0x55,
0xAA, 0xAA, 0xAA, 0xAA, 0x55, 0x55, 0x55, 0x55,
0xAA, 0xAA, 0xAA, 0xAA, 0x55, 0x55, 0x55, 0x55,
0xAA, 0xAA, 0xAA, 0xAA, 0x55, 0x55, 0x55, 0x55
};
glClear (GL_COLOR_BUFFER_BIT);
glColor3f (1.0, 1.0, 1.0);
glRectf (25.0, 25.0, 125.0, 125.0);
glEnable (GL_POLYGON_STIPPLE);
glPolygonStipple (fly);
glRectf (125.0, 25.0, 225.0, 125.0);
glPolygonStipple (halftone);
glRectf (225.0, 25.0, 325.0, 125.0);
glDisable (GL_POLYGON_STIPPLE);
glFlush();
```

图 3-19　程序的运行结果

图 3-19 中第二个矩形的苍蝇图形比较复杂,图 3-20 具体给出了它的设置说明。

3. 多边形面的绘制

上面介绍的是二维多边形的绘制,如果多边形是三维的,则在 OpenGL 中,每个多边形被认为是由两个面组成的:正面和反面。在绘制时,需要控制反转多边形面和剔除不绘制的面。此外,有时多边形还需控制边界线的绘制。

(1) 多边形面的控制

利用下面函数可以选择多边形的正反面。

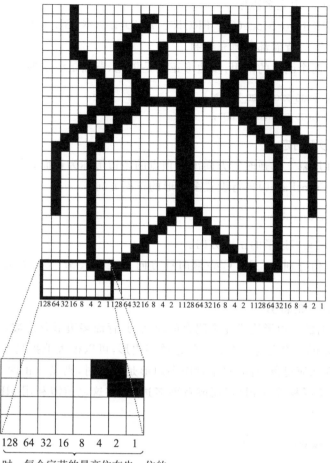

128 64 32 16 8 4 2 1 128 64 32 16 8 4 2 1 128 64 32 16 8 4 2 1 128 64 32 16 8 4 2 1

128 64 32 16 8 4 2 1

默认时，每个字节的最高位在先。位的
次序可调用 glPixelStore( ) 加以改变。

图 3-20　构成多边形点画模式

void glPolygonMode(GLenum face,GLenum mode);

face 控制多边形的正面和背面的绘图方式：

- GL_FRONT_AND_BACK,正面和反面都画；
- GL_FRONT,只画正面；
- GL_BACK,只画反面。

mode 控制绘点、线框或填充多边形：

- GL_POINT,用有一定间隔的点填充；
- GL_LINE,只画多边形的边框；

- GL_FILL,填充多边形。

默认值:glPolygonMode(GL_FRONT_AND_BACK,GL_FILL)

即多边形的正、背面都用填充绘制。

例如,下面两个函数的调用,多边形正面是填充,背面是线框的。

```
glPolygonMode(GL_FRONT,GL_FILL);
glPolygonMode(GL_BACK,GL_LINE);
```

(2) 多边形面的定义

默认时,在屏幕上以逆时针方向出现顶点的多边形称为正面,反之为背面。用户也可以利用函数 glFrontFace() 自行设置多边形的正面方向。

```
void glFrontFace(Glenum mode);
```

上述函数定义多边形的正面方向。

mode 的取值分别是:GL_CW(顺时针方向为正面)、GL_CCW(逆时针方向为正面,默认值)。

(3) 多边形面的裁剪

由一致方向的多边形构成完全闭合的曲面,其背面多边形总是被正面多边形所遮挡。因此,通过 OpenGL 确定为背面时剔除这些多边形,可以极大地提高几何体的绘制速度。同样,如果处在几何对象内部,只是背面多边形是可见时,则剔除正面多边形。利用函数 glCullFace(),选择剔除(cull)正面或背面多边形,在这之前需利用 glEnable() 激活剔除处理。

```
void glCullFace(GLenum mode);
```

指定剔除正面或背面多边形,mode 的取值分别为:

- GL_FRONT,剔除正面;
- GL_BACK,剔除背面(默认值);
- GL_FRONT_AND_BACK,剔除全部。

利用下面函数激活或去活多边形剔除:

```
glEnable(GL_CULL_FACE);
glDisable(GL_CULL_FACE);
```

(4) 多边形面的法向量

法向量是垂直于面的方向上点的向量。在平展的面上,各个点有同一个方向;在弯曲的面上,各个点具有不同的法向量。

几何对象的法向量定义了它在空间中的方向。在进行光照处理时,法向量是一项重要的参数,因为法向量决定了该对象可以接收多少光照。与法向量有关的操作有两类,分别是:指定法向量和计算法向量。

- 指定法向量

利用下面函数 glNormal * ()设置当前法向量。

```
void glNormal3{bsidf}(TYPE nx,TYPE ny,TYPE nz);
void glNormal3{bsidf}v(const TYPE * v);
```

参数 nx、ny、nz 指定法向量的 x、y 和 z 坐标,法向量的默认值为(0,0,1)。

参数 v 指定当前法向量的 x、y 和 z 三元组(即矢量形式)的指针。

用 glNormal * ()指定的法向量不一定为单位长度。如果利用命令 glEnable(GL_NORMALIZE)激活自动规格化法向量,则经过变换后,就会自动规格化 glNormal * ()所指定的法向量。

利用 glNormal * ()设置当前法向量后,相继调用 glVertex * (),使指定的顶点被赋予当前的法向量。当每个顶点具有不同的法向量时,需要有一系列的交替调用,如下列构造多边形的语句,分别为该多边形顶点 $n0$、$n1$、$n2$、$n3$ 指定了法向量 $v0$、$v1$、$v2$、$v3$:

```
glBegin (GL_POLYGON);
    glNormal3fv(n0);
    glVertex3fv(v0);
    glNormal3fv(n1);
    glVertex3fv(v1);
    glNormal3fv(n2);
    glVertex3fv(v2);
    glNormal3fv(n3);
    glVertex3fv(v3);
glEnd();
```

- 计算法向量

OpenGL 并不能自动地计算几何对象的法向量,而只能是由用户显式地指定。法向量的计算是一个纯粹的几何和数学问题。这里只简略地区分了下面两种情况。

① 求解析曲面的法向量

解析曲面是由数学方程(或方程组)描述的平滑的可微曲面。解析曲面可以是显式定义的,即:

$$V(s,t) = \begin{bmatrix} X(s,t) & Y(s,t) & Z(s,t) \end{bmatrix}$$

其法向量为 $\dfrac{\partial V}{\partial s} \times \dfrac{\partial V}{\partial t}$,当然这个法向量不是规格化的向量。

解析曲面如果是隐式表示的,即:

$$F(x,y,z) = 0$$

这时的法向量求解是比较困难的。在有些情况下,如能解出其中一个变量,比如:

$$z = G(x,y)$$

这时就相当于显式表示了,即:

$$V(s,t) = [s,t,G(s,t)]$$

② 求多边形的法向量

在 OpenGL 中,这种情形占了大多数。求平面多边形的法向量,利用不在同一直线上的多边形 3 个顶点 $v1$、$v2$ 和 $v3$。两个矢量的叉积垂直于多边形,即为该多边形的法向量(需要经过规格化处理)。

对于求多边形网格各顶点上的法向量,由于每个顶点同时位于几个不同的多边形边界上,所以需将周围多边形的法向量相加,再取其平均值。

3.6.4 用 OpenGL 生成字符

1. 生成英文字体

在 OpenGL 中有 3 种渲染字体的方法:位图、画轮廓(多边形)及纹理映射。每个方法有其自己的优点与缺点。

(1) 位图字体(bitmap fonts)

对于处理场景中独立旋转及缩放的标题而言,位图字体是比较理想的选择。从本质上说,它是预先光栅化,所以渲染速度比较快,使用它们对提高程序执行速度是显而易见的。

位图字体的定位由 glRasterPos() 决定。图 3-21 显示了基于位图字体的分子图。

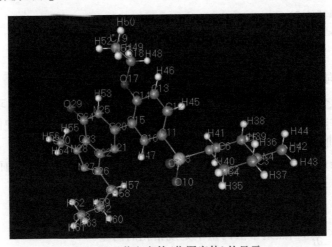

图 3-21　英文字符(位图字体)的显示

(2) 轮廓字体(outline fonts)

轮廓字体主要用于描述带控制点及曲线集合的字符特征。可以用下列渲染方法对多边形(或轮廓)进行填充。具体操作与 OpenGL 里处理多边形是一致的。它们包括:

- 旋转、平移、缩放(rotate、translate、scale)
- 颜色、材质、光照(color、material、lighting)
- 反走样(antialiasing)
- 纹理映射(texture mapping)

轮廓字体对创建拉伸效果很有帮助。图 3-22 就显示了一个带拉伸、纹理映射及光照效果的字符串。

图 3-22　英文字符(轮廓字体)的显示

(3) 纹理映射字体(texture mapped text)

它是用纹素来表现正文字符,例如对字符串的处理使用与 OpenGL 纹理映射相同的操作。此项技术主要实现街道、水塔墙面上的标记等。

例子程序如下:

```
wglUseFontBitmaps(wglGetCurrentDC(),0,256,1000);
glListBase(1000);
glRasterPos3f(-5.0f,0.0f,0.0f);
glCallLists(20,GL_UNSIGNED_BYTE,"Draw with List Text.");
```

程序使用 wglUseFontBitmaps()将 ASCII 字符装入显示列表,然后使用 glCallLists()函数利用显示列表序列显示文本。

各函数的简单说明如下。

wglUseFontBitmaps 有 4 个参数:当前使用的 DC、从第几个 ASCII 字符起装入列表、装入列表的 ASCII 字符数和起始的列表序号。

glListBase()指定 glCallLists 执行的起始列表序号。

glCallLists()含有 3 个参数:执行列表序列的个数、列表值的类型和所要显示的文本。

注意如果所要显示的文本是字符串,它所提供的信息是相对于起始装入 ASCII 字符的偏移量,因此最终所显示的 ASCII 字符是从 glListBase()所指定的列表起始号在经过 glCallLists()中偏移后的列表,因此 wglUseFontBitmaps 的从第几个 ASCII 字符起装入列表参数、glListBase()指定的 glCallLists 执行的起始列表序号和 glCallLists()中的所要显示的文本参数都可以影响最终显示结果。由于显示的是 ASCII 字符,因此不能显示汉字。glRasterPos3f 函数决定在 OpenGL 视景体坐标系下的偏移。

下面这个例子用于显示轮廓字体:

```
GLYPHMETRICSFLOAT agmf[256];
wglUseFontOutlines(wglGetCurrentDC(),0,255,1000,0.3f,0.8f, WGL_FONT_LINES, agmf);
// wglUseFontOutlines 使得 OpenGL 可以显示轮廓文字。它的用法与 wglUseFontBitmaps 函数大致
// 相同,但是多了内插计算参数、字体深度、显示方式和装载字模的缓存 4 个参数,且只能显示
// TrueType 字体,显示前应该先选择字体类型
glTranslatef(-15.0f,0.0f,0.0f);
glScalef(4.0f, 4.0f, 4.0f);

glListBase(1000);
glCallLists(26, GL_UNSIGNED_BYTE,"Draw outline list 3D text.");
```

2. 生成中文字体

在 OpenGL 中使用中文字体的基本思想是:

(1) 用 wglUseFontOutlines 或 wglUseFontBitmaps 为每个字生成一个 List。

(2) 为每个字调用 glCallList() 或为一个字串调用 glCallLists()。

具体来说,OpenGL 设计时考虑了非 ASCII 字符集文字的需求,在 OpenGL 中使用汉字是没有问题的。为此,Microsoft 提供了 wglUseFont*() 函数,它的原型在 wingdi.h 中可以看到。如果只使用英文字符,可以使用类似下面的代码。

在 OpenGL 初始化的末尾建立字体:

```
#define LISTBASE 1000
wglUseFontBitmaps(hDC,0,255,LSITBASE);
```

在需要输出文字的地方调用:

```
char * pMyString = "OpenGL Text Info";
glListBase(LISTBASE);
glCallLists(strlen(pMyString),GL_UNSIGNED_BYTE,pMyString);
```

按照习惯的思维逻辑,只要指定一个中文字体,用同样的方法就应该可以显示中文。但实际上并非如此,这样做会有下面两个问题。

问题一:一个中文字体至少有 6~7 千个字,需要占用很多的内存来保存这些 List 数据,严重影响程序性能。

解决的办法是只生成所用到字的 List。简单的方法是在字串显示函数中对每个字做一次 wglUseFont*(),再 call 对应的 List,用完再删除这个 List。显然这个方法的性能也不会很好。

改进的方法很多,这里举两个例子:(1)在程序中建立一个清单,每个字处理之前先到清单里找,如果有就直接 CallList,否则生成 List 并加到清单里。(2)对要大量使用文字的程序可以建立一个小字库,甚至可以是以编译(compiled)List 形式存在的小字库。正如在 DOS 下处理汉字一样。

问题二:更重要的是由于 wglUseFont * ()函数的 Microsoft 特色,这样做根本就不能显示汉字。

其解决的办法是自己处理双字节代码,将一个汉字的两个字节组合成一个 DWORD 传给 wglUseFont * ()。

以下是程序代码片断:

```
...
    GLYPHMETRICSFLOAT pgmf[1];
    HDC hDC = wglGetCurrentDC();
    DWORD dwChar;
    int ListNum;
    for(size_t i = 0;i< strlen((char * )str);i++)
    {
        if(IsDBCSLeadByte(str[i]))
        {
            dwChar = (DWORD)((str[i]!=8)|str[i+1]);i++;
        }
        else
            dwChar = str[i];
        ListNum = glGenLists(1);
        bool ret = false;
        ret = wglUseFontOutlines(HDC,dwChar,1,ListNum,0.0,0.1,WGL_FONT_LINES,pgmf);
        glCallList(ListNum);
        glDeleteLists(ListNum,1);
    }
    ...
```

3.6.5 OpenGL 的颜色缓冲区

OpenGL 提供两种颜色模式:RGB(RGBA)模式和颜色索引模式。在 RGBA 模式下所有颜色的定义用 R、G、B 3 个值来表示,有时也加上 Alpha 值(表示透明度)。R、G、B 3 个分量值的范围都在 0 和 1 之间,它们在最终颜色中所占的比例与它们的值成正比。如:(1,1,0)表示黄色,(0,0,1)表示蓝色。颜色索引模式下每个像素的颜色是用颜色索引表中的某个颜色索引值表示(类似于从调色板中选取颜色)。由于三维图形处理中要求颜色灵活,而且在阴影、光照、雾化和融合等效果处理中 RGBA 的效果要比颜色索引模式好,所以,在编程时大多采用 RGBA 模式。

实际使用时,OpenGL 在显示缓冲区中存储了其他图形的绘图信息,所以必须清除当前的这些内容,以免影响绘图的效果,可以用函数

```
void glClearColor ( red , green , blue , alpha );
```

设置当前屏幕的背景颜色,其中 red, green, blue, alpha 为 RGBA 颜色值。

另外,也可以使用函数

```
void glClear ( mask );
```

清除标志的缓冲区。注意,这个函数还可以清除其他缓冲区,由参数 mask 来控制。可选的 mask 参数如表 3-7 所示。

表 3-7　缓冲区名称

缓冲区	名　　称	缓冲区	名　　称
颜色缓冲区	GL_COLOR_BUFFER_BIT	累加缓冲区	GL_ACCUM_BUFFER_BIT
深度缓冲区	GL_DEPTH_BUFFER_BIT	模板缓冲区	GL_STENCIL_BUFFER_BIT

也可以使用 glClearColor()、glClearDepth()、glClearIndex()、glClearStencil()和 glClearAcc()为各自对应的缓冲区赋值。若要同时清除多个缓冲区,使用上表中所列的 mask 位的"或"(OR)组合,在速度上要比使用多次调用 glClear 函数要快得多。

在绘制图形前,通常要先设定颜色或颜色方式,这样有利于达到较高的绘图性能。设置颜色的常用命令是: glColor $*$ ()。

下面的代码就可以生成漂亮的三角形,如图 2-9 所示。

```
{
  glColor3f(1.0,0.0,0.0);
  glVertex3f( - 1.0,0.0,0.0);
  glColor3f(0.0,1.0,0.0);
  glVertex3f(0.0,1.0,0.0);
  glColor3f(0.0,0.0,1.0);
  glVertex3f(1.0,0.0,0.0);
}
```

可以看出,相邻顶点之间的部分也会有颜色,实际上 OpenGL 会在顶点之间进行插值分割,最终计算出对应光栅每一点的颜色,这个计算结果就是最终显示在屏幕上的图像。

习　题

3.1　请仿照图 3-4 画出用 Bresenham 算法进行直线段扫描转换时的光栅点的位置,其中直线段的起点是(1,1),终点是(8,5)。

3.2　教材中介绍了直线斜率为 0 到 1 之间($0<k<1$)的 Bresenham 算法,请写出直线斜率大于 1($k>1$)的 Bresenham 算法。

3.3　利用圆的 8 对称性进行光栅扫描转换时,一些像素将被绘制两次,请指出这些像素点的可能位置,并且想想如何消除两次绘制。

3.4　中点画圆算法中,如果循环终止条件改为 $x<y$,请问算法能否正确执行?

```
MidPointCircle(int r, int color)
{
    int x,y;
    int e;
    x = 0; y = r; e = 1 - r;
    circlepoints (x,y,color);
    while(x<y)
    {
        if(e<0)
            e += 2 * x + 3;
        else
        {
            e += 2 * (x - y) + 5;
            y -- ;
        }
        x ++ ;
        circlepoints (x,y,color);
    }
}
```

3.5　分别使用 DDA 算法、Bresenham 算法、Windows 画线函数和 OpenGL 画线函数编制 4 个程序,在屏幕上绘制长度基本相等的 10 万条斜线,比较程序运行的速度,并分析其原因。

3.6　实现有序边表扫描线区域填充算法,通过调用 GDI 画点函数完成多边形填充。

3.7　实现边界标志扫描线区域填充算法,通过调用 GDI 画点函数完成多边形填充。

3.8　将 3.6 的算法改造成区域图案填充算法,实现用位图填充多边形的功能。

3.9　用 GDI 的 CBrush 可以绘制用位图图案填充的多边形,在此基础上通过设置绘图模式 SetROP2,可以实现背景透明的填充,请给出具体算法并编程验证。

3.10　编写用 OpenGL 进行位图填充多边形的程序。

3.11　编写用 OpenGL 绘制文本的程序。

第 **4** 章

图形变换

图形变换是计算机图形学的重要内容,在图形的生成、处理和显示过程中发挥着关键性作用,同时,变换本身也是描述图形的一个有力工具。

图形变换可以分为 3 类:几何变换、坐标变换和显示变换。这 3 种图形变换具有不同的概念和作用,同时又有密切的联系。

本章将详细讲述这 3 种变换的概念、原理和方法,讨论它们之间的关系,最后将介绍 OpenGL 中图形变换的使用方法。由于图形裁剪算法是图形显示过程中必不可少的一个环节,因此,本章也包含了这一部分内容。

4.1 几 何 变 换

4.1.1 几何变换的概念和作用

几何变换提供了构造和修改图形的一种方法,图形在位置、方向、尺寸和形状方面的改变都可以通过几何变换来实现。

几何变换的基本方法是把变换矩阵作为一个算子,作用到图形一系列顶点的位置矢量,从而得到这些顶点在几何变换后的新的顶点序列,连接新的顶点序列即可得到变换后的图形。

几何变换是在同一坐标系下进行的,因此,这时坐标系是静止的,而图形是变动的。

4.1.2 基本几何变换

基本几何变换都是相对于原点和坐标轴进行的几何变换,有平移、缩放和旋转等。在以下的讲述中,均假设用 $P(x,y,z)$ 表示三维空间上一个未被变换的点,而该点经过某种变换后得到的新点用 $P'(x',y',z')$ 表示。

1. 平移变换

平移是指将 P 点沿直线路径从一个坐标位置移动到另一个坐标位置的一个重定位

过程。

如果点 $P'(x',y',z')$ 是由点 $P(x,y,z)$ 在 x 轴、y 轴和 z 轴分别移动 Δx、Δy、Δz 距离得到的,则这两点坐标间的关系为:

$$
\begin{aligned}
x' &= x + \Delta x \\
y' &= y + \Delta y \\
z' &= z + \Delta z
\end{aligned}
\tag{4-1}
$$

该式的矢量形式为:

$$
\boldsymbol{P'} = \boldsymbol{P} + \boldsymbol{T}
\tag{4-2}
$$

其中,$\boldsymbol{P'}$、$\boldsymbol{P}$、$\boldsymbol{T}$ 分别定义为如下向量:

$$
\boldsymbol{P'} = \begin{bmatrix} x' \\ y' \\ z' \end{bmatrix}, \quad
\boldsymbol{P} = \begin{bmatrix} x \\ y \\ z \end{bmatrix}, \quad
\boldsymbol{T} = \begin{bmatrix} \Delta x \\ \Delta y \\ \Delta z \end{bmatrix}
$$

2. 缩放变换

缩放变换改变物体的大小。设点 $P(x,y,z)$ 经缩放变换后得到点 $P'(x',y',z')$,这两点坐标之间的关系为:

$$
\begin{aligned}
x' &= s_x x \\
y' &= s_y y \\
z' &= s_z z
\end{aligned}
\tag{4-3}
$$

其中,s_x, s_y 和 s_z 分别为沿 x, y 和 z 轴方向放大或缩小的比例。它们可以相等,也可以不等。该方程(4-3)的矩阵形式为:

$$
\begin{bmatrix} x' \\ y' \\ z' \end{bmatrix} =
\begin{bmatrix} s_x & 0 & 0 \\ 0 & s_y & 0 \\ 0 & 0 & s_z \end{bmatrix} \cdot
\begin{bmatrix} x \\ y \\ z \end{bmatrix}
$$

或

$$
\boldsymbol{P'} = \boldsymbol{S} \cdot \boldsymbol{P}
\tag{4-4}
$$

其中

$$
\boldsymbol{S} = \begin{bmatrix} s_x & 0 & 0 \\ 0 & s_y & 0 \\ 0 & 0 & s_z \end{bmatrix}
$$

3. 旋转变换

设给定点 P 的坐标为:

$$
(x, y, z) = (r\cos\varphi, r\sin\varphi, z)
$$

则它绕 z 轴旋转 α 角后,可得点 $P'(x',y',z')$。P'、P 之间的关系为:

$$x' = r\cos(\varphi + \alpha) = x\cos\alpha - y\sin\alpha$$
$$y' = r\sin(\varphi + \alpha) = x\sin\alpha + y\cos\alpha \qquad (4\text{-}5)$$
$$z' = z$$

这个变换的矩阵形式为：

$$\begin{bmatrix} x' \\ y' \\ z' \end{bmatrix} = \begin{bmatrix} \cos\alpha & -\sin\alpha & 0 \\ \sin\alpha & \cos\alpha & 0 \\ 0 & 0 & 1 \end{bmatrix} \cdot \begin{bmatrix} x \\ y \\ z \end{bmatrix}$$

或

$$\boldsymbol{P}' = \boldsymbol{R}_z(\alpha) \cdot \boldsymbol{P} \qquad (4\text{-}6)$$

其中

$$\boldsymbol{R}_z(\alpha) = \begin{bmatrix} \cos\alpha & -\sin\alpha & 0 \\ \sin\alpha & \cos\alpha & 0 \\ 0 & 0 & 1 \end{bmatrix}$$

关于其他两个坐标轴的旋转变换方程可以循环置换式(4-5)方程中的 x, y, z 得到，即按照 $x \rightarrow y \rightarrow z \rightarrow x$ 的置换顺序即可（如图4-1）。

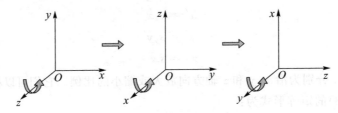

图 4-1 坐标轴循环置换循序

对于(4-5)式,利用上述的置换顺序,可以得到绕 x 轴旋转的方程：

$$y' = y\cos\alpha - z\sin\alpha$$
$$z' = y\sin\alpha + z\cos\alpha \qquad (4\text{-}7)$$
$$x' = x$$

这个变换的矩阵形式为：

$$\begin{bmatrix} x' \\ y' \\ z' \end{bmatrix} = \begin{bmatrix} 1 & 0 & 0 \\ 0 & \cos\alpha & -\sin\alpha \\ 0 & \sin\alpha & \cos\alpha \end{bmatrix} \cdot \begin{bmatrix} x \\ y \\ z \end{bmatrix}$$

或

$$\boldsymbol{P}' = \boldsymbol{R}_x(\alpha) \cdot \boldsymbol{P} \qquad (4\text{-}8)$$

其中

$$R_x(\alpha) = \begin{bmatrix} 1 & 0 & 0 \\ 0 & \cos\alpha & -\sin\alpha \\ 0 & \sin\alpha & \cos\alpha \end{bmatrix}$$

循环置换(4-7)式中的坐标,即可得到绕 y 轴旋转的方程:

$$z' = z\cos\alpha - x\sin\alpha$$
$$x' = z\sin\alpha + x\cos\alpha \tag{4-9}$$
$$y' = y$$

绕 y 轴旋转的矩阵形式为:

$$\begin{bmatrix} x' \\ y' \\ z' \end{bmatrix} = \begin{bmatrix} \cos\alpha & 0 & \sin\alpha \\ 0 & 1 & 0 \\ -\sin\alpha & 0 & \cos\alpha \end{bmatrix} \cdot \begin{bmatrix} x \\ y \\ z \end{bmatrix}$$

或

$$P' = R_y(\alpha) \cdot P \tag{4-10}$$

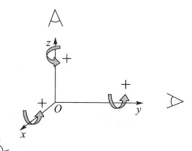

在此需要注意的是旋转角度正负的确定。当沿坐标轴的正向往坐标原点看过去时,逆时针方向旋转的角度为正向旋转角(如图 4-2)。

图 4-2　旋转角度正负的定义

4.1.3　组合几何变换与齐次坐标

1. 齐次坐标

在实际绘图时,常常要对图形连续做多次变换,例如先平移,再旋转、放大等。这样需要对该图形上的点集按变换顺序依次进行计算,计算量较大。如果只对图形进行旋转和缩放两类变换,如先旋转,再缩放,则可以首先将两变换合成一个复合变换,将两次运算转换成一次性的矩阵与向量乘法。这样对图形做上述一系列变换时,只要用点集与这个复合矩阵相乘就可以了。但是如果在变换中再加入平移变换,变换就不容易合并了。这主要是因为平移变换和旋转、缩放变换的表示形式不一样;平移变换为矢量的加法,而旋转和缩放变换为矩阵的乘法。为了使各种变换的表示形式一致,从而使变换合成更容易,有必要引入齐次坐标的概念。

所谓齐次坐标表示就是用 $n+1$ 维向量表示 n 维向量。例如,在二维平面中,点 $P(x, y)$ 的齐次坐标表示为 (wx, wy, w)。这里,w 是任一不为 0 的比例系数。类似地,三维空间中坐标点的齐次坐标表示为 (wx, wy, wz, w)。推而广之,n 维空间中的一个点 $(P_1, P_2, \cdots, P_n)$ 的齐次坐标为 $(wP_1, wP_2, \cdots, wP_n, w)$。

这里需要注意的是,用笛卡儿直角坐标表示 n 维空间中一个点向量是惟一的。而用齐次坐标表示则是不惟一的,例如,$(10, 25, 15, 5)$,$(6, 15, 9, 3)$,$(4, 10, 6, 2)$ 均为 $(2, 5, 3)$ 这一点的齐次坐标。这种多对一的映射关系往往使运算较为复杂,所以通常 (x, y, z) 的齐次坐标为$(x,y,z,1)$。此后如不特别说明,齐次坐标指的都是这种意义上的齐次坐标。

齐次坐标表示法一方面可以表示无穷远点,例如,$n+1$维向量中,$w=0$的齐次坐标实际上表示了一个n维的无穷远点;另一方面用齐次坐标表示,使得所有几何变换都可以用矩阵相乘来表示,获得了平移、旋转和缩放变换的一致性表示,无论哪种变换形式,变换矩阵均可以用一个统一的4×4矩阵来表示。

利用齐次坐标,平移变换的矩阵表示形式为:

$$\begin{bmatrix} x' \\ y' \\ z' \\ 1 \end{bmatrix} = \begin{bmatrix} 1 & 0 & 0 & \Delta x \\ 0 & 1 & 0 & \Delta y \\ 0 & 0 & 1 & \Delta z \\ 0 & 0 & 0 & 1 \end{bmatrix} \cdot \begin{bmatrix} x \\ y \\ z \\ 1 \end{bmatrix}$$

或

$$\boldsymbol{P'} = \boldsymbol{T} \cdot \boldsymbol{P} \tag{4-11}$$

缩放变换的矩阵表示形式为:

$$\begin{bmatrix} x' \\ y' \\ z' \\ 1 \end{bmatrix} = \begin{bmatrix} s_x & 0 & 0 & 0 \\ 0 & s_y & 0 & 0 \\ 0 & 0 & s_z & 0 \\ 0 & 0 & 0 & 1 \end{bmatrix} \cdot \begin{bmatrix} x \\ y \\ z \\ 1 \end{bmatrix}$$

或

$$\boldsymbol{P'} = \boldsymbol{S} \cdot \boldsymbol{P} \tag{4-12}$$

旋转变换的矩阵表示形式为:

绕x轴旋转:

$$\begin{bmatrix} x' \\ y' \\ z' \\ 1 \end{bmatrix} = \begin{bmatrix} 1 & 0 & 0 & 0 \\ 0 & \cos\alpha & -\sin\alpha & 0 \\ 0 & \sin\alpha & \cos\alpha & 0 \\ 0 & 0 & 0 & 1 \end{bmatrix} \cdot \begin{bmatrix} x \\ y \\ z \\ 1 \end{bmatrix}$$

或

$$\boldsymbol{P'} = \boldsymbol{R}_x(\alpha) \cdot \boldsymbol{P} \tag{4-13}$$

绕y轴旋转:

$$\begin{bmatrix} x' \\ y' \\ z' \\ 1 \end{bmatrix} = \begin{bmatrix} \cos\alpha & 0 & \sin\alpha & 0 \\ 0 & 1 & 0 & 0 \\ -\sin\alpha & 0 & \cos\alpha & 0 \\ 0 & 0 & 0 & 1 \end{bmatrix} \cdot \begin{bmatrix} x \\ y \\ z \\ 1 \end{bmatrix}$$

或

$$\boldsymbol{P'} = \boldsymbol{R}_y(\alpha) \cdot \boldsymbol{P} \tag{4-14}$$

绕 z 轴旋转：

$$
\begin{bmatrix} x' \\ y' \\ z' \\ 1 \end{bmatrix} = \begin{bmatrix} \cos\alpha & -\sin\alpha & 0 & 0 \\ \sin\alpha & \cos\alpha & 0 & 0 \\ 0 & 0 & 1 & 0 \\ 0 & 0 & 0 & 1 \end{bmatrix} \cdot \begin{bmatrix} x \\ y \\ z \\ 1 \end{bmatrix}
$$

或

$$
\boldsymbol{P}' = \boldsymbol{R}_z(\alpha) \cdot \boldsymbol{P} \tag{4-15}
$$

2. 组合变换

上述的几何变换是图形变换中最基本的几何变换。实际应用中对图形作几何变换时往往是多种基本的几何变换组合,因此我们把由若干个基本的几何变换组合而成的一个几何变换的过程称为组合变换。

由于引入了齐次坐标,基本几何变换均可以表示成 $\boldsymbol{P}' = \boldsymbol{T} \cdot \boldsymbol{P}$ 的形式,因此组合变换的结果是每次的变换矩阵相乘,组合变换同样具有 $\boldsymbol{P}' = \boldsymbol{T} \cdot \boldsymbol{P}$ 的形式。所不同的是,此时有:

$$
\boldsymbol{T} = \boldsymbol{T}_n \cdots \boldsymbol{T}_3 \cdot \boldsymbol{T}_2 \cdot \boldsymbol{T}_1 \qquad n > 1
$$

即

$$
\boldsymbol{P}' = \boldsymbol{T} \cdot \boldsymbol{P} = \boldsymbol{T}_n \cdots \boldsymbol{T}_3 \cdot \boldsymbol{T}_2 \cdot \boldsymbol{T}_1 \cdot \boldsymbol{P} \qquad n > 1
$$

由于矩阵的乘法满足结合律,因此,通常在计算时先求出 $\boldsymbol{T}$,再与 $\boldsymbol{P}$ 相乘。即

$$
\boldsymbol{P}' = \boldsymbol{T} \cdot \boldsymbol{P} = (\boldsymbol{T}_n \cdots \boldsymbol{T}_3 \cdot \boldsymbol{T}_2 \cdot \boldsymbol{T}_1) \cdot \boldsymbol{P} \qquad n > 1
$$

以下重点讲述组合变换矩阵 $\boldsymbol{T}$ 的计算形式。

(1) 相对于固定点 $P(x_f, y_f, z_f)$ 的缩放变换

① 把固定点 P 和物体一起做平移变换,使 P 点被移到坐标系的原点;

② 把物体相对于坐标原点进行缩放变换;

③ 再把固定点 P 和物体一起平移变换,使点 P 移回到原来的位置。

这样,就可以得到相对于 P 点缩放过的物体了。

整个变换的过程如图 4-3 所示。

相对于任意点缩放的变换矩阵可以表示为平移——缩放——平移矩阵的级联:

$$
\boldsymbol{T}(x_f, y_f, z_f) \cdot \boldsymbol{S}(s_x, s_y, s_z) \cdot \boldsymbol{T}(-x_f, -y_f, -z_f) = \begin{bmatrix} s_x & 0 & 0 & (1-s_x) \cdot x_f \\ 0 & s_y & 0 & (1-s_y) \cdot y_f \\ 0 & 0 & s_z & (1-s_z) \cdot z_f \\ 0 & 0 & 0 & 1 \end{bmatrix}
$$

$$\tag{4-16}$$

(2) 绕任意轴旋转

如果旋转所绕的轴不是坐标轴,而是一条任意轴,则变换过程显得较为复杂。首先,

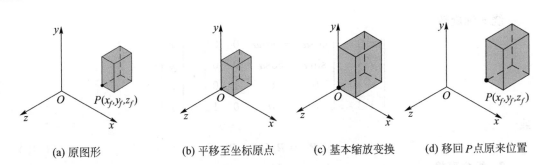

(a) 原图形 (b) 平移至坐标原点 (c) 基本缩放变换 (d) 移回 P 点原来位置

图 4-3 相对于固定点的缩放变换

对物体和旋转轴一起做平移和旋转变换,使得旋转轴与一条标准坐标轴重合。然后,绕该标准轴对物体作所需的旋转。最后,对物体和旋转轴进行逆变换,使所绕的轴恢复到原来的位置。这个过程需要由 7 个基本变换的级联才能完成。

假设 P_1、P_2 两点所定义的矢量为任意轴,旋转角度为 θ(图 4-4)。这 7 个基本变换如下:

① $\boldsymbol{T}(-x_1, -y_1, -z_1)$,使 P_1 点与原点重合(图 4-4(b));

② $\boldsymbol{R}_x(\alpha)$ 使得轴 P_1P_2 落入平面 xOz 平面内(图 4-4(c));

③ $\boldsymbol{R}_y(\beta)$,使轴 P_1P_2 与 z 轴重合(图 4-4(d));

④ $\boldsymbol{R}_z(\theta)$,执行绕轴 P_1P_2 的 θ 角度的旋转(图 4-4(e));

⑤ $\boldsymbol{R}_y(-\beta)$,作变换③的逆变换;

⑥ $\boldsymbol{R}_x(-\alpha)$,作变换②的逆变换;

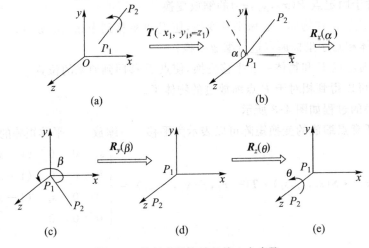

图 4-4 绕任意轴旋转的前 4 个步骤

⑦ $T(x_1, y_1, z_1)$，作变换①的逆变换。

首先，求 $\mathbf{R}_x(\alpha)$ 的参数。转角 α 是旋转轴 u 在 yOz 平面的投影 $u'=(0,b,c)$ 与 z 轴的夹角(图 4-5(a))，故有：

$$\cos\alpha = \frac{c}{d}, \ d = \sqrt{b^2+c^2}$$

$$\sin\alpha = \frac{b}{|\,\mathbf{u}'\,|\,|\,\mathbf{u}_z\,|} = \frac{b}{d}$$

得出 $\mathbf{R}_x(\alpha)$ 为：

$$\mathbf{R}_x(\alpha) = \begin{bmatrix} 1 & 0 & 0 & 0 \\ 0 & \dfrac{c}{d} & -\dfrac{b}{d} & 0 \\ 0 & \dfrac{b}{d} & \dfrac{c}{d} & 0 \\ 0 & 0 & 0 & 1 \end{bmatrix}$$

其次，求 $\mathbf{R}_y(\beta)$ 的参数(图 4-5(b))。经过 $\mathbf{R}_x(\alpha)$ 变换，P_2 已在 xOz 平面，但 P_2 点与 x 轴的距离保持不变。因此，P_1P_2 现在的单位矢量 u' 的 z 方向分量的值即为 u'' 的长度，等于 d，β 是 $\mathbf{u}''$ 与 $\mathbf{u}_z$ 的夹角，故有：

$$\cos\beta = \frac{\mathbf{u}'' \cdot \mathbf{u}_z}{|\,\mathbf{u}''\,|\,|\,\mathbf{u}_z\,|} = d$$

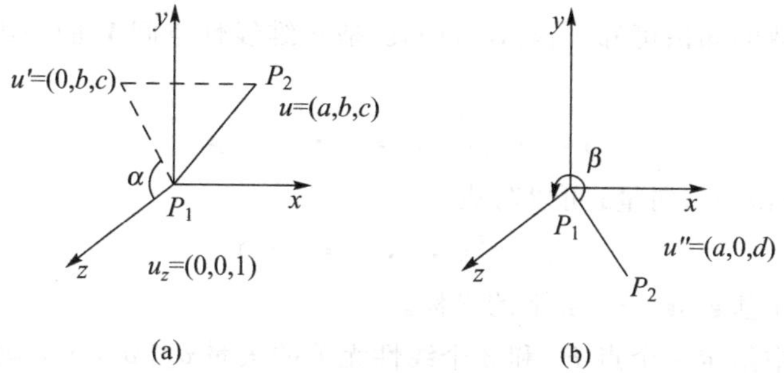

图 4-5 求转角的函数值

根据矢量积的定义，有：

$$\mathbf{u}_z\,|\,\mathbf{u}''\,|\,|\,\mathbf{u}_z\,|\sin\beta = \mathbf{u}_z \cdot (-a)$$

因为 $|\,\mathbf{u}''\,| = \sqrt{a^2+d^2} = \sqrt{a^2+b^2+c^2} = 1$，并 $|\,\mathbf{u}_z\,| = 1$，所以：

$$\sin\beta = -a$$

因此，得到 $\mathbf{R}_y(\beta)$ 为：

$$\boldsymbol{R}_y(\beta) = \begin{bmatrix} d & 0 & -a & 0 \\ 0 & 1 & 0 & 0 \\ a & 0 & d & 0 \\ 0 & 0 & 0 & 1 \end{bmatrix}$$

绕任意轴旋转 θ 的变换 $\boldsymbol{R}(\theta)$ 为如下的级联变换：

$$\boldsymbol{R}(\theta) = \boldsymbol{T}(x_1, y_1, z_1) \cdot \boldsymbol{R}_x(-\alpha) \cdot \boldsymbol{R}_y(-\beta) \cdot \boldsymbol{R}_z(\theta) \cdot \boldsymbol{R}_y(\beta) \cdot \boldsymbol{R}_x(\alpha) \cdot \boldsymbol{T}(-x_1, -y_1, -z_1)$$

$$(4\text{-}17)$$

4.2 坐标变换

4.2.1 坐标变换的概念与作用

坐标变换是根据图形在一个坐标系下的坐标求出该图形在另一个坐标系下的坐标。当然,在进行坐标变换时必须给出两个坐标系之间的关系。

坐标变换应用非常广泛,可以将许多复杂的问题简化。熟练掌握利用坐标变换解决问题的方法非常重要。

坐标变换是在两个坐标系之间进行的,这时图形是静止的,而坐标系是变动的。

4.2.2 基本坐标变换方法

根据线性代数的知识可知,若 $\varepsilon_1, \varepsilon_2, \cdots, \varepsilon_n$ 是 n 维线性空间 V 的一组基, $\boldsymbol{\alpha}$ 是 V 中的任一向量,若：

$$\boldsymbol{\alpha} = x_1 \varepsilon_1 + x_2 \varepsilon_2 + \cdots + x_n \varepsilon_n$$

记 $\boldsymbol{X} = [x_1, x_2, \cdots, x_n]^T$,向量 $\boldsymbol{\alpha}$ 可以写成：

$$\boldsymbol{\alpha} = [\varepsilon_1, \varepsilon_2, \cdots, \varepsilon_n] \cdot \boldsymbol{X}$$

则称 $\boldsymbol{X}$ 是向量 $\boldsymbol{\alpha}$ 在基 $\varepsilon_1, \varepsilon_2, \cdots, \varepsilon_n$ 下的坐标。

在三维空间中给定一个点 P_0 和 3 个线性无关的矢量 $\boldsymbol{v}_1, \boldsymbol{v}_2, \boldsymbol{v}_3$,则空间中任何一个点 P 可以表示为：

$$\boldsymbol{P} = \boldsymbol{P}_0 + a_1 \boldsymbol{v}_1 + a_2 \boldsymbol{v}_2 + a_3 \boldsymbol{v}_3 \qquad a_1, a_2, a_3 \text{ 为实数}$$

则点 P 的坐标为 $(a_1, a_2, a_3)^T$,写成矩阵形式为：

$$\boldsymbol{P} = \boldsymbol{P}_0 + [\boldsymbol{v}_1, \boldsymbol{v}_2, \boldsymbol{v}_3] \cdot [a_1, a_2, a_3]^T \qquad (4\text{-}18)$$

知道了坐标的定义,下面来推导两个坐标系之间的关系。

假设在三维空间中,已知坐标系 Ⅰ：原点 Q_0,坐标轴（即基）为 $\boldsymbol{u}_1, \boldsymbol{u}_2, \boldsymbol{u}_3$；坐标系 Ⅱ：原点 P_0,坐标轴（即基）为 $\boldsymbol{v}_1, \boldsymbol{v}_2, \boldsymbol{v}_3$；两坐标系间可以表示成如下的关系式：

$$\boldsymbol{u}_1 = \gamma_{11} \boldsymbol{v}_1 + \gamma_{12} \boldsymbol{v}_2 + \gamma_{13} \boldsymbol{v}_3$$

$$\boldsymbol{u}_2 = \gamma_{21}\boldsymbol{v}_1 + \gamma_{22}\boldsymbol{v}_2 + \gamma_{23}\boldsymbol{v}_3$$

$$\boldsymbol{u}_3 = \gamma_{31}\boldsymbol{v}_1 + \gamma_{32}\boldsymbol{v}_2 + \gamma_{33}\boldsymbol{v}_3 \qquad (4\text{-}19)$$

写成矩阵表示形式:

$$\begin{bmatrix} \boldsymbol{u}_1 & \boldsymbol{u}_2 & \boldsymbol{u}_3 \end{bmatrix} = \begin{bmatrix} \boldsymbol{v}_1 & \boldsymbol{v}_2 & \boldsymbol{v}_3 \end{bmatrix} \cdot \begin{bmatrix} \gamma_{11} & \gamma_{21} & \gamma_{31} \\ \gamma_{12} & \gamma_{22} & \gamma_{32} \\ \gamma_{13} & \gamma_{23} & \gamma_{33} \end{bmatrix} \qquad (4\text{-}20)$$

那么由坐标系 $\boldsymbol{v}_1, \boldsymbol{v}_2, \boldsymbol{v}_3$ 到坐标系 $\boldsymbol{u}_1, \boldsymbol{u}_2, \boldsymbol{u}_3$ 的变换矩阵为:

$$\boldsymbol{M} = \begin{bmatrix} \gamma_{11} & \gamma_{21} & \gamma_{31} \\ \gamma_{12} & \gamma_{22} & \gamma_{32} \\ \gamma_{13} & \gamma_{23} & \gamma_{33} \end{bmatrix} \qquad (4\text{-}21)$$

如果坐标系 I 的原点 Q_0 在坐标系 II 的坐标为: $[q_1, q_2, q_3]^T$,则根据坐标的定义(4-18),可以写成以下的矩阵形式:

$$\boldsymbol{Q}_0 = \boldsymbol{P}_0 + [\boldsymbol{v}_1, \boldsymbol{v}_2, \boldsymbol{v}_3] \cdot [q_1, q_2, q_3]^T$$

$$= \boldsymbol{P}_0 + [\boldsymbol{u}_1, \boldsymbol{u}_2, \boldsymbol{u}_3] \cdot \boldsymbol{M}^{-1} \cdot [q_1, q_2, q_3]^T$$

对于空间中的任一点 D,如果已知 D 点在坐标系 II 中的坐标为 $[d_1, d_2, d_3]^T$,则:

$$\boldsymbol{D} = \boldsymbol{P}_0 + [\boldsymbol{v}_1, \boldsymbol{v}_2, \boldsymbol{v}_3] \cdot [d_1, d_2, d_3]^T$$

$$= \boldsymbol{Q}_0 - [\boldsymbol{v}_1, \boldsymbol{v}_2, \boldsymbol{v}_3] \cdot [q_1, q_2, q_3]^T + [\boldsymbol{v}_1, \boldsymbol{v}_2, \boldsymbol{v}_3] \cdot [d_1, d_2, d_3]^T$$

$$= \boldsymbol{Q}_0 + [\boldsymbol{v}_1, \boldsymbol{v}_2, \boldsymbol{v}_3] \cdot [[d_1, d_2, d_3]^T - [q_1, q_2, q_3]^T]$$

$$= \boldsymbol{Q}_0 + [\boldsymbol{u}_1, \boldsymbol{u}_2, \boldsymbol{u}_3] \cdot \boldsymbol{M}^{-1} \cdot ([d_1, d_2, d_3]^T - [q_1, q_2, q_3]^T)$$

因此,D 点在坐标系 I 中的坐标为:

$$\boldsymbol{M}^{-1} \cdot ([d_1, d_2, d_3]^T - [q_1, q_2, q_3]^T) \qquad (4\text{-}22)$$

4.2.3 齐次坐标下的坐标变换方法

在三维空间中给定一个点 P_0 和 3 个线性无关的矢量 $\boldsymbol{v}_1, \boldsymbol{v}_2, \boldsymbol{v}_3$,则空间中任何一个点 P 的矩阵可以表示为:

$$\boldsymbol{P} = [\boldsymbol{v}_1, \boldsymbol{v}_2, \boldsymbol{v}_3, \boldsymbol{P}_0] \cdot [a_1, a_2, a_3, 1]^T \qquad (4\text{-}23)$$

则 P 的齐次坐标为 $[a_1, a_2, a_3, 1]^T$。

假设在三维空间中,已知坐标系 I:原点 Q_0,坐标轴(即基)为 $\boldsymbol{u}_1, \boldsymbol{u}_2, \boldsymbol{u}_3$;坐标系 II:原点 P_0,坐标轴(即基)为 $\boldsymbol{v}_1, \boldsymbol{v}_2, \boldsymbol{v}_3$;两坐标系之间可以表示成如下的关系式:

$$\boldsymbol{u}_1 = \gamma_{11}\boldsymbol{v}_1 + \gamma_{12}\boldsymbol{v}_2 + \gamma_{13}\boldsymbol{v}_3$$

$$\boldsymbol{u}_2 = \gamma_{21}\boldsymbol{v}_1 + \gamma_{22}\boldsymbol{v}_2 + \gamma_{23}\boldsymbol{v}_3$$

$$\boldsymbol{u}_3 = \gamma_{31}\boldsymbol{v}_1 + \gamma_{32}\boldsymbol{v}_2 + \gamma_{33}\boldsymbol{v}_3 \qquad (4\text{-}24)$$

$$\boldsymbol{Q}_0 = \gamma_{41}\boldsymbol{v}_1 + \gamma_{42}\boldsymbol{v}_2 + \gamma_{43}\boldsymbol{v}_3 + P_0$$

矩阵表示形式:

$$[u_1 \quad u_2 \quad u_3 \quad Q_0] = [v_1 \quad v_2 \quad v_3 \quad P_0] \cdot \begin{bmatrix} \gamma_{11} & \gamma_{21} & \gamma_{31} & \gamma_{41} \\ \gamma_{12} & \gamma_{22} & \gamma_{32} & \gamma_{42} \\ \gamma_{13} & \gamma_{23} & \gamma_{33} & \gamma_{43} \\ 0 & 0 & 0 & 1 \end{bmatrix} \qquad (4\text{-}25)$$

齐次坐标下的两坐标系的变换矩阵为:

$$M_{\text{齐}} = \begin{bmatrix} \gamma_{11} & \gamma_{21} & \gamma_{31} & \gamma_{41} \\ \gamma_{12} & \gamma_{22} & \gamma_{32} & \gamma_{42} \\ \gamma_{13} & \gamma_{23} & \gamma_{33} & \gamma_{43} \\ 0 & 0 & 0 & 1 \end{bmatrix} \qquad (4\text{-}26)$$

对于空间中的任一点 D,如果已知 D 点在坐标系 II 中的坐标为 $[d_1, d_2, d_3, 1]^T$,则:

$$D = [v_1, v_2, v_3, P_0] \cdot [d_1, d_2, d_3, 1]^T$$
$$= [u_1, u_2, u_3, Q_0] \cdot M_{\text{齐}}^{-1} \cdot [d_1, d_2, d_3, 1]^T$$

因此,D 点在坐标系 I 中的齐次坐标为:

$$M_{\text{齐}}^{-1} \cdot [d_1, d_2, d_3, 1]^T \qquad (4\text{-}27)$$

比较式(4-22)和式(4-27),可以看出用齐次坐标表示,坐标变换会简单许多。

4.3 几何变换与坐标变换的关系

对于简单问题,用几何变换求解非常方便、直观,而对于复杂问题,则使用坐标变换的方法非常方便。

在 4.1.3 节中,讲述了用几何变换的方法求解绕任意轴旋转的问题。用几何变换的方法求解时变换矩阵非常复杂。但如果采用坐标变换的方法来实现,则相对比较简单。

假设以 P_1 点为坐标原点,直线 P_1P_2 为 z 轴建立一个直角坐标系(如图 4-6 所示),那么绕任意直线的旋转,就变成了在新坐标系下绕 z 轴的旋转。在此,关键问题是如何建立两个坐标系之间的变换矩阵。

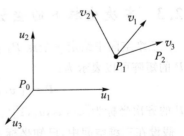

图 4-6 以 P_1P_2 为 z 轴建立直角坐标系

假设 P_1、P_2 坐标分别为 (x_1, y_1, z_1) 和 (x_2, y_2, z_2),则 z 轴由 P_1、P_2 两点矢量定义:

$$V = P_2 - P_1 = (x_2 - x_1, y_2 - y_1, z_2 - z_1)$$

令 u 为沿旋转轴的单位矢量:

$$u = \frac{V}{|V|} = (a, b, c)$$

$$v_3 = u$$

知道了一个坐标轴的方向,y 轴的方向该如何确定?我们可以指定任意一个方向,只要该方向与 z 轴垂直即可,但是怎样保证它们之间的垂直关系呢?其实我们可以充分利用已知的 z 轴的单位矢量 u 构造。我们不妨设:

$$v_2 = \frac{u \times u_x}{|u \times u_x|}$$

其中 u_x 为矢量 u 在 x 轴方向的投影。通过矢量相乘,可以得到:

$$v_2 = \left(0, \frac{c}{d}, -\frac{b}{d}\right) \quad 其中 d = \sqrt{b^2 + c^2}$$

知道了两个坐标轴的单位矢量,两者叉乘即可得到第三坐标轴的单位矢量:

$$v_1 = v_2 \times v_3 = \left(d, -\frac{ab}{d}, -\frac{ac}{d}\right)$$

并且根据公式(4-23),得到两坐标系之间的变换矩阵为:

$$M = \begin{bmatrix} d & 0 & a & x_1 \\ -\dfrac{ab}{d} & \dfrac{c}{d} & b & y_1 \\ -\dfrac{ac}{d} & -\dfrac{b}{d} & c & z_1 \\ 0 & 0 & 0 & 1 \end{bmatrix} \tag{4-28}$$

得到两坐标系之间的变换矩阵后,求解绕任意轴(P_1、P_2 两点所定义的矢量)旋转 θ 角度的问题就迎刃而解了。

假设在坐标系 I(u_1, u_2, u_3, P_0)中有一点 P,已知点的齐次坐标为 $[d_1, d_2, d_3, 1]^T$,则有:

$$P = [u_1 \quad u_2 \quad u_3 \quad P_0] \cdot [d_1 \quad d_2 \quad d_3 \quad 1]^T$$
$$= [v_1 \quad v_2 \quad v_3 \quad P_1] \cdot M^{-1} \cdot [d_1 \quad d_2 \quad d_3 \quad 1]^T$$

那么得到该点在坐标系 II(v_1, v_2, v_3, P_1)中的坐标为:

$$M^{-1} \cdot [d_1 \quad d_2 \quad d_3 \quad 1]^T$$

该点绕 z 轴旋转 θ 后,则坐标为:

$$R_z(\theta) \cdot M^{-1} \cdot [d_1 \quad d_2 \quad d_3 \quad 1]^T$$

注意此时的坐标为坐标系 II 中的坐标。根据式(4-23),可以写成:

$$P' = [v_1 \quad v_2 \quad v_3 \quad P_1] \cdot R_z(\theta) \cdot M^{-1} \cdot [d_1 \quad d_2 \quad d_3 \quad 1]^T$$
$$= [u_1 \quad u_2 \quad u_3 \quad P_0] \cdot M \cdot R_z(\theta) \cdot M^{-1} \cdot [d_1 \quad d_2 \quad d_3 \quad 1]^T$$

那么绕任意轴旋转的变换矩阵为:

$$T = M \cdot R_z(\theta) \cdot M^{-1} \tag{4-29}$$

4.4 显示变换

4.4.1 如何将图形显示到窗口中

图形在计算机内是以数量的形式进行加工和处理的,而坐标则建立了图形和数量之间的联系。

三维空间中的物体要在二维的屏幕上显示出来,必须通过投影的方式把三维物体转换成二维的平面图形。投影的方式有平行投影和透视投影两种。

往往在图形显示时只需要显示图形的某一部分,这时可以在投影面上定义一个窗口。只有在窗口内的图形才显示,而窗口外的部分则不显示。在屏幕上也可以定义一个矩形,称为视区。经过窗口到视区变换,窗口内的图形才能变换到视区中显示。

根据上面所述,三维图形的显示流程如图 4-7 所示。

图 4-7 三维图形的显示流程

4.4.2 窗口到视区的变换

为了在视区中显示出窗口内的图形对象,就需要根据用户所定义的参数,找到窗口和视区之间的坐标对应关系,如图 4-8 所示。

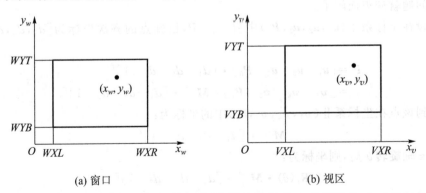

(a) 窗口   (b) 视区

图 4-8 窗口到视区的变换

假设窗口的左下角顶点的坐标为 (WXL, WYB),右上角顶点的坐标为 (WXR, WYT)。视区的左下角顶点坐标为 (VXL, VYB),右上角顶点坐标为 (VXR, VYT)。要将

窗口内的点 (x_w, y_w) 映射到视区内的点 (x_v, y_v)，应该满足如下关系式：

$$\frac{x_v - VXL}{VXR - VXL} = \frac{x_w - WXL}{WXR - WXL}$$

$$\frac{y_v - VYB}{VYT - VYB} = \frac{y_w - WYB}{WYT - WYB} \tag{4-30}$$

由此可得：

$$x_v = VXL + (x_w - WXL) \cdot s_x$$

$$y_v = VYB + (y_w - WYB) \cdot s_y \tag{4-31}$$

其中 $s_x = \dfrac{VXR - VXL}{WXR - WXL}$，$s_y = \dfrac{VYT - VYB}{WYT - WYB}$。

上述窗口到视区的变换，也可以通过一系列变换的组合得到。变换过程按照以下步骤进行：

① 将窗口左下角点 (WXL, WYB) 平移到窗口所在坐标系的原点；

② 进行缩放变换，使窗口的大小与视区相等；

③ 将窗口内的点映射到视区中，再进行反平移，将视区的左下角移回到原来的位置。

将上述步骤写成矩阵形式为：

$$T_{窗视} = T_3 \cdot T_2 \cdot T_1 = \begin{bmatrix} 1 & 0 & VXL \\ 0 & 1 & VYB \\ 0 & 0 & 1 \end{bmatrix} \cdot \begin{bmatrix} s_x & 0 & 0 \\ 0 & s_y & 0 \\ 0 & 0 & 1 \end{bmatrix} \cdot \begin{bmatrix} 1 & 0 & -WXL \\ 0 & 1 & -WYB \\ 0 & 0 & 1 \end{bmatrix}$$

$$= \begin{bmatrix} s_x & 0 & -WXL \cdot s_x + VXL \\ 0 & s_y & -WYB \cdot s_y + VYB \\ 0 & 0 & 1 \end{bmatrix} \tag{4-32}$$

$$\begin{bmatrix} x_v \\ y_v \\ 1 \end{bmatrix} = \begin{bmatrix} s_x & 0 & -WXL \cdot s_x + VXL \\ 0 & s_y & -WYB \cdot s_y + VYB \\ 0 & 0 & 1 \end{bmatrix} \cdot \begin{bmatrix} x_w \\ y_w \\ 1 \end{bmatrix} \tag{4-33}$$

4.4.3 透视投影变换

根据投影的定义可知，空间任意一点的透视投影是投影中心与空间点构成的投影线与投影平面的交点。假设投影中心在 z_v 轴上的 z_{PrP} 处，视平面与 z_v 轴垂直，并且在 z_{vP} 处，如图 4-9 所示，可以写出透视投影线上任一点坐标的参数形式：

$$x' = x - xu$$

$$y' = y - yu \qquad 0 \leqslant u \leqslant 1 \tag{4-34}$$

$$z' = z - (z - z_{PrP})u$$

当 $u=0$ 时，即为 $P(x, y, z)$ 点，当 $u=1$ 时，即为投影中心点 $(0, 0, z_{PrP})$。在视平面上

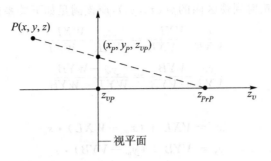

图 4-9 空间点 P 的透视投影

$z' = z_{vP}$，把此等式代入 z' 方程，可以得出：

$$u = \frac{z_{vP} - z}{z_{PrP} - z} \tag{4-35}$$

把此值带入 x'、y' 方程，我们可以得到透视投影新旧坐标之间的关系：

$$x_P = x\left(\frac{z_{PrP} - z_{vP}}{z_{PrP} - z}\right) = x\left(\frac{d_P}{z_{PrP} - z}\right)$$

$$y_P = y\left(\frac{z_{PrP} - z_{vP}}{z_{PrP} - z}\right) = y\left(\frac{d_P}{z_{PrP} - z}\right) \tag{4-36}$$

$$z_P = z_{vP}$$

其中，$d_P = z_{PrP} - z_{vP}$ 是视平面到投影中心的距离。

应用齐次坐标，(4-36)式以矩阵的形式表示为：

$$\begin{bmatrix} x_h \\ y_h \\ z_h \\ h \end{bmatrix} = \begin{bmatrix} 1 & 0 & 0 & 0 \\ 0 & 1 & 0 & 0 \\ 0 & 0 & -z_{vP}/d_P & z_{vP}(z_{PrP}/d_P) \\ 0 & 0 & -1/d_P & z_{PrP}/d_P \end{bmatrix} \begin{bmatrix} x \\ y \\ z \\ 1 \end{bmatrix} \tag{4-37}$$

其中，$h = \dfrac{z_{PrP} - z}{d_P}$，$x_P = x_h/h$，$y_P = y_h/h$。

为了能得到透视投影变换矩阵的简单表示形式，可以使视平面位于 uv 平面，即 $z_{vP} = 0$；或者使投影中心位于视坐标系原点，即 $z_{PrP} = 0$。在此，以视平面位于 uv 平面为例，得出透视投影的变换矩阵。在这种情况下，式(4-36)可以化简为：

$$x_P = x\left(\frac{z_{PrP}}{z_{PrP} - z}\right)$$

$$y_P = y\left(\frac{z_{PrP}}{z_{PrP} - z}\right) \tag{4-38}$$

$$z_P = z_{vP} = 0$$

写成矩阵形式：

$$
\begin{bmatrix} x' \\ y' \\ z' \\ h \end{bmatrix} = \begin{bmatrix} x \cdot z_{PrP}/(z_{PrP}-z) \\ y \cdot z_{PrP}/(z_{PrP}-z) \\ 0 \\ 1 \end{bmatrix} = \begin{bmatrix} x \\ y \\ 0 \\ (z_{PrP}-z)/z_{PrP} \end{bmatrix} = \begin{bmatrix} 1 & 0 & 0 & 0 \\ 0 & 1 & 0 & 0 \\ 0 & 0 & 0 & 0 \\ 0 & 0 & -1/z_{PrP} & 1 \end{bmatrix} \begin{bmatrix} x \\ y \\ z \\ 1 \end{bmatrix}
$$

$$(4\text{-}39)$$

如果令 $d = z_{PrP} - z_{vP} = z_{PrP}$，则透视投影变换的矩阵为：

$$
\boldsymbol{M}_{透视} = \begin{bmatrix} 1 & 0 & 0 & 0 \\ 0 & 1 & 0 & 0 \\ 0 & 0 & 0 & 0 \\ 0 & 0 & -1/d & 1 \end{bmatrix}
$$

$$(4\text{-}40)$$

4.4.4 平行投影变换

平行投影可根据投影方向与投影面的夹角分为两类：正投影和斜投影。当投影方向与投影面垂直时，为正投影，否则为斜投影。

正投影的变换方程很简单。如果投影平面垂直于 z_v 轴，且位于 z_{vP} 处，那么在视坐标系中任意一点 (x,y,z) 的投影，是过该点的投影线与投影平面的交点（如图 4-10）。因此空间点的坐标与投影坐标之间的关系为：

$$x' = x, \quad y' = y, \quad z' = z_{vP} \tag{4-41}$$

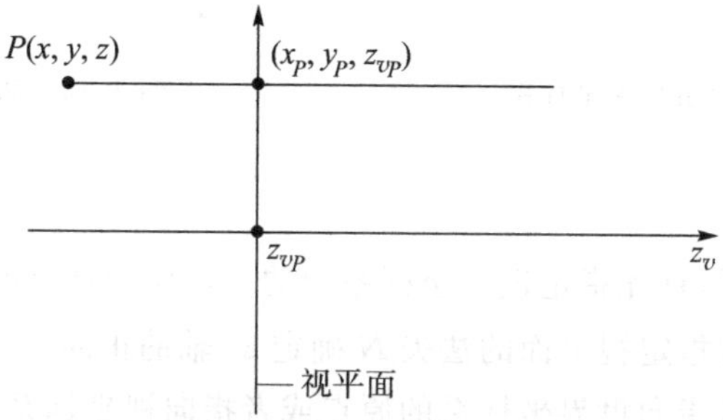

图 4-10 空间点 P 的正投影

假如投影平面位于 uv 坐标平面内，即 $z_{vP} = 0$，那么上式的矩阵表示形式为：

$$
\begin{bmatrix} x' \\ y' \\ z' \\ 1 \end{bmatrix} = \begin{bmatrix} 1 & 0 & 0 & 0 \\ 0 & 1 & 0 & 0 \\ 0 & 0 & 0 & 0 \\ 0 & 0 & 0 & 1 \end{bmatrix} \begin{bmatrix} x \\ y \\ z \\ 1 \end{bmatrix}
$$

$$(4\text{-}42)$$

平行投影的变换矩阵为：

$$M_{平行} = \begin{bmatrix} 1 & 0 & 0 & 0 \\ 0 & 1 & 0 & 0 \\ 0 & 0 & 0 & 0 \\ 0 & 0 & 0 & 1 \end{bmatrix} \qquad (4\text{-}43)$$

比较式(4-40)和式(4-43),可以发现,当 $d \to \infty$ 时,$M_{透视}$ 就变成了 $M_{平行}$,这就说明了平行投影是透视投影的投影中心趋于无穷时的特例。

4.4.5 视坐标系与视变换

前面我们得到了在特殊情况下的透视投影和平行投影的变换矩阵。但是实际应用中往往需要在一般情况下进行投影变换,如果直接推导变换公式,则比较复杂,那么我们可以首先根据场景的显示要求建立一个视坐标系(如图 4-11),然后构建一个视平面,也称为投影平面,使该平面与 z_v 轴垂直。显示过程即是把场景中物体从世界坐标转换成视坐标,然后,把视坐标再投影到视平面。

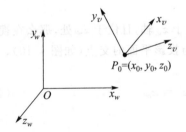

图 4-11 世界坐标系与视坐标系

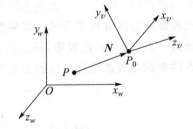

图 4-12 法矢量 N 的定义

1. 视坐标系

为了建立视坐标系,首先指定世界坐标系中的一点作为观察参考点,这个点就是视坐标系的原点。然后通过指定视平面的法矢 N 确定 z_v 轴的正向。法矢 N 的方向通常是由世界坐标系中的某个点指向世界坐标系的原点或者指向视坐标系的原点。例如我们可以定义 N 的方向是从三维物体上的某一观察点 P 指向视坐标系的原点,如图 4-12 所示。N 的正向即为 z_v 轴的正向。

确定了矢量 N 后,再定义正向矢量 V,称为向上方向矢量,该矢量用来建立 y_v 轴的正向。由于一般很难选定一个恰好垂直于 N 的 V 矢量,因此,可以这样来确定 V:开始选择任意一个不平行 N 的矢量 V',然后,使该矢量 V' 投影到垂直于法矢量 N 的平面上(如图 4-13),定义投影后的矢量为矢量 V。这样要比输入一个恰好与 N 垂直的矢量要容易得多。

最后利用矢量 N 和 V,可以计算出既与 N 又与 V 垂直的第三个矢量 U,U 则对应于

x_v 轴的正向。矢量 **N**、**V**、**U** 的方向就决定了视坐标系中各坐标轴的方向,而它们的大小则是无关紧要的。为了在视变换中计算简单,一般都是用 **UVN** 的单位向量,因此视坐标系也称为 uvn 坐标系(如图 4-14)。

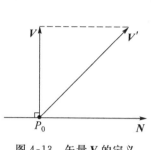

图 4-13　矢量 **V** 的定义

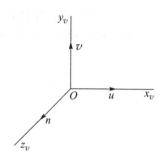

图 4-14　uvn 坐标系

　　建立了视坐标系后,需要建立视平面。一般视平面总是垂直于轴 z_v,平行于 x_vy_v 坐标平面,因此可以用与视坐标原点的距离来定义。由于视平面总是与 x_vy_v 坐标面平行,因此三维物体在视平面上的投影与在输出设备上显示的图形是一致的。

　　在建立了视坐标系和视平面以后,就可以通过改变视坐标系的原点或 **N** 的方向使用户在不同距离和角度上观察三维物体。

2. 视变换

　　由世界坐标系变换到视坐标系,称为视变换。假设世界坐标系为 $O_wx_wy_wz_w$,视坐标系为 O_vuvn,视坐标系的原点在世界坐标系中的坐标为 (x_0, y_0, z_0),视坐标系的 3 个坐标轴的单位向量分别为 (u_x, u_y, u_z),(v_x, v_y, v_z),(n_x, n_y, n_z)。现在要将世界坐标系中的图形变换到视坐标系中,假设记该变换为 $T_视$。根据齐次坐标下的坐标变换公式(4-28),得到:

$$T_视 = \begin{bmatrix} u_x & v_x & n_x & x_0 \\ u_y & v_y & n_y & y_0 \\ u_z & v_z & n_z & z_0 \\ 0 & 0 & 0 & 1 \end{bmatrix} \tag{4-44}$$

　　为了将三维物体显示到屏幕上,则需要经过几何变换、视变换、投影变换和窗口到视口变换等一系列变换。此组合变换的变换矩阵可以写成:

$$T = T_{窗视} \cdot T_{投影} \cdot T_视 \cdot T_{几何} \tag{4-45}$$

4.4.6　窗口到三维空间的变换

　　上面讲述的是如何把三维物体在二维的窗口(或视口)中的显示变换。在交互式图形系统中,往往需要通过鼠标来拾取三维坐标系中的位置。但是鼠标仅仅返回一个二维的值,这个值是鼠标在屏幕中的位置。因此,人们就希望能实现从二维到三维空间的反变换,来确定这个屏幕的二维位置对应的三维空间位置。从投影的知识可以知道,一个二维的点,可以来源于三维空间中的同一条投影线上的任意位置(如图 4-15)。因此,在进行逆变换时,必须要同时提供一些辅助信息,如深度值等。

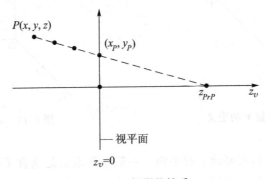

图 4-15   投影的性质

假设透视投影的参数如图 4-15 所示,视平面在 $z_v = 0$ 处,窗口的中心与视点的连线垂直于视平面。如果已知点的深度 z 值,那么可以得到二维点与三维空间点之间的关系式:

$$x = \frac{z_{PrP} - z}{z_{PrP}} \cdot x_P$$
$$y = \frac{z_{PrP} - z}{z_{PrP}} \cdot y_P \tag{4-46}$$

把上式写成矩阵形式:

$$
\begin{bmatrix} x_h \\ y_h \\ z_h \\ h \end{bmatrix} =
\begin{bmatrix} (z_{PrP} - z)/z_{PrP} \cdot x_P \\ (z_{PrP} - z)/z_{PrP} \cdot y_P \\ z \\ 1 \end{bmatrix} =
\begin{bmatrix} x_P \\ y_P \\ z_{PrP}/(z_{PrP} - z) \cdot z \\ z_{PrP}/(z_{PrP} - z) \end{bmatrix}
$$

$$
=
\begin{bmatrix}
1 & 0 & 0 & 0 \\
0 & 1 & 0 & 0 \\
0 & 0 & z_{PrP}/(z_{PrP} - z) & 0 \\
0 & 0 & 1/(z_{PrP} - z) & 1
\end{bmatrix}
\cdot
\begin{bmatrix} x_P \\ y_P \\ z \\ 1 \end{bmatrix}
\tag{4-47}
$$

4.5 裁　　剪

4.5.1　裁剪的概念与作用

1. 视景体

在相机拍摄过程中,镜头的类型是决定多少场景被拍摄到胶片上的一个因素。广角镜头拍摄的场景要比普通镜头范围广。三维显示中,在投影平面上指定一个窗口具有同样的效果。如图 4-16 所示,由于窗口边界分别与 $x_v y_v$ 轴平行,因此窗口可以用视坐标来定义。而且窗口不一定要以视坐标原点为中心,它可以在视平面上的任意位置处。

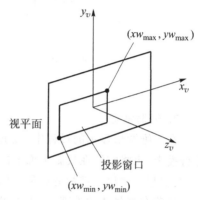

图 4-16　在视平面上指定窗口

定义窗口后,就可以根据窗口的边界建立视景体。只有在视景体内的物体经投影落在窗口的内部才被显示,否则将被裁剪掉不显示。视景体的大小依赖于窗口的大小,而视景体的形状则依赖于所采用的投影方法。对于平行投影来说,视景体是一个四边平行于投影方向,长度无限的四棱柱,如图 4-17 所示。对透视投影来说,视景体是以投影中心为顶点的四棱锥,如图 4-18 所示。

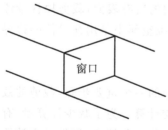

图 4-17　平行投影的视景体

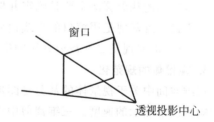

图 4-18　透视投影的视景体

在实际使用中,常常沿着 z_v 方向定义两个裁剪平面——前裁剪面和后裁剪面来限制视景体的范围,如图 4-19 所示。正投影的视景体为一矩形平行管道,透视投影的视景体为一棱台。当物体从世界坐标变换到视坐标以后,物体在视景体内的,经过投影将落在窗口内而被显示,物体在视景体外的,则被裁剪掉。这样得到的视景体可以使用户在基于深度的显示操作中,裁剪掉在前裁剪面之前以及在后裁剪面之后的物体。

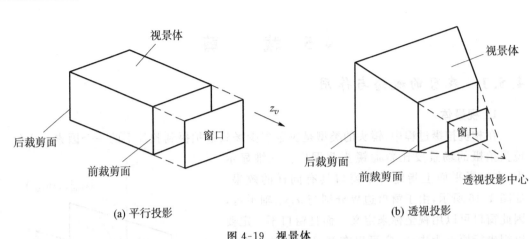

(a) 平行投影　　　　　　　　　　　　　　(b) 透视投影

图 4-19　视景体

2. 何时裁剪

在三维图形显示的过程中,裁剪在投影变换之前或者之后进行均可。如果先对物体进行投影,再将它们在投影平面上的投影做关于窗口的裁剪。这样所做的裁剪是二维裁剪,实现起来要比三维裁剪容易。但是需要对所有的物体进行投影变换,而其中部分物体可能是落在视景体的外部,根本不可见的。在三维图形显示过程中,需要对显示的图形进行消隐处理。要进行消隐处理,必须要有图形的深度信息,所以消隐必须在投影之前完成。而消隐过程是十分耗时的,因此人们总是希望在进行消隐之前,能裁剪掉不可见图形,以提高消隐的效率。因此,一般来说,在投影之前进行裁剪相对比较合理。

三维空间的裁剪算法主要是确定并保存视景体内的所有表面,裁剪掉视景体外的部分。只不过二维裁剪是用窗口的直线边界裁剪,而三维空间中是用视景体的边界面来裁剪物体,算法的实现是二维裁剪算法的推广。

3. 视景体的规范化

三维空间中关于视景体的裁剪是图形显示过程中的一个重要步骤,裁剪的效率将直接影响到图形显示的速度。三维裁剪中涉及大量求交计算。为了减少计算量,有必要引入规范化视景体的概念。规范化视景体的 6 个平面方程十分简单,使得求交计算相对简单。例如在视坐标系中,平行投影的规范化视景体的 6 个方程可以定义为:

$$
\begin{aligned}
x_v &= -1, \quad x_v = 1, \\
y_v &= -1, \quad y_v = 1, \\
z_v &= 0, \quad\;\; z_v = 1
\end{aligned}
\tag{4-48}
$$

在 4.5.1 节中讨论的透视投影的视景体是正四棱台,而正投影的视景体是长方体,关于长方体的裁剪比关于正四棱台的裁剪要简单得多。且为了使透视投影和平行投影共用同一套裁剪和投影程序,可以先把透视投影的视景体变换成平行投影的视景体。假设透视投影的参数如图 4-20 所示,且视景体的中心线与视平面垂直。假设 (x, y, z) 是原视景体中的一点,变换到新视景体中为 (x', y', z'),两点之间的关系:

$$x' = x\left(\frac{z_{PrP} - z_{vP}}{z_{PrP} - z}\right) + x_{PrP}\left(\frac{z_{vP} - z}{z_{PrP} - z}\right)$$

$$y' = y\left(\frac{z_{PrP} - z_{vP}}{z_{PrP} - z}\right) + y_{PrP}\left(\frac{z_{vP} - z}{z_{PrP} - z}\right)$$

$$z' = z \tag{4-49}$$

变换矩阵为:

$$\boldsymbol{M} = \begin{bmatrix} 1 & 0 & -\dfrac{x_{PrP}}{z_{PrP} - z_{vP}} & \dfrac{x_{PrP} z_{vP}}{z_{PrP} - z_{vP}} \\ 0 & 1 & -\dfrac{y_{PrP}}{z_{PrP} - z_{vP}} & \dfrac{y_{PrP} z_{vP}}{z_{PrP} - z_{vP}} \\ 0 & 0 & 1 & 0 \\ 0 & 0 & -\dfrac{1}{z_{PrP} - z_{vP}} & \dfrac{z_{PrP}}{z_{PrP} - z_{vP}} \end{bmatrix} \tag{4-50}$$

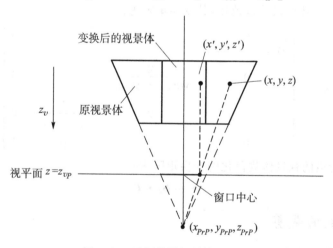

图 4-20　透视投影视景体的变换

　　无论是透视投影还是平行投影,其视景体均可以变成一个矩形平行管道。但是此时的视景体一般来说并不是规范化的视景体,还需要进行必要的变换。假设在视坐标系中,视景体的参数确定如图 4-21 所示,将它规范化的过程按照以下步骤进行。

　　① 平移使前裁剪面上的窗口中心移至坐标原点,变换矩阵为:

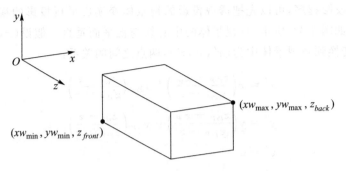

图 4-21 视景体的参数

$$T_1 = \begin{bmatrix} 1 & 0 & 0 & -\dfrac{xw_{max} + xw_{min}}{2} \\ 0 & 1 & 0 & -\dfrac{yw_{max} + yw_{min}}{2} \\ 0 & 0 & 1 & -z_{front} \\ 0 & 0 & 0 & 1 \end{bmatrix} \qquad (4-51)$$

② 缩放使视景体的尺寸规范化,其变换矩阵为:

$$S_2 = \begin{bmatrix} \dfrac{2}{xw_{max} - xw_{min}} & 0 & 0 & 0 \\ 0 & \dfrac{2}{yw_{max} - yw_{min}} & 0 & 0 \\ 0 & 0 & \dfrac{1}{z_{back} - z_{front}} & 0 \\ 0 & 0 & 0 & 1 \end{bmatrix} \qquad (4-52)$$

矩形平行管道的视景体规范化的变换矩阵为:

$$N = S_2 \cdot T_1 \qquad (4-53)$$

4.5.2 线段的裁剪

1. 二维直线的裁剪

(1) Cohen_Sutherland 算法

算法分为两部分:判断线段是否完全在窗口内,如果是,则该线段是完全可见的,如图 4-22 中线段 AB,否则判断是否为显然不可见,即线段的两端点均位于窗口某一条边的外侧,如图 4-22 中 CD;对于不能判定是完全可见或显然不可见的线段,则要进行求交计算,计算出直线段与窗口边界的一个交点,这个交点把线段分为两段,把其中一段是显然不可见的线段抛弃,对余下部分再作第一步判断,重复上述过程。

为了实现这个算法首先把窗口的 4 条边框线延长,并将平面分成 9 个区域,每个区域用一个 4 位二进制代码 $B_tB_bB_rB_l$ 表示,其中各位编码的含义如下:

$$B_t = \begin{cases} 1 & y > y_{\max} \\ 0 & 其他 \end{cases} \qquad B_b = \begin{cases} 1 & y < y_{\min} \\ 0 & 其他 \end{cases}$$

$$B_l = \begin{cases} 1 & x < x_{\min} \\ 0 & 其他 \end{cases} \qquad B_r = \begin{cases} 1 & x > x_{\max} \\ 0 & 其他 \end{cases}$$

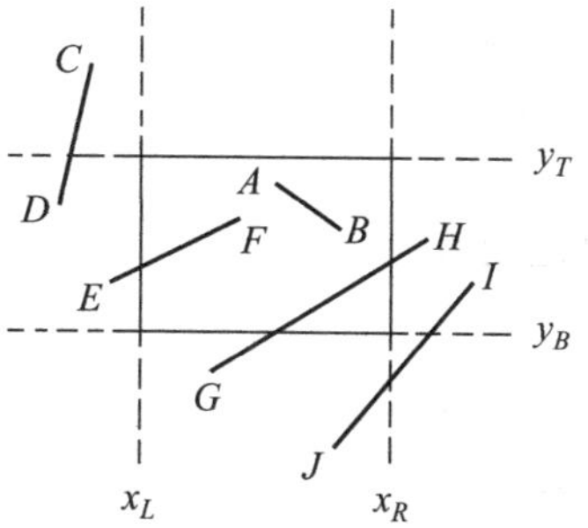

图 4-22　直线与窗口的位置关系

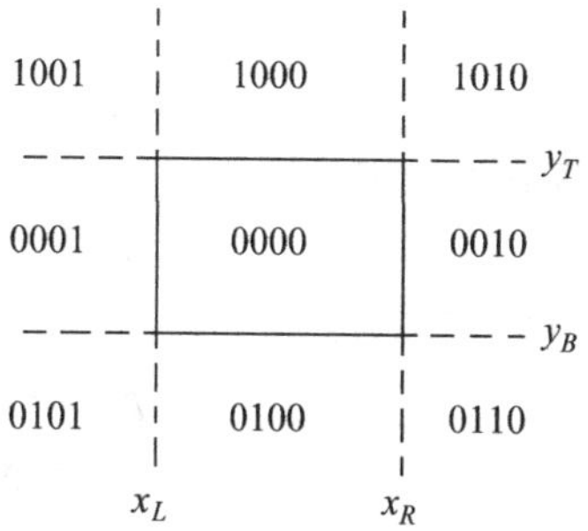

图 4-23　区域编码

根据编码规则,窗口及其延长线所构成的 9 个区域的编码如图 4-23 所示。裁剪直线段时,先求出线段端点 P_1 和 P_2 的编码 code(P_1)和 code(P_2)。若线段两端点的编码均为零,即两端点均在窗口内,则线段为完全可见。完全不可见的线段也很容易地由线段的两端点编码判定。将线段两端点的编码按位进行逻辑"与"运算,若结果为非零,则该线段两端点位于窗口边框的同一侧,为完全不可见。如图 4-22 中 CD 线段,code(C)=1001,code(D)=0001,则 code(C)∧code(D)=0001,且右边第一位不为零,说明线段 CD 在窗口的左侧。若一条直线两端点不属于上述两种情况,如图 4-22 中 EF、GH、IJ,则判断比较复杂,需要进行求交计算。求交前需要测试线段与窗口的哪些边有交点。其实这很简单,只要判断线段编码中各位的值即可。如图 4-22 中 EF,E 点编码中的 B_l=1,而 F 点中 B_l=0,则可知 EF 与窗口的左边所在的直线有交点。在程序中,求交测试的顺序是固定的,不妨假设按照左、右、下、上的顺序进行。算出直线与窗口边框线的交点,将直线分割,舍去交点之外的一段,再对另一段重复上述处理,继续判断、分割、取舍,直至找出部分可见线段或完全裁掉。Cohen_Sutherland 算法的关键在于总是要得知位于窗口外的一个端点。这样位于此端点至交点之间的区段必为不可见,故可以抛弃。然后此算法继续处理线段被裁剪后剩余部分。

Cohen_Sutherland 算法用编码的方法实现了对完全可见和完全不可见线段的快速判断,这使得该算法在两类场合中非常有效:一是大窗口的场合,其中大部分线段为完全可见;另一类是窗口特别小的场合,其中大部分线段是完全不可见。这种算法可以推广到三维空间的裁剪。

（2）Liang_Barsky 算法

Liang_Barsky 算法的基本出发点是直线的参数方程。给出任意一条直线段，两端点分别为 (x_1, y_1) 和 (x_2, y_2)，令 $\Delta x = x_2 - x_1$，$\Delta y = y_2 - y_1$ 则直线的参数方程为：

$$
\begin{aligned}
x &= x_1 + u \cdot \Delta x \\
y &= y_1 + u \cdot \Delta y
\end{aligned}
\qquad 0 \leqslant u \leqslant 1
\tag{4-54}
$$

如果直线上任意一点位于窗口内，则必须满足下列关系式：

$$
\begin{aligned}
xw_{\min} &\leqslant x_1 + u \cdot \Delta x \leqslant xw_{\max} \\
yw_{\min} &\leqslant y_1 + u \cdot \Delta y \leqslant yw_{\max}
\end{aligned}
\tag{4-55}
$$

上述不等式可以表示为：

$$
u \cdot p_k \leqslant q_k \qquad k = 1, 2, 3, 4
\tag{4-56}
$$

其中 p 和 q 定义为：

$$
\begin{aligned}
p_1 &= -\Delta x & q_1 &= x_1 - xw_{\min} \\
p_2 &= \Delta x & q_2 &= xw_{\max} - x_1 \\
p_3 &= -\Delta y & q_3 &= y_1 - yw_{\min} \\
p_4 &= \Delta y & q_4 &= yw_{\max} - y_1
\end{aligned}
\tag{4-57}
$$

任何一条直线如果平行于某一条裁剪边界，则有 $p_k = 0$，下标 k 对应于直线段平行的窗口边界（$k = 1, 2, 3, 4$，并且分别表示裁剪窗口的左、右、下、上边界）。如果对于某一个 k 值，满足 $q_k < 0$，那么直线完全在窗口的外面，可以抛弃。如果 $q_k \geqslant 0$，则该直线在它所平行的窗口边界的内部，还需要进一步计算才能确定直线是否在窗口内、外或相交。

当 $p_k < 0$ 时，表示直线是从裁剪边界的外部延伸到内部，如果 $p_k > 0$，则表示直线是从裁剪边界的内部延伸到外部的。对于 $p_k \neq 0$，可以利用式（4-58）计算出直线与边界 k 的交点的参数 u：

$$
u = \frac{q_k}{p_k}
\tag{4-58}
$$

对于每一条直线，可以计算出直线位于裁剪窗口内线段的参数值 u_1、u_2。u_1 的值是由那些使得直线是从外部延伸到内部的窗口边界决定。对于这些边，计算 $r_k = q_k / p_k$。u_1 值取 r_k 以及 0 构成的集合中的最大值。u_2 的值是由那些使得直线是从内部延伸到外部的窗口边界决定的。计算出 r_k，u_2 取 r_k 和 1 构成的集合中的最小值。如果 $u_1 > u_2$，这条直线完全在窗口的外面，可以简单抛弃，否则根据参数 u 的两个值，计算出裁剪后线段的端点。

例如，如图 4-24(a) 所示的直线段 AB，根据式（4-57），可知 p_1、$p_3 < 0$，则 r_1、r_3 分别表示的直线与窗口左、下边界的交点的参数值。$u_1 = \max(r_1, r_3, 0) = r_1$；$p_2$、$p_4 > 0$，则 r_2、r_4 分别表示直线与窗口右、上边界交点的参数值。$u_2 = \min(r_2, r_4, 1) = r_4$。从直线方程

的几何意义可知 $u_1 < u_2$，把参数带入方程，就分别得到裁剪后直线段的端点。对于图 4-24(b)所示直线，只不过是 $u_1 > u_2$，此时直线完全在窗口外面，为完全不可见。

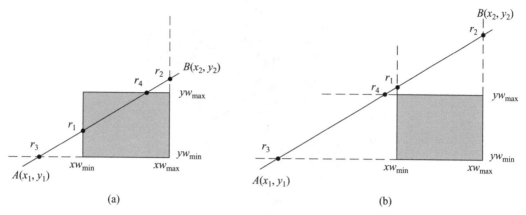

图 4-24　直线的 Liang_Barsky 裁剪

　　一般来说，Liang_Barsky 算法减少了求交计算，因此比 Cohen_Sutherland 算法的效率要高。在 Liang_Barsky 算法中，参数 u_1 和 u_2 的每次更新，只需要进行一次除法运算，且只有当最后获取裁剪结果线段时，才计算直线与窗口的交点。相反，在 Cohen_Sutherland 算法中即使直线完全在窗口的外面，也要重复进行求交计算。而且每次求交计算需要进行一次乘法和一次除法运算。但是这两种算法都可以扩展到三维空间的裁剪。

2. 三维直线段的裁剪

　　二维空间中区域编码的概念完全可以推广到三维空间，只不过增加一个前裁剪面，一个后裁剪面，与左、右、上、下裁剪面共同构成一个视景体作为裁剪空间。在二维裁剪中，用 4 位二进制编码来表示线段的端点的位置，那么在三维裁剪中，就要用 6 位编码 $B_b B_f B_t B_b B_r B_l$ 来表示线段端点所在的位置。后 4 位编码的含义同前，前 2 位编码的含义如下：

$$B_b = \begin{cases} 1 & z > z\,v_{max} \\ 0 & \text{其他} \end{cases} \qquad B_f = \begin{cases} 1 & z < z\,v_{min} \\ 0 & \text{其他} \end{cases}$$

　　根据编码规则，可知延长视景体各边界面，可把空间分为 27 个区间，如图 4-25 所示。

　　例如，区域编码为 101000 则表示点在视景体的上面、后面，而编码为 000000 则表示点在视景体内部。

　　如果线段两端点的区域编码均为 000000，则线段完全在视景体内。否则将线段两端点的编码进行逻辑"与"操作，结果为非零，则表示该线段在视景体某一个边界面的同侧。如果不能简单判定线段是完全在视景体内或完全在视景体外，则需要进行求交计算，决定线段的哪部分要舍弃。直线段余下的部分与其他边界面进行测试，直到线段可以被完全

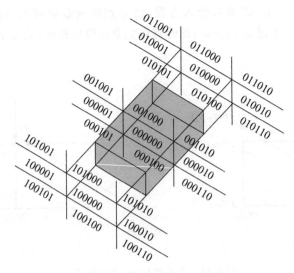

图 4-25   三维空间的区域编码

抛弃或完全在视景体内。

空间直线可以很方便地用参数方程表示,把二维 Liang_Barsky 算法推广到三维空间。如果线段的端点为 $P_1(x_1,y_1,z_1)$ 和 $P_2(x_2,y_2,z_2)$,我们可以写出直线的参数方程为:

$$
\begin{aligned}
x &= x_1 + (x_2 - x_1) \cdot u \\
y &= y_1 + (y_2 - y_1) \cdot u \qquad\qquad 0 \leqslant u \leqslant 1 \qquad (4\text{-}59) \\
z &= z_1 + (z_2 - z_1) \cdot u
\end{aligned}
$$

坐标 (x,y,z) 表示实线段之间的任一点,如果 $u=0$,则即为 P_1 点,如果 $u=1$,则为 P_2 点。

为了得到直线与视景体平面的交点,用式(4-59)代入平面方程,得 u。例如,我们要求 zv_{min} 平面与直线的交点,$u = \dfrac{zv_{min} - z}{z_2 - z_1}$,如果计算出的 u 不在 0 和 1 范围内,则表示线段的交点不在 P_1P_2 线段之间(如图 4-26 中线段 AB),如果在 0 和 1 范围内,则可以利用式(4-58)计算出 x 和 y 坐标,如果 x、y 值不在视景体范围内,那么这个线段与前裁剪面的交点则在视景体边界范围之外(如图 4-26 中线段 CD)。

4.5.3   多边形裁剪

前面着重讨论的是线段的裁剪。多边形当然可以看作是线段的集合。但是当一封闭的多边形作为线段集合进行裁剪时,原来封闭的多边形变成一个或多个开的多边形或离散的线段(如图 4-27)。为了实现多边形裁剪,我们需要这样一个算法:能生成一个或多个封闭的区域,且裁剪完成后的输出应该是裁剪之后多边形顶点的序列。

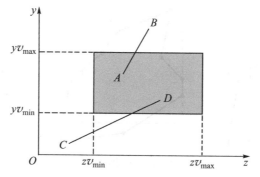

图 4-26　平面 zv_{min} 裁剪线段

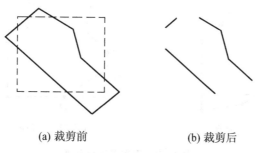

(a) 裁剪前　　　　　　　　(b) 裁剪后

图 4-27　用直线裁剪算法裁剪多边形

1. Sutherland-Hodgman 算法

该算法基于下述基本思想：即可以简单地通过单一边或面的裁剪实现对多边形的裁剪。因此在算法中，原多边形和每次裁剪所生成的多边形将逐次对裁剪窗口的每一条边进行裁剪。图 4-28 显示了一个矩形窗口，多边形为顶点表 $P_1, P_2, \cdots, P_n$，由此可得多边形的边 $P_1P_2, P_2P_3, \cdots, P_{n-1}P_n, P_nP_1$。在图 4-28(a) 中，这些边将首先被窗口左边裁剪。生成的多边形如图 4-28(b) 所示。然后逐次裁剪，中间多边形又被窗口的上边所裁剪，生成第二个中间多边形。继续这一过程，直至多边形依次被窗口所有边裁剪完为止。裁剪各步骤如图 4-28(b)～(e)。每执行一步，则生成一个新的顶点序列，并将生成的顶点序列作为下一条窗口边界裁剪的输入顶点序列。

窗口的一条边及其延长线构成的裁剪线，把平面分为包含窗口区域的可见一侧，不包含窗口区域的不可见一侧，这样沿着多边形依次处理顶点会遇到 4 种情况：①第一点 S 在不可见一侧，第二点 P 在可见一侧（如图 4-29(a)），则 SP 与窗口边界的交点 I 与 P 均被加入到输出顶点表中；②S 和 P 都在可见一侧（如图 4-29(b)），则 P 被加入到输出顶点表中；③S 在可见一侧，P 在不可见一侧（如图 4-29(c)），则交点 I 被加入到输出顶点表中；④如果 S 和 P 都在不可见一侧（如图 4-29(d)），输出顶点表中不增加任何顶点。

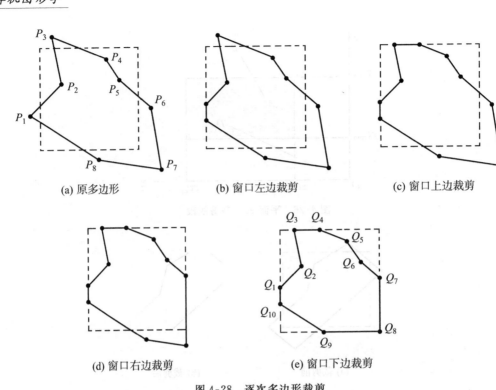

(a) 原多边形　　　　　　　(b) 窗口左边裁剪　　　　　　(c) 窗口上边裁剪

(d) 窗口右边裁剪　　　　　　(e) 窗口下边裁剪

图 4-28　逐次多边形裁剪

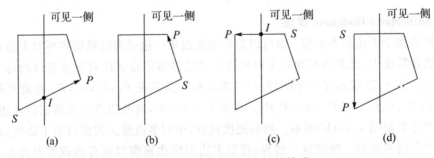

图 4-29　边与裁剪平面之间的关系

　　这一算法可以正确地实施对凸多边形的裁剪,而且可以很容易地推广到三维裁剪。但是对凹多边形裁剪时,就有可能产生多余的边,如图 4-30 所示。这是因为裁剪后多边形变成独立的两个以上部分,但是输出顶点表只有一个。为了正确地显示凹多边形的裁剪,可以采取以下几种措施:把凹多边形分割成两个或两个以上的凸多边形,然后分别处理每一个多边形。另一种方法是修改 Sutherland_Hodgeman 算法,用窗口边界检查顶点表,正确地连接顶点。还有就是可以用更一般的裁剪算法,如 Weiler_Atherton 算法、Weiler 算法等。

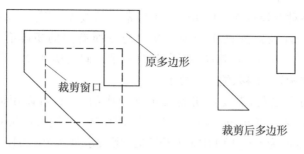

图 4-30 Sutherland_Hodgeman 算法产生多余的边

2. Weiler-Atherton 算法

前面讨论的裁剪算法均要求裁剪区域为凸区域,然而在许多应用环境中,需要考虑对凹区域的裁剪。由 Weiler 和 Atherton 提出的裁剪算法可以满足这一要求。该算法虽然略为复杂,但功能较强,它可以用一个有内孔的凹多边形去裁剪另一个也有内孔的凹多边形。被裁剪的多边形简称为主多边形,裁剪区域称为裁剪多边形。算法中,主多边形和裁剪多边形均用它们顶点的环行表定义。多边形的外部边界取顺时针方向,而其内边界或孔取逆时针方向。当遍历顶点表时,上述约定保证多边形的内部总是位于前进方向的右侧。主多边形和裁剪多边形的边界可能相交,也可能不相交。若它们相交,交点必定成对出现,其中一个交点为主多边形边进入裁剪多边形内部时的交点,而另一个交点为其离开时的交点。算法从进入交点开始,沿主多边形的外部边界按照顺时针方向向前跟踪,直至找到它与裁剪多边形的一个交点为止。在交点处开始沿裁剪多边形的外部边界按照顺时针方向跟踪,直至发现它与主多边形的一个交点后,再次沿主多边形的边界跟踪。继续上述过程,直至到达算法起始点位置。如图 4-31 所示,假设从 S_1 开始,沿主多边形前进至交点 I_8,此交点 I_8 为进点,继续沿主多边形前进至交点 I_1,此交点为出点,转而沿裁剪多边形边界跟踪。继续上述过程,直至达到算法起始点位置。

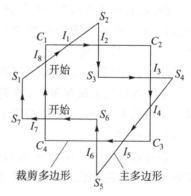

图 4-31 Weiler-Atherton 裁剪

4.6 OpenGL 坐标变换机制

4.6.1 OpenGL 中与变换有关的数据结构

1. 矩阵

OpenGL 中的多数变换均对应于相应的变换矩阵,可以说 OpenGL 就是实现将物体的各个顶点通过各种变换矩阵的作用映射到屏幕上的过程。因此,在 OpenGL 中提供了一些必不可少的矩阵及矩阵操作命令。其中与变换有关的矩阵有 ModelView 矩阵、Projection 矩阵。Projection 矩阵描述了怎样从三维空间变换到屏幕坐标,而 ModelView 矩阵则描述了物体旋转、平移、缩放等变换。

在调用变换命令之前,需要声明其后矩阵操作的对象,可以用命令 glMatrixMode (GLenum mode)定义。当 mode 为 GL_MODELVIEW 时,则表示是对 ModelView 矩阵进行操作,如果 mode 为 GL_PROJECTION 时,则表示是对 PROJECTION 矩阵进行操作。而系统默认方式是对 ModelView 矩阵操作。

2. 矩阵堆栈

在 OpenGL 中,与变换有关的矩阵堆栈有 ModelView 矩阵堆栈、Projection 矩阵堆栈。ModelView 矩阵保存着视点变换和模型变换矩阵的累积乘积。每一次的视点变换或模型变换矩阵与当前 ModelView 矩阵乘积就生成一个新的矩阵。ModelView 矩阵堆栈至少包含 32 个 4×4 的矩阵,初始状态时,最顶层的矩阵为单位阵。在有些 OpenGL 的实现中,可能支持多于 32 个矩阵的堆栈。

用户可以通过查询命令 glGetIntegerv(GL_MAX_MODELVIEW_STACK_DEPTH)得到该系统所允许的最大的矩阵数目。

Projection 矩阵包含一个描述视景体的投影变换矩阵。一般情况下,投影矩阵不需要复合,因此在进行投影变换之前需要调用函数 glLoadIdentity()。也正是这个原因,Projection 矩阵堆栈只需要两层。用命令 glGetIntegerv(GL_MAX_PROJECTION_STACK_DEPTH)可以得到系统所支持的投影矩阵堆栈的深度。

矩阵堆栈用来保存和恢复矩阵的状态,主要用于具有层次结构的模型的绘制中,用以提高绘图效率。OpenGL 中提供了 glPushMatrix()和 glPopMatrix()两条命令米进行矩阵堆栈的操作。

矩阵堆栈的好处在于,它可以保存指定的矩阵状态,并在需要时进行恢复,从而避免了通过逆变换进行状态恢复时带来的大量的矩阵运算,提高了绘图效率。

4.6.2 OpenGL 中的 ModelView 变换机制

Model 变换相当于确定被摄物体在场景中的摆放方式。通过 Model 变换可以改变物体的位置和尺寸,相当于我们前面所讲的几何变换。而 View 变换则相当于在照相时,改变相机的位置和拍摄方向,以确定所要拍摄的景物或物体,则相当于前面所讲的坐标变换。

OpenGL 中的 Model 变换和 View 变换的关系就如同几何变换与坐标变换的关系。我们可以通过 View 变换将相机拉离物体(物体不动,坐标系动),也可以通过 Model 变换将物体拉离相机(坐标系不动,而物体动)。这两个操作是等价的,因而在 OpenGL 中视点变换和模型变换用同一个 ModelView 矩阵表示。

4.6.3　OpenGL 中的 Model 变换使用方法

在进行视点变换和模型变换之前,必须调用 glMatrixMode(GL_MODELVIEW),申明以下的变换命令只能改变 ModelView 矩阵。

操作 ModelView 矩阵进行 Model 变换,可以有下面两种方法。

1. 直接定义变换矩阵

```
void glLoadMatrix{fd}(const TYPE * m);
```

直接将当前矩阵设置为 m 所指定的矩阵,其中 m 为指向列顺序排列的 16 个值组成 4×4 矩阵的指针。

```
void glMultMatrix{fd}(const TYPE * m);
```

将当前矩阵与函数所指定的矩阵进行乘法运算,并将结果置为当前矩阵。在 OpenGL 中假如当前矩阵为 C,用 glMultMatrix()定义的矩阵或其他变换矩阵为 M,乘法运算后,得到矩阵为 CM。因此,一般情况下,需要在此命令前调用命令 glLoadIdentity()把当前矩阵设置为单位矩阵,否则可能由于先前进行的变换的影响将产生意想不到的后果。

2. 用 OpenGL 中库函数

Model 变换的函数有 glTranslate * (),glRotate * (),glScale * ()。这 3 条命令相当于生成平移、旋转或缩放的矩阵,并以此矩阵作为参数,然后调用 glMultiMatrix * ()。但是直接用库函数要比用 glMultiMatrix * ()执行速度快。

```
void glTranslate{fd}(TYPE x, TYPE y, TYPE z);
```

当前矩阵乘以平移矩阵,x,y,z 分别是位移矢量的 x,y,z 坐标值。

```
void glRotate{fd}(TYPE angle, TYPE x, TYPE y, TYPE z);
```

当前矩阵乘以旋转矩阵。物体绕坐标原点到点(x,y,z)构成的射线逆时针旋转 angle 度。

```
void glScale{fd}(TYPE x, TYPE y, TYPE z);
```

当前矩阵乘以缩放矩阵,缩放因子分别是 x,y,z。

4.6.4　OpenGL 中的 View 变换使用方法

View 变换是改变视点的位置和方向,View 变换一般是平移和旋转变换的组合。View 变换命令必须在调用模型变换之前调用,因此模型变换对物体先产生作用。视点变换的实现可以有以下几种方法,当然也可以直接使用视点在原点,方向是指向 z 轴负方向的默认设置。

① 使用模型变换命令 glTranslate＊() 和 glRotate＊()。这些变换的结果，可以想象成移动相机，或者是相对于固定的相机而移动所有物体所致。

② 利用 OpenGL 应用程序库函数 gluLookAt() 来定义视线的方向。这个函数封装了一系列旋转和平移命令。

③ 封装旋转和平移命令生成用户自己的应用程序。

下面主要介绍应用程序库函数 gluLookAt() 的使用。

通常，程序员围绕原点或其他一些便利的位置构建一个场景，然后就希望从一个任意的点观察场景以便能得到一个良好的视觉效果。函数 gluLookAt() 就是出于这样的目的而设计的。该函数有三部分参数，分别定义视点的位置、相机对准的参考点和向上的方向矢量。选择一个能得到预想场景的视点。参考点一般都是选择在场景的中间位置。如果是在原点构建场景，那么参考点可能就取坐标原点。定义向上的方向矢量则需要一定的技巧。如果是在原点或原点附近构建的场景，且 y 轴正向为指向向上的方向，那么通常它就作为向上方向矢量。

```
void gluLookAt(GLdouble eyex, GLdouble eyey, GLdouble eyez,
        GLdouble centerx, GLdouble centery, GLdouble centerz,
    GLdouble upx, GLdouble upy, GLdouble upz)
```

该函数定义了一个视图矩阵并将其右乘当前矩阵，结果返回到当前矩阵。视点由参数 eyex、eyey、eyez 确定，而参数 centerx、centery、centerz 指定被观察点，参数 upx、upy、upz 指定向上的方向。

4.6.5　OpenGL 的投影

1. 透视投影

透视投影的基本特征是"近大远小"，离相机越远的物体在画面上显得越小。由于这种投影方式类似于人眼的视觉机制，所以通常用于动画、场景仿真等强调真实感的应用场合。

OpenGL 中用命令 void glFrustum(GLdouble left，GLdouble right，GLdouble bottom，GLdouble top，GLdouble near，GLdouble far)来定义透视投影的视景体。其 6 个参数分别指定了视景体的左、右、上、下、前和后的位置，从而决定了视野范围。位于视景体内的物体被显示，而超出视景体的物体就被裁剪掉了。其参数如图 4-32 所示，其中 near 和 far 只能取正值。

需要指出的是视景体的定义并不要求对称，另外轴线也不要求与 z 轴平行。

OpenGL 的实用库中还定义了一个使用起来更加直观的透视投影函数 void

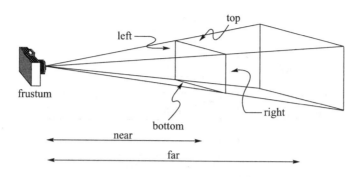

图 4-32　由 glFrustum()定义的视景体

gluPerspective(GLdouble fovy，GLdouble aspect，GLdouble nNear，GLdouble zFar)。它通过指定 $x-z$ 平面内的视角大小及宽高比 $aspect=w/h$ 来确定沿视线方向的棱锥，并通过指定远、近剪切面与视点间的距离来截断棱锥，从而确定视景体的大小，如图 4-33 所示。与 glFrustum()不同是，gluPerspective()只能建立沿视线方向关于 x、y 轴都对称的视景体，zNear、zFar 的值均为正值，但是这种视景体却是最常用的。

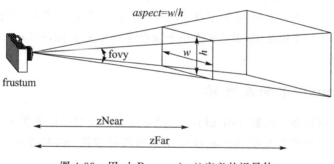

图 4-33　用 gluPerspective()定义的视景体

2. 正投影

OpenGL 中使用命令 void glOrtho（GLdouble left，GLdouble right，GLdouble bottom，GLdouble top，GLdouble near，GLdouble far)来定义一个正投影的视景体，各参数的意义如图 4-34 所示。

4.6.6　OpenGL 的深度缓冲区

深度缓冲区存储每个像素的深度值，可以根据像素与观察者的距离，用最近的像素覆盖远的像素。通过深度检验，可以始终将深度值较小的像素点保存在深度缓存中，以达到物体消隐的目的。如果要使用深度缓冲区，只需调用参数为 GL_DEPTH_TEST 的函数

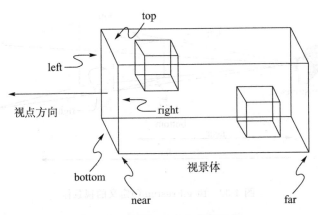

图 4-34　glOrtho()定义的视景体

glEnable()将其激活,同时要注意,在重画每一帧之前,要把深度缓存每位都置为1。并可以用 glDepthFunc()函数为深度测试选择不同的比较函数。

　　void glDepthFunc(GLenum func)函数中的 func 值必须为 GL_NEVER、GL_ALWAYS、GL_LESS、GL_LEQUAL、GL_EQUAL、GL_GEQUAL、GL_GREATER、GL_NOTEQUAL。如果 z 值与深度缓存中的值满足确定的关系,则通过深度测试。func 的默认值为 GL_LESS,即如果 z 值小于深度缓存中的 z 值,则输入的深度值取代深度缓存中的相应值。

4.6.7　OpenGL 中的反变换

　　OpenGL 应用程序库函数 gluUnProject()可以实现窗口坐标到世界坐标的转换。给定变换后顶点的三维窗口坐标和影响这些坐标的所有变换,gluUnProject()函数就返回顶点的世界坐标。

```
int gluUnProject(GLdouble winx, GLdouble winy, GLdouble winz,
        const GLdouble modelMatrix[16],
        const GLdouble projMatrix[16],
        const GLint viewport[4],
        GLdouble * objx, GLdouble * objy, GLdouble * objz);
```

　　该函数使用 ModelView 矩阵(modelMatrix)、Projection 矩阵(projMatrix)和视口(viewport)所定义的变换,将指定的窗口坐标(winx,winy,winz)映射到对象坐标中。在参数 objx,objy,objz 中,返回物体的坐标。如果该函数的返回值为 GL_TRUE,则表示成功,如果其返回值为 GL_FALSE,则表示失败。

　　在进行反变换的过程中,有一些困难。一个二维的屏幕位置,可以来源于三维空间中的一条线上的任意位置。因此在使用 gluUnProject() 函数前,需要提供窗口深度坐标(winz)。如果 glDepthRange() 函数使用默认值 winz=0.0 时,变换后的点的世界坐标位于前裁剪面上,当 winz=1.0 时,则变换后的点的世界坐标位于后裁剪面上。利用函数 glReadPixels() 可以得到窗口内任一像素的深度值。

习　题

4.1　试写出三维图形几何变换的一般表达形式,并说明其中各子矩阵的变换功能。

4.2　利用基本几何变换,推导出视变换的变换矩阵。

4.3　写出空间一点对任意平面的对称点的组合变换矩阵。

4.4　推导出透视投影和平行投影的变换矩阵。

4.5　试分析三维图形的显示流程。

4.6　试分析对直线段进行三维裁剪的基本思想,给出详细算法。

4.7　在文档类中保存一个水滴型多边形,以屏幕中心为核心,生成一个水滴沿着螺旋线甩出并不断变大的图案。试用几何变换和坐标变换两种方法实现之。

4.8　在文档类中保存一个简单几何体的多面体信息,在视图类中保存各种显示参数,按照视图中的显示参数,将多边体用 GDI 以线框的方式绘制到视图中。实现通过菜单和对话框改变视图的显示控制参数的功能。实验从不同角度和远近观察同一物体,并且同时生成多个观察视图。

4.9　以一条斜线为旋转轴,以旋转阵列的方式将题 4.8 中多面体的多个拷贝绘制出来。从不同的角度对其进行观察。

4.10　用 OpenGL 实现题 4.8 和题 4.9 的功能,多面体按照面的方式绘制。

4.11　将题 4.10 中的多面体的棱边用圆柱的方式绘制出来。通过调用 OpenGL 绘制圆柱的函数配合坐标变换绘制棱边。

4.12　考察深度缓存,随机生成若干点,以点为顶点生成圆锥,每个圆锥设置不同的颜色,从上向下看时,考察所生成的图案是什么样子。研究当从斜上方向下看时所生成的图案。

4.13　绘制一个 3 行 4 列的汽车阵列,每个汽车由一个简单多面体构成的车身和 4 个圆柱体车轮构成,每个车轮侧面要求绘制一圈六棱柱形的螺母,并且不同车辆前轮的转向不同。

第 **5** 章

交互绘图技术

5.1 窗口系统、事件驱动模式

Windows 操作系统是一个窗口式的多任务操作系统,它的出现使 PC 机进入了图形用户界面时代。基于窗口的图形用户界面大大方便了用户对计算机的操作,提高了用户对计算机的使用效率。本节将以 Windows 操作系统为例,介绍窗口、面向对象、消息传递及事件驱动等基本概念,在此基础上讨论基于消息传递、事件驱动的面向对象编程模式。

5.1.1 窗口

窗口是屏幕上的一个矩形区域,对用户来说,一个窗口就是一个单独的可操作单元。一个典型的 Windows 窗口一般由标题栏、菜单栏、工具栏、地址栏、状态栏、工作区域、边框和滚动条等部件组成,可对其进行移动、改变大小、最大化、最小化、还原、关闭、切换、排列其图标及复制窗口内容等操作。

5.1.2 事件驱动模式

在日常生活中,人们无时无刻不处在事件以及对事件的处理中。交通路口路灯的颜色变化、电话铃响、有人喊自己的名字……这些都是事件。当这些事件发生时,人们会采取相应的行动:如果交通灯是红色的,就要停下来;电话铃响了,就要接电话;有人喊自己的名字,就会停下来看个究竟……这时候,人就是一个事件处理者,也可以叫做一个被事件驱动的人。

在 Windows 环境下编写应用程序,就是采用上面所述的事件驱动机制。传统的 MS-DOS 程序主要采用顺序的、关联的、过程驱动的程序设计方法。一个程序是一系列预先定义好的操作序列的组合,它具有一定的开头、中间过程和结束。程序直接控制事件和过程的顺序。这样的程序设计方法是面向程序而不是面向用户的,交互性差,用户界面不够友好,因为它强迫用户按照某种不可更改的模式进行工作。它的基本模型如图 5-1 所示。

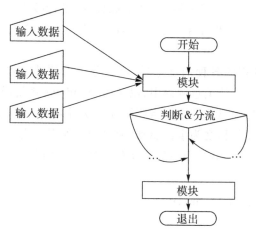

图 5-1　传统 DOS 环境下编程模式

　　事件驱动程序设计是一种全新的程序设计方法,它不是由事件的顺序来控制,而是由事件的发生来控制,而这种事件的发生是随机的、不确定的,并没有预定的顺序,这样就允许用户用各种合理的顺序来安排程序的流程。对于需要用户交互的应用程序来说,事件驱动的程序设计有着过程驱动方法无法替代的优点。它是一种面向用户的程序设计方法,它在程序设计过程中除了完成所需功能之外,更多的考虑了用户可能的各种输入,并针对性的设计相应的处理程序。它是一种"被动"式程序设计方法,程序开始运行时,处于等待用户输入事件状态,然后取得事件并作出相应反应,处理完毕又返回并处于等待事件状态。它的基本模型如图 5-2 所示。

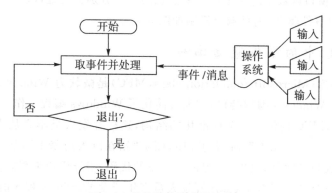

图 5-2　事件驱动程序设计模式

5.1.3　Windows 下基于消息的事件驱动编程

　　Windows 程序的运行依靠外部发生的事件来驱动,换句话说,程序要不断等待(利用一个 while 循环），等待任何可能的输入（如鼠标移动，键盘按下等），然后做判断，进行相应的处理。上述的输入是由操作系统捕获之后，以消息的形式（一种特定的数据结构）进入程序之中。

如果把应用程序获得的各种消息分类，可以分为由硬件装置产生的消息（如鼠标移动、键盘被按下等），放在系统消息队列中，以及由 Windows 系统或其他 Windows 程序传送过来的消息，放在程序消息队列中。当应用程序获得某个消息，则某个代码段将会被执行，这种应用程序模式便被称之为事件驱动、消息响应编程模式。

可想而知，每一个 Windows 程序都应该有一个循环代码段：

```
MSG msg;
While (GetMessage(&msg,NULL,NULL,NULL))
{
    TranslateMessage(&msg);
    DispatchMessage(&msg);
}
```

消息，也就是上面的 MSG 结构，其实是 Windows 内定的一种数据结构，其中包含消息的窗口来源（消息发生时拥有焦点的窗口的句柄）、消息种类（如鼠标点击）、与此消息相关的附加信息（如键盘按下时，相应的键码）、消息发生时鼠标的位置等域。

接收和处理消息的主角就是窗口，每个窗口都应该有一个函数专门用来负责处理消息，我们称这个函数为"窗口函数"。Windows 程序员的主要任务就是设计应用程序中每个窗口的窗口函数，以便当某个窗口上产生事件时，能够有特定的代码被执行，以完成应用程序的功能。窗口函数中应该根据传来消息的类型分别进行处理。

Windows 中事件驱动、消息响应机制如图 5-3 所示。

5.1.4 MFC 中的事件驱动编程

微软基础类库（Microsoft foundation class，MFC）是微软为 Windows 程序员提供的一个面向对象的 Windows 编程接口，它大大简化了 Windows 编程工作。使用 MFC 类库的好处是：首先，MFC 提供了一个标准化的结构，这样开发人员不必从头设计创建和管理一个标准 Windows 应用程序所需的程序，而是"站在巨人肩膀上"，从一个比较高的起点编程，节省了大量的时间；其次，它提供了大量的代码，指导用户编程时实现某些技术和功能。MFC 库充分利用了 Microsoft 开发人员多年开发 Windows 程序的经验，并可以将这些经验融入到自己开发的应用程序中去。

在有关事件驱动编程方面，MFC 通过一组宏定义大大简化了 Windows 程序设计的基本结构，其核心是消息映射机制。

MFC 通过定义一个消息与处理函数的对照表，实现了消息处理的分离编程。每当产

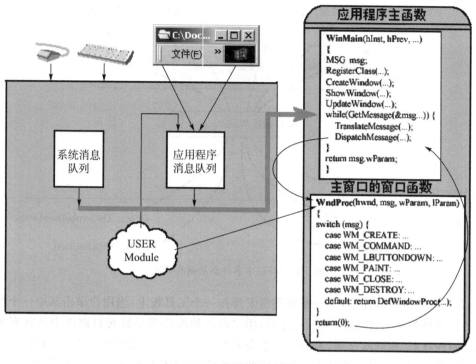

图 5-3　消息响应机制

生一个事件(经 GetMessage 函数转化为消息),便可以通过这个对照表找到相应的消息
处理函数,执行这个函数便完成了相应的功能;这样,程序员不再需要编写庞大的窗口函
数,不再需要用 switch 语句判断消息的类型从而决定执行什么样的代码段;相应的,程序
员只需利用 VC 集成开发环境提供的工具(如类向导)指定当鼠标在哪个 GUI 对象(如按
钮)上单击时执行哪个函数即可。这样,为每个对象的不同事件指定惟一的一个消息处理
函数,完成在该对象上发生这种事件时的功能。MFC 中事件驱动编程模式如图 5-4
所示。

由图 5-4 可以看出,利用 MFC 编写事件驱动的 Windows 程序,不需要编写杂乱冗长
的窗口函数,只需为每个对象的每个事件编写一个个独立的消息处理函数即可,这将大大
减少程序出错的可能性,且可以实现多人协作开发。

5.1.5　状态与事件结合程序控制模式

在计算机图形学领域,许多软件在运行时需要记住一系列状态值,每当有事件发生,
系统将根据目前的运行状态(变量的值)决定如何进行响应。Windows 的画图软件便是
一个典型的例子。

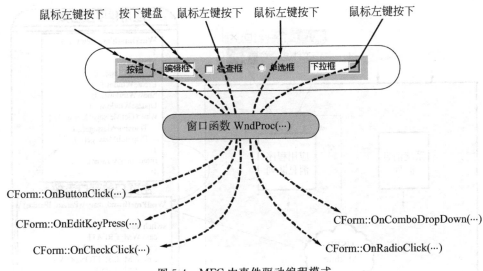

图 5-4　MFC 中事件驱动编程模式

　　在画图软件的界面中,有一系列按钮安排在一个工具板上,当用户单击其中一个按钮后,该按钮将处于一种"选中"状态,此后,用户的各种操作都是针对目前选中的状态来进行,如画线状态、画圆状态等,直到用户单击另外一个按钮,系统便转入另外一种状态。总结来说,系统在任一时刻总处于某种特定的操作状态,用户操作如选择菜单等可能会引起状态机跳转,使系统由一种操作状态转换到另一种操作状态。我们称这种软件运行模式为基于状态机模型的运行模式。传统的事件处理模式使用分情况跳转来实现这种状态机模型,如图 5-5 所示。

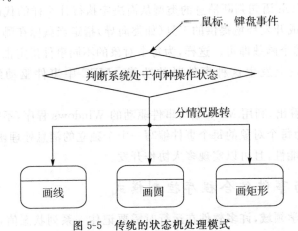

图 5-5　传统的状态机处理模式

　　由图 5-5 可以看出,每当用户事件产生,传统的状态机处理模式将判断系统目前处于

何种操作状态,然后根据判断结果进行相应的处理。这种处理方式有两个主要缺点:

①　不管系统处于何种操作状态,事件处理模块都要进行判断,无法利用面向对象的多态特性,且所有处理分支都集中在一个模块中,使事件处理模块变得庞大,增加了调试难度。

②　这种处理方式不容易实现分工协作。所有分支都在一起编写,失去了面向对象封装性编程的优势。

基于以上分析,借助于面向对象提供的多态特性,下面介绍一种新型的状态机处理模型,其原理如图 5-6 所示。

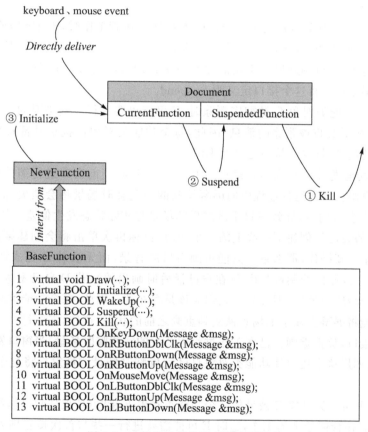

图 5-6　功能类机制的状态机处理模式

在状态机模型中,系统在每个时刻都处于一种特定的操作状态,如画线状态,在这种特定的操作状态下,每当用户事件产生,如用户移动了鼠标,系统只需完成当前状态所规定的任务——画线,而不须考虑系统的其他功能。

因此,需要编制一类特殊的对象,每个对象负责系统在不同状态下应完成的工作,每个对象都能根据自己的任务对接收到的鼠标、键盘事件进行正确的解释;称这种对象为功能类对象,它们属于同一种类型－功能类。因此,功能类对象应具有以下共同特点:

① 每个功能类对象都具有接收键盘、鼠标消息的外部接口,一旦系统接收到鼠标、键盘消息,便可以通过这个接口分发给某个功能类对象。

② 某个功能类对象 A 在接管另外一个功能类对象 B 的工作(系统的操作状态发生变换,如由画线状态进入画圆状态)时,A 可能需要做一些初始化工作,为自己完成任务做准备,因此,每个功能类对象都应提供一个初始化接口,系统在安排某个功能类对象成为当前任务的负责者时首先调用这个接口,让 A 有机会做自己的初始化工作,将这个接口定义为 Initialize。

③ 某个功能类对象 B 被另外一个功能类对象 A 接管工作时,B 可能需要做一些收尾工作,如让出某些资源,因此,每个功能类对象都应提供一个做扫尾工作的外部接口,当系统将某个功能类对象挂起(另一个功能类对象接管)时,调用 B 的这个接口,让 B 有机会做自己的扫尾工作。将这个接口定义为 Suspend。

④ 当某个功能类对象 C 被彻底删除时,C 可能也要进行一些必要的工作,系统在删除 C 之前,应告诉其将被删除的消息,因此,每个功能类对象应提供外部接口,来接收自己将被删除的消息,将这个接口定义为 Kill。

⑤ 某个功能类对象 D 在运行过程的中间,若用户将当前窗口进行缩放操作,则将导致窗口内容重画。D 在运行过程中向屏幕绘制的一些临时场景将会消失,而系统又不知道 D 画了一些什么内容,导致窗口重画之后的场景与实际状态发生偏差。如 D 在创建折线的过程中,假设已经创建了折线上的 3 个线段,鼠标再次单击将会创建第四个线段;若此时窗口发生刷新操作,那么系统只能重画窗口的背景,而无法替 D 完成那 3 个线段的绘制(因为 3 个线段的绘制都是由 D 在自己活着时画出的),若 D 自己不进行这项操作,窗口内的 3 个线段将消失,但实际上它们应该是存在的。因此,每个功能类对象在任何时刻都应保证能将屏幕上显示的场景恢复到重画之前的状态,这样,需要每个功能类对象提供一个外部接口,负责重画自己在工作过程中产生的一些临时场景,当窗口发生刷新操作时,系统通过调用这个接口让功能类对象自己完成临时场景的恢复。将这个接口定义为 Draw。

⑥ 当某个功能类对象 E 被另外一个功能类对象 F 接管(E 被挂起)后,某个时刻可能需要让 E 重新接管回原来的工作,这时 E 可能需要进行一些与首次接管别人工作时不同的初始化操作,因此,每个功能类对象应提供外部接口以完成被重新唤醒时需要进行的操作,系统在重新唤醒某个功能类对象之前将调用此接口让其有机会进行这个初始化工作。将这个接口定义为 WakeUp。

⑦ 为了利用面向对象提供的多态特性,使得系统在检测到鼠标、键盘事件时,不需判别当前正在执行任务的对象 G 负责什么样的任务,也不需处理当前任务的临时现场(变

量值),而只是简单地将接收到的消息直接交给 G,这就需要让每个功能类对象具有共同的祖先(假设为 BaseFunction),且 ① 至 ⑥ 所述接口必须设计为虚接口(Virtual Function)。

综上所述,这种机制可以实现模块分解(使消息处理模块不致过于庞大)和分工协作(不同功能单独编写,封装在不同的功能子类中,只要它们提供规定的接口)的目的,其基本实现思想如下:

① 要完成某个具体的功能,只须从 BaseFunction 派生一个新类,然后重载其中某些接口,以对鼠标、键盘消息以及初始化、挂起、杀死、唤醒等操作作出适合于本功能的合理解释,以便正确地完成自己负责的任务。

② 每个从 BaseFunction 派生的功能类只须负责自己的工作,而无须关心系统的其他功能,这样使得每个具体的功能类任务单一,简化了事件解释,从而达到了模块分解的目的。

③ 每个不同的功能类可以由不同人员单独开发,无须关心其他人员与自己是否需要进行协商,只要每个功能类都能合理地做好自己的每一步工作,系统集成便轻而易举,这样就达到了分工协作的目标。

那么,当系统检测到鼠标、键盘事件后,应将这些事件分发给哪个功能类对象呢?另外,若用户指示系统从一种操作状态转换到另外一种操作状态时,系统应如何完成功能类对象之间的接管与挂起操作呢?这可以通过一个功能类对象队列来解决。其基本思路如下:

① 文档类(MFC 体系)中设置一个功能类对象的队列,如图 5.6 中 Document 部分。这个队列的最大长度为 2,即任何时刻不会有超过 2 个的功能类对象处于存活状态。队列顶端的对象称为"当前功能类对象",即当前正在运转的功能类对象;处于队列底端的对象称为被挂起的功能类对象,它是在"当前功能类对象"之前运转过的功能类对象。

② 若由于用户的菜单操作使得系统需要发生状态转换,从一种操作状态 A 转换到另一种操作状态 B(显然,此时 A 类对象处于队列的顶端,为当前正在运转的功能类对象),则需要创建一个新的功能类对象 b(B 类对象),然后将 b 作为参数调用文档类的一个外部接口 SetCurrentFunction,完成状态转换操作。

③ SetCurrentFunction 做如下工作:首先调用队列中被挂起对象的外部接口 Kill,以便在删除它之前让其有机会做收尾工作,然后将其删除;接着调用队列中当前功能类对象的外部接口 Suspend,以便在挂起它之前让其有机会做收尾工作,然后将其在队列中下推,成为被挂起对象;最后,调用 b 的外部接口 Initialize,以便让 b 在成为当前功能类对象之前做初始化工作,接着将 b 压进队列,成为当前功能类对象。

④ 每当视图(MFC 体系)收到鼠标、键盘消息,便将此消息分发给文档类中维护的当前功能类对象。这样,鼠标、键盘消息总是按照系统当前正进行的操作状态进行解释,从

而能够正确无误地完成任务。

由此,利用面向对象的多态特性,功能类机制很好地实现了基于状态机模型的软件运行模式。实践证明,这是一种较好的状态与事件结合的程序控制模式。

5.2 交互式的显示控制技术

在计算机图形学领域,显示控制是软件编制需要考虑的一个重要方面。灵活的显示控制方式是衡量一个计算机图形学软件的非常重要的指标,交互式的显示控制,如对显示场景的旋转、平移、缩放等,能够给用户提供高效率的操作方式,并能够提高计算机图形学软件的可视化程度,让用户在视觉上对所处理的场景进行较全面的了解。

5.2.1 场景充满窗口(FitWindow)的控制方法

所谓 FitWindow 是指将当前显示的场景进行一定程度的缩放和平移,使之显示在窗口中央且尽量充满整个窗口。

FitWindow 是一次性操作,不必用功能类来实现,不需要接收鼠标、键盘消息,一般将之安排在一次菜单动作中,用于将场景以最佳尺寸和位置显示出来。当用户对场景进行旋转或平移操作之后,可用 FitWindow 功能复原场景显示。

显示场景时,需要指定投影变换参数,实际上就是定义一个视景体,只有处于视景体内的物体才能显示出来。视景体由 6 个平面围成,分别为 left、right、top、bottom、near 和 far 平面。如图 5-7 所示。

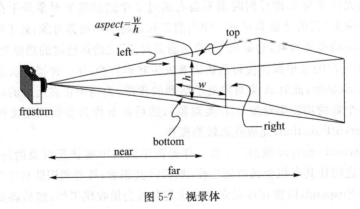

图 5-7 视景体

FitWindow 的功能就是要根据场景数据计算出一个刚好能容纳整个场景的视景体,达到使场景刚好充满窗口的目的。FitWindow 的伪代码如下:

```
//得到场景分布区域的宽度 Extend
```

```
Point3D  Max,Min;
pSceneData -> GetBox(Max,Min);

//设置视距
viewDistance = Max.Distance(&Min) * 15;

//求出场景中心点 middlePoint,作为显示中心点,保证场景能够显示在屏幕中心
middlePoint = (Max + Min)/2;

//求出场景分布区域 x 方向的长度 dX_Extend 和 y 方向的长度 dY_Extend
PSceneData -> GetBox(Max,Min);
double Extend = Max.Distance(&Min);
double dX_Extend = Extend;
double dY_Extend = Extend;
//再根据窗口的宽高比及 Y 方向的长度,得到 X 方向的适合窗口宽高比的长度//dTmpX_Extend
double dTmpX_Extend = dY_Extend * m_dAspectRatio;
//设置 near 平面和 far 平面
nearestPlaneDistance = viewDistance - Extend/2;
farestPlaneDistance = viewDistance + Extend/2;
//设置视宽为 X 方向长度及 X 方向的适合窗口宽高比的长度中小者
//保证场景在 X 方向及 Y 方向都不会超出视景体
viewWidth = max(dX_Extend,dTmpX_Extend)/1.1;
//刷新窗口
Invalidate();
```

5.2.2 旋转操作的交互控制方法

利用前面介绍的功能类机制,可以定义负责场景旋转的功能类,其显示控制实现
如下:

```
OnLButtonDown(msg)
{
   m_LeftButtonDown = TRUE;
   m_LeftDownPos = GetMouseLocation();
   m_CenterPoint = GetCenterPoint();
   m_ViewPoint = GetViewPoint();
}
OnLButtonUp(msg)
{
   m_LeftButtonDown = FALSE;
```

```
        }
    OnMouseMove(msg)
    {
        if(m_LeftButtonDown)
        {
            int dx,dy;
            dx = m_LeftDownPos.x-GetMouseLocation().x;
            dy = m_LeftDownPos.y-GetMouseLocation().y;
            m_LeftDownPos = GetMouseLocation();
            VP = m_ViewPoint- m_CenterPoint;
            double alfa = 3.14 * dx/GetClientRect().right;
            VP.Rotate(alfa * 2);
            SetViewDirection(VP);
            m_ViewPoint = GetViewPoint();
            Invalidate();
        }
    }
```

首先,在旋转功能类中定义如下数据成员:

m_LeftButtonDown,布尔型,用来标志鼠标左键是否已被按下。

m_LeftDownPos,CPoint 类型,记录上次鼠标移动事件中鼠标的位置,用来计算两次鼠标移动的距离。

m_CenterPoint,Point3D 类型,显示中心点的坐标。

m_ViewPoint,Point3D 类型,视点的位置。

当鼠标左键按下时,表示旋转操作的开始,因此旋转功能类在鼠标左键按下时做如下几个工作:

① 设标志 m_LeftButtonDown 为真,表示已经处于旋转状态;

② 记下此时鼠标指针的位置,放在 m_LeftDownPos 中,用来在鼠标移动事件中计算两次鼠标位置的移动距离,从而计算出应对场景旋转的尺度;

③ 将此时场景的显示中心点记入 m_CenterPoint 中,将视点位置记入 m_ViewPoint 中。

当鼠标移动时,旋转功能类首先判断鼠标左键是否已按下,这可以根据 m_LeftButtonDown 的值来确定。若鼠标左键未按下,则不作任何处理,否则,做如下工作:分别计算上次鼠标位置与现在鼠标位置在 x、y 方向的距离,根据这两个距离值计算场景应旋转的尺度,然后按照这个尺度将视图原来的视线方向(视点减去参考点所得向量)进行旋转,得到新的视线方向(vp),并将视图的视线方向修改为新的值。然后刷新视图。当视图刷新时,会根据视点、显示中心点、视线方向等参数自动调整场景的外观。

当鼠标左键抬起时,表示旋转动作结束,因此,旋转功能类将标志m_LeftButtonDown设为 FALSE,这样,在鼠标移动事件中将不再继续处理。

5.2.3　平移操作的交互控制方法

场景平移功能类的伪代码实现如下:

```
OnLButtonDown(msg)
{
    m_LeftButtonDown = TRUE;
    oldCenterPoint = GetCenterPoint();
    m_LeftDownPos = GetMouseLocation();
}
OnLButtonUp(msg)
{
    m_LeftButtonDown = FALSE;
}
OnMouseMove(msg)
{
    if(m_LeftButtonDown)
    {
        MouseLocation = GetMouseLocation();
        oldPoint = GetWorldCrdByScreenCrd(m_LeftDownPos);
        newPoint = oldCenterPoint + (GetWorldCrdByScreenCrd(MouseLocation) - oldPoint);
        SetCenterPoint(newPoint);
        Invalidate();
    }
}
```

首先,在场景平移功能类中定义如下数据成员:

m_LeftButtonDown,布尔型,用来标志鼠标左键是否已被按下。

oldCenterPoint,Point3D 类型,本次平移操作之前显示中心点的位置。

m_LeftDownPos,CPoint 类型,记录上次鼠标移动事件中鼠标的位置,用来计算两次鼠标移动的距离。

当鼠标左键按下时,表示平移操作开始,因此平移功能类在鼠标左键按下时做如下几个工作:

① 设标志 m_LeftButtonDown 为真,表示已经处于平移状态;

② 记下此时鼠标指针的位置,放在 m_LeftDownPos 中,用来在鼠标移动事件中计算两次鼠标位置的移动距离,从而计算出应对视图平移的尺度;

③ 将此时视图的显示中心点记入 oldCenterPoint 中。

当鼠标移动时,视图平移功能类首先判断鼠标左键是否已按下,这可以根据 m_LeftButtonDown 的值来确定。若鼠标左键未按下,则不作任何处理,否则,做如下工作:计算上次鼠标位置对应的世界坐标;计算本次鼠标位置对应的世界坐标;求得两次鼠标位置在世界坐标系中的距离向量,将此向量加到场景的显示中心点上,得到场景新的显示中心点。最后刷新场景。当视图刷新时,会根据显示中心点的新值自动调整场景的外观,实现平移效果。

当鼠标左键抬起时,表示平移动作结束,因此,平移功能类将标志 m_LeftButtonDown 设为 FALSE,这样,在鼠标移动事件中将不再继续处理。

5.2.4 缩放操作的交互控制方法

场景缩放功能类的伪代码实现如下:

```
OnLButtonDown(msg)
{
    m_LeftButtonDown = TRUE;
    m_LeftDownPos = GetMouseLocation();
    oldWidth = GetViewWidth();
}
OnLButtonUp(msg)
{
    m_LeftButtonDown = FALSE;
}
OnMouseMove(msg)
{
    if(m_LeftButtonDown)
    {
        dy = m_LeftDownPos.y-GetMouseLocation().y;
        ScalingFactor = dy/msg.GetView()->GetClientRect().bottom;
        newWidth = oldWidth * (1 + ScalingFactor);
        SetViewWidth(newWidth);
        InvalidateRect(NULL,FALSE);
    }
}
```

首先,在场景缩放功能类中定义如下数据成员:

m_LeftButtonDown,布尔型,用来标志鼠标左键是否已被按下。

oldWidth,double 类型,本次缩放操作之前视口的宽度。

m_LeftDownPos,CPoint 类型,记录上次鼠标移动事件中鼠标的位置,用来计算两次鼠标移动的距离。

当鼠标左键按下时,表示缩放操作的开始,因此缩放功能类在鼠标左键按下时做如下几个工作:

① 设标志 m_LeftButtonDown 为真,表示已经处于缩放状态;

② 记下此时鼠标指针的位置,放在 m_LeftDownPos 中,用来在鼠标移动事件中计算两次鼠标位置的纵向移动距离,从而计算出应对视图缩放的尺度;

③ 将此时场景的视宽记入 oldWidth 中。

当鼠标移动时,首先判断鼠标左键是否已按下,这可以根据 m_LeftButtonDown 的值来确定。若鼠标左键未按下,则不作任何处理,否则,做如下工作:首先计算上次鼠标位置与现在鼠标位置在 y 方向的距离,根据这个距离值计算场景应缩放的尺度,然后将这个尺度与原来的视宽结合,并将视图的视宽修改为新的值。最后刷新场景。当刷新时,会根据视宽自动调整场景的显示尺寸。

当鼠标左键抬起时,表示缩放动作结束,因此,功能类将标志 m_LeftButtonDown 设为 FALSE,这样,在鼠标移动事件中将不再继续处理。

5.3 交互式的图形生成技术

交互式的计算机图形学软件允许用户通过鼠标或键盘等外部设备动态的控制场景的显示,甚至能够动态的、可视的改变场景数据。假如用户想向一个三维场景中通过鼠标单击加入一个点数据,那么就需要将鼠标在屏幕上的位置(二维坐标)转换为与当前场景对应的三维坐标;若用户需要在当前场景的基础上进行实时绘图操作,比如画线,则需要使用橡皮筋技术。因此,本节将讨论有关的交互式图形生成技术,包括交互式绘图基本方法、坐标的输入技术和橡皮筋技术等。

5.3.1 交互式绘图概述

一般说来,交互式绘图操作是"一次性"操作,这种绘图是为了表示用户在操作过程中产生的暂时的、过程性的图形元素。比如用户在三维场景中的画线操作,鼠标左键单击表示一条新的线段的开始;在用户移动鼠标的过程中,上一次画线的结果要"抹"掉,一条新的线段将出现在屏幕上,指示当前的画线过程;当用户鼠标再次单击后,则表示当前的画线操作结束,这条线段将保存到程序的数据结构中。在这个过程中,如何"抹掉"上次操作的图形指示?另一个重要的问题是,如何将屏幕上鼠标位置的二维坐标转换为场景中的三维世界坐标? 这些就是交互式绘图所要解决的一些基本问题。

5.3.2　坐标的输入技术

计算机屏幕是一个二维的平面,得到的鼠标位置是一个二维点坐标。但用户的操作在语义上是对三维场景进行的,这就需要将二维的屏幕坐标转换为三维世界坐标,称这种转换为坐标的输入技术。

要将三维场景显示到屏幕上,需要进行一系列变换操作,如视图变换、模型变换、投影变换及视口变换等,这些变换是由三维坐标映射到二维平面。很显然,坐标的输入技术正好与此相反,是将二维坐标变换到三维空间,因此,它应该是前面讨论过的各种变换的逆操作。以 OpenGL 为例,其变换规则为:

$$\begin{bmatrix} objX \\ objY \\ objZ \\ W \end{bmatrix} = \mathrm{INV}(\boldsymbol{M} * \boldsymbol{P}) \begin{bmatrix} \dfrac{2(WinX - view[0])}{view[2]} - 1 \\ \dfrac{2(WinY - view[1])}{view[3]} - 1 \\ 2(WinZ - 1) \\ 1 \end{bmatrix}$$

其中,$objX$、$objY$、$objZ$ 为要计算的三维空间中的坐标分量,INV 是对矩阵求逆,$\boldsymbol{M}$ 为当前三维场景的模型变换矩阵,$\boldsymbol{P}$ 为当前使用的投影变换矩阵,$WinX$、$WinY$、$WinZ$ 为二维屏幕坐标($WinZ$ 可以随意取值,只要其值落在当前视点与显示中心之连线与场景相交的范围内即可),$view[0]$、$view[1]$、$view[2]$、$view[3]$ 分别对应当前视口的左上角 x、y 坐标分量、宽度和高度。

5.3.3　橡皮筋技术

橡皮筋技术是交互式绘图中广泛使用的一种用户界面接口手段,何谓橡皮筋技术?想象一下,将橡皮筋一端固定于某点,手持其另一端点随意移动,则橡皮筋将随着手的移动而不断变换形态,这种形态的变化能够很清晰的表达出手移动的过程细节。因此,橡皮筋技术可用于交互式绘图以表现用户操作的过程细节。交互式绘图需要控制某种图形随着用户的操作(如鼠标移动)不断变换形态,这要解决两个方面的问题:擦除旧的图形形态,显示新的图形形态。要实现橡皮筋技术,最关键的问题是如何将旧的图形擦除,显示新的图形形态则较为简单。

目前,实现橡皮筋技术主要有两种方法:基于异或操作的橡皮筋技术和基于缓冲区的橡皮筋技术。

1. 基于异或操作的橡皮筋技术

基于异或操作的橡皮筋技术利用了异或逻辑操作的重要性质:值 A 与值 B 两次异或,其值仍然为 A。其运算逻辑如表 5-1 所示。

表 5-1　异或操作

A	B	$A \oplus B$
1	1	0
1	0	1
0	1	1
0	0	0

　　将这个性质应用到像素的颜色上,则可以利用两次异或操作恢复本来的像素颜色。即:将图形显示方式设置为异或模式(如 Visual C++ 中的函数 SetROP2),画出图形(此时图形是可见的),在异或模式下,将相同的图形再画一遍,这个图形将会从屏幕上消失,而原来被它覆盖的部分将恢复如初。

　　2. 基于缓冲区的橡皮筋技术

　　屏幕上所绘的图形都是由像素组成的,每个像素都有一个固定的颜色或带有相应点的其他信息,如深度等。因此在绘制图形时,内存中必须为每个像素均匀地保存数据,这块为所有像素保存数据的内存区就叫缓冲区,又叫缓存(buffer)。不同的缓存可能包含每个像素的不等数位的数据,但在给定的一个缓存中,每个像素都被赋予相同数位的数据。

　　在基于缓冲区的橡皮筋技术中有两个缓存(称为双缓存),一个称为前缓存,另者称后缓存。向前缓存中绘制图形,将会在屏幕上看到具体的绘制过程,向后缓存中绘制图形,屏幕上看不见具体的绘制过程,在适当的时刻,将后缓存中内容复制到前缓存,则后缓存中绘制的图形将会快速的显示到屏幕上。有下面两种方式实现橡皮筋技术:

　　① 在进行交互式绘图之前,将场景内容放入后缓存;在进行交互式绘图过程中,每次需要更新画面时,首先将后缓存内容显示到屏幕上,然后将需要显示的交互式图形绘制到屏幕上。

　　② 在进行交互式绘图过程中,将每次需要显示的整个场景(包括交互式图形)一并绘制到后缓存中,然后将后缓存中的内容复制到前缓存(快速显示到屏幕)。

　　由于将缓存中内容显示到屏幕上速度非常快,因此用这种技术实现的交互式绘图效果并不比异或绘图方式差。

5.4　交互式的图形编辑技术

　　场景显示的交互式控制,使得用户可以自由的观察场景的各个组成部分,通过缩放操作还可以观察场景中某个局部的细节,相应的交互式的图形编辑技术能够给用户提供可视化的修改图形数据的手段。

5.4.1　交互式图形编辑的基本方法

三维图形中最常见的图形元素包括点、线和面，因此交互式图形编辑一般是针对这 3 种图形元素进行的，当然，也可以对复杂的三维对象进行整体编辑。图 5-8 给出点、线、面的最基本的编辑方法。

5.4.2　图形元素拾取技术

在一个三维图形处理系统中，同一时刻屏幕上存在着多种对象（图形元素），如曲面、折线、点等。这些图形元素最初创建的形态不一定能满足要求，有时需要对这些图形元素的形态做进一步的调整。比如移动折线中的某个关键点，使折线的形态达到令人满意的效果；有时需要沿法向拖动曲面上的某个离散点，从而改变曲面的形态。如图 5-8 所示。所有这些编辑动作，都需要在选中某个图形元素后才能进行，因此，图形元素的选择（拾取）就成为一个不可缺少的基本操作。

选择一个元素与对这个元素进行操作往往是紧密联系在一起的。如单击屏幕上的某个点时，其实就是在选择这个点，但这个单击操作同时也是拖动（编辑）这个点的开始，因此选择与编辑操作是交织在一起的。根据不同编辑操作的需要，将选择操作分为两种类型：静态选择和动态选择。

所谓静态选择是指只有在某个图形元素之上单击了鼠标左键之后，这个点才被认为是选中了；动态选择是在鼠标移动过程中实现的，当鼠标移动到某个图形元素之上时，这个图形元素就被选中，网页中的动态链接在一定程度上类似于动态选择。在动态选择中，按下鼠标左键不再表示选择操作，而是表示编辑动作的开始。针对这两种不同类型的选择操作，分别讨论其实现机制。

在一个三维图形处理系统中，屏幕上显示的是三维空间中的物体，而屏幕本身却是二维的，鼠标指针的位置也是二维的，因此需要解决一个问题：如何在二维世界中识别三维对象？即如何拾取指定的三维对象？三维图形平台 OpenGL 提供的选择机制提供了解决这个问题的实现方法。

现在假设已能够从给定的对象集合中确定鼠标指针选中了哪个对象，结合前面介绍的功能类机制，利用面向对象的多态性，可以对任意给定的对象集合进行静态选择与动态选择，前提是集合中的每个对象都会"绘制"自己（每个对象都有一个绘制自身的成员函数）。

1. 静态选择功能类

静态选择往往与其后的编辑操作是独立的，使用静态选择选中某个对象后，需要用户通过单击菜单或其他操作来对选中的对象做进一步的处理，因此，静态选择通常用来选中

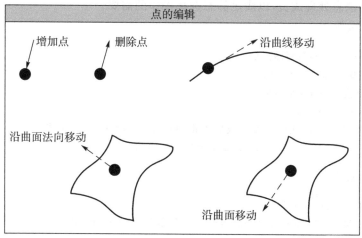

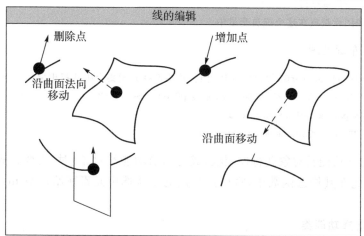

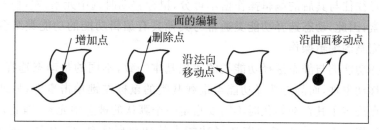

图 5-8　点、线、面的编辑方法

复合型对象(如一个曲面,其中包含离散点、折线等),选中后再对其做进一步处理。

　　下面给出了静态选择功能类的伪代码实现,它由 BaseFunction 派生而来。静态选择功能类用来实现鼠标左键单击作为手段的图元选择。它继承了 BaseFunction,重载其鼠标左键按下的消息处理成员,以满足静态选择操作的需要。

（1）构造函数

```
//接受外部提供的待选择图元集合
m_pElementSet = pElementSet;
//接受外部提供的预选取对象
m_pElement = pElement;
//将用户指定的默认选中元素赋给成员变量,并高亮显示默认被选中元素
if(m_pElement! = NULL)SetSelectedElement(m_pElement);
```

（2）数据成员

```
ElementSet * m_pElementSet;
//图形元素集合,将从这些图元中挑出被选中者,放到 m_pElement 中
Element * m_pElement;
//被选中的图元被放在这个成员变量中
```

（3）鼠标左键处理

```
//利用某种机制(如 OpenGL 提供的选择机制)从待选择元素集合中选择出鼠标指向的图形元素
Element * pEI = GetElementFromSelection(m_pElementSet,GetMouseLocation());
if(pEI == m_pSelectedElement) return;
if(pEI! = NULL) SetSelectedElement(pEI);
```

当静态选择功能类对象获得控制权（成为当前功能类对象）时,需要首先选中一个默认的元素,因此在其构造函数中,将用户指定的默认选中元素赋给成员 m_pElement,并将其高亮显示。

2. 动态选择功能类

动态选择往往与其后的编辑操作密不可分,鼠标移动时选中元素,左键按下开始拖动（编辑）该元素,因此,动态选择功能类通常与其他具有编辑功能的功能类结合在一起,共同完成一种完整的编辑操作。

动态选择功能类与静态选择功能类的实现基本一致,不同的是动态选择功能类重载基类的鼠标移动事件,而静态选择功能类重载基类的鼠标左键单击事件；另外,动态选择功能类的特点决定了其在初始化时不需要指定一个默认的被选中元素,因此,其构造函数中不做任何工作。下面给出了动态选择功能类的伪代码实现,它由 BaseFunction 派生而来。

（1）数据成员

```
ElementSet * m_pElementSet;
//图形元素集合,将从这些图元中挑出被选中者,放到 m_pElement 中
```

```
Element * m_pElement;
```

//被选中的图元被放在这个成员变量中

（2）鼠标移动处理

//利用某种机制(如 OpenGL 提供的选择机制)从待选择元素集合中选择出

//鼠标指向的图形元素

```
Element * pEI = GetElementFromSelection(m_pElementSet,GetMouseLocation());
```

```
if(pEI == m_pSelectedElement) return;
```

//恢复屏幕背景,然后高亮显示被选中的元素

```
if(pEI! = NULL) SetSelectedElement(pEI);
```

5.5　OpenGL 对图形交互的支持

1992 年,OpenGL 正式成为适用于各种计算机环境下的三维应用程序接口(3D API)。目前,它已经成为国际上通用的开放式三维图形标准。作为一个优秀的三维图形接口,OpenGL 提供有丰富的绘图命令,利用这些命令能够开发出高性能、交互式的三维图形应用软件。

在三维图形交互方面,OpenGL 提供了反向坐标变换(gluUnProject)用以实现三维坐标输入;OpenGL 的双缓存机制为实现橡皮筋技术提供了途径;为了支持三维图形的编辑及三维目标实体的拾取功能,OpenGL 提供了一种简单直观的选择机制,能够很容易的实现三维场景中任一图形元素的选取。本节将依次介绍 OpenGL 的几种图形交互技术的使用方法。

5.5.1　用 OpenGL 的反向坐标变换实现三维坐标输入

OpenGL 提供的 API 函数 gluUnProject 能够将 Windows 屏幕坐标转换为场景中的三维世界坐标,也就是说,已知鼠标在 Windows 窗口中的位置,通过函数 gluUnProject 可以获得该位置在场景中对应的(x,y,z)三维坐标。

使用该函数,需要指定如下一些参数:

① 视口的原点(x,y 坐标)及视口宽度(width)与高度(height);

② 当前显示三维场景所使用的模型视图变换矩阵(the modelview matrix);

③ 当前显示三维场景所使用的投影变换矩阵(the projection matrix);

④ Windows 窗口坐标;

⑤ 存储三维坐标的变量(posX,posY,posZ)。

下面详细说明所需要参数的有关内容。

1. 视口信息(视口原点坐标、宽度、高度)

使用函数 gluUnProject,需要获得当前视口的相关信息,包括视口左上角坐标(x,y)及视口的宽度(width)与高度(height)。方法是:

```
GLint viewport[4];                      //存储视口相关信息
glGetIntegerv(GL_VIEWPORT, viewport);   //检索(x, y, width, height)
```

一旦调用成功,将有:

```
viewport[0] = x
viewport[1] = y
viewport[2] = width
viewport[3] = height
```

2. 模型视图变换矩阵

一旦获得了视口信息,紧接着获得当前的模型视图变换矩阵(the modelview matrix)。模型视图变换矩阵决定了 OpenGL 图元顶点的世界坐标如何变换到视坐标。方法如下:

```
GLdouble modelview[16];  //存储模型视图矩阵的 16 个双精度值(4×4 矩阵)
glGetDoublev(GL_MODELVIEW_MATRIX, modelview);     //检索模型视图矩阵
```

3. 投影矩阵

然后,需要获取投影矩阵(the projection matrix)信息。利用投影矩阵可将顶点的视坐标变换为裁剪坐标。利用下面的代码段可以获得投影矩阵:

```
GLdouble projection[16];  //存储投影矩阵的 16 个双精度值(4×4 矩阵)
glGetDoublev(GL_PROJECTION_MATRIX, projection);   //检索投影矩阵
```

4. Windows 屏幕坐标

Windows 屏幕坐标即为要变换成三维坐标的数据来源,一般对当前鼠标位置感兴趣。在 VC 中,有些事件处理程序可以直接获得鼠标位置,如 OnLButtonDown,OnMouseMove 等。但有些事件处理程序的参数不直接提供鼠标位置,这需要另外编写代码来获得鼠标位置,下面的代码段说明了这个过程:

```
CPoint mouse;                       //保存当前鼠标指针位置的 x,y 坐标
::GetCursorPos(&mouse);             //获得当前鼠标坐标
ScreenToClient(hWnd, &mouse);       //将屏幕坐标转换为窗口坐标(或称为 OpenGL 视口坐标)
GLfloat winX, winY, winZ;           //用来存放传递到函数 gluUnProject 的窗口坐标参数
winX = (float)mouse.x;              //鼠标坐标的 x 分量
winY = (float)mouse.y;              //鼠标坐标的 y 分量
```

由于 Windows 窗口坐标(0,0)在左上角,而 OpenGL 视口是由左下角开始的,因此需要将 WinY 变换一下:

```
winY = (float)viewport[3] - winY;
```

需要注意,WinZ 无法由鼠标位置直接得到(鼠标位置为二维坐标),需调用 OpenGL 提供的 API 函数 glReadPixels 计算得到,方法为:

```
glReadPixels(winX, winY, 1, 1, GL_DEPTH_COMPONENT, GL_FLOAT, &winZ);
```

5. 存储三维坐标的变量

剩下的工作就是调用 gluUnProject 计算对应的三维坐标(posX,posY,posZ),并存储到 posX,posY,posZ 中。

下面给出利用 OpenGL 函数 gluUnProject 进行反向坐标变换实现三维坐标输入的完整的子程序:

```
Point3D GetOGLPos(int x, int y)
{
    GLint viewport[4];
    GLdouble modelview[16];
    GLdouble projection[16];
    GLfloat winX, winY, winZ;
    GLdouble posX, posY, posZ;

    glGetDoublev(GL_MODELVIEW_MATRIX, modelview );
    glGetDoublev(GL_PROJECTION_MATRIX, projection );
    glGetIntegerv(GL_VIEWPORT, viewport );

    winX = (float)x;
    winY = (float)viewport[3] - (float)y;
    glReadPixels(winX, winY, 1, 1, GL_DEPTH_COMPONENT, GL_FLOAT, &winZ );

    gluUnProject(winX, winY, winZ, modelview, projection, viewport, &posX, &posY,
    &posZ);

    return Point3D(posX, posY, posZ);
}
```

5.5.2 用 OpenGL 缓冲区技术实现橡皮筋功能

屏幕上所绘的图形都是由像素组成的,每个像素都有一个固定的颜色或带有相应点的其他信息,如深度等。因此在绘制图形时,内存中必须为每个像素均匀地保存数据,这块为所有像素保存数据的内存区就叫缓冲区,又叫缓存(buffer)。不同的缓存可能包含每个像素的不等数位的数据,但在给定的一个缓存中,每个像素都被赋予相同数位的数据。存储一位像素信息的缓存叫位面(bitplane)。系统中所有的缓存统称为帧缓存(framebuffer),可以利用这些不同的缓存进行颜色设置、隐藏面消除、场景反走样和模板等操作。

1. OpenGL 帧缓存组成

OpenGL 帧缓存由以下 4 种缓存组成。

(1) 颜色缓存(color buffer)

颜色缓存通常指的是图形要画入的缓存,其中内容可以是颜色索引,也可以是 RGB 颜色数据(包含 alpha 值也可)。若所用 OpenGL 系统支持立体视图,则有左、右两个缓存;若不支持立体视图,则只有左缓存。同样,双缓存 OpenGL 系统有前台和后台两个缓存,而单缓存系统只有前台缓存。每个 OpenGL 系统都必须提供一个左前颜色缓存。

(2) 深度缓存(depth buffer)

深度缓存保存每个像素的深度值。深度通常用视点到物体的距离来度量,这样带有较大深度值的像素就会被带有较小深度值的像素替代,即远处的物体被近处的物体遮挡住了。深度缓存也称为 z-buffer,因为在实际应用中,x、y 常度量屏幕上水平与垂直距离,而 z 常被用来度量眼睛到屏幕的垂直距离。

(3) 模板缓存(stencil buffer)

模板缓存可以保持屏幕上某些部位的图形不变,而其他部位仍然可以进行图形绘制。比如说,可以通过模板缓存来绘制透过汽车挡风玻璃观看车外景物的画面。首先,将挡风玻璃的形状存储到模板缓存中去,然后再绘制整个场景。这样,模板缓存挡住了通过挡风玻璃看不见的任何东西,而车内的仪表及其他物品只需绘制一次。因此,随着汽车的移动,只有外面的场景在不断地更改。

(4) 累积缓存(accumulation buffer)

累积缓存同颜色缓存一样也保存颜色数据,但它只保存 RGBA 颜色数据,而不能保存颜色索引数据(因此在颜色表方式下使用累积缓存其结果不确定)。这个缓存一般用于累积一系列图像,从而形成最后的合成图像。利用这种方法,可以进行场景反走样操作。

2. 利用 OpenGL 的双缓存实现橡皮筋技术

OpenGL 提供了双(颜色)缓存,分别称为前(颜色)缓存和后(颜色)缓存。当然,有些 OpenGL 系统还提供了更多的颜色缓存,如前左缓存、后右缓存等,这里我们只讨论利用双缓存实现橡皮筋技术,其他颜色缓存不予考虑。

通过调用 OpenGL 的 API 函数 glDrawBuffer 可以指定后续绘图操作将"画进"哪个缓存,其参数可以是 GL_FRONT 或 GL_BACK,也可以是 GL_FRONT_AND_BACK、GL_BACK_RIGHT 等。前缓存直接与计算机屏幕相对应,也就是说,若指定后续绘图操作画进前缓存,则用户能够在屏幕上看见绘图的过程,即画进前缓存相当于直接对屏幕作图;若指定后续绘图操作画进后缓存,则绘图结果并不显示到计算机屏幕,除非调用 OpenGL 的函数 SwapBuffers,将后缓存的内容复制到前缓存中。

由此,利用 OpenGL 的双缓存机制,可以实现橡皮筋技术。具体操作方法为:在进行交互式绘图之前,首先指定后续绘图操作将对后缓存进行,然后绘制场景,这时,后缓存中存放了不包括交互式图形在内的整个场景,可以将之作为"背景"来抹除不再需要显示的交互式图形。当需要绘制交互式图形时,首先调用 SwapBuffers 将后缓存中的"背景"显示到计算机屏幕,然后指定后续绘图操作针对前缓存进行,紧接着绘制交互式图形。通过这种方式,不再需要考虑怎样抹除上次画出的交互式图形,只是简单的用后缓存中保存的"背景"重画屏幕,再画出新的交互式图形就可以了。因为将后缓存中的三维图形"倾倒"至计算机屏幕的速度相当快速(将某缓存中三维图形显示到屏幕并不重新进行各种变换及消隐操作,缓存中的数据是当初画进缓存时已经计算好的),因此利用这种方式实现的橡皮筋效果非常理想。

另外,具有橡皮筋效果的交互式图形是用来表现用户的某种操作,一般情况下希望交互式图形总能被用户看见,而不被其他三维对象"挡住",因此,在绘制交互式图形之前,调用 OpenGL 函数 glDepthMask(FALSE)禁止进行深度测试,这样,交互式图形总会在"背景"之前。

根据前面论述,给出一个完整的函数 SetDrawImmediately(BOOLImd),它的功能是:根据所传递参数的不同,设置不同的图形绘制方式,若参数 Imd 为 TRUE,则设置为交互式绘图,否则,设置为一般绘图情况。其代码片断如下:

```
void GLView::SetDrawImmediately(BOOL Imd)
{
    if(Imd)
    //绘制交互式图形
    {
        //取消深度测试,保证交互式图形总能够被用户看见
        glDepthMask(FALSE);
        //直接向屏幕绘图
        glDrawBuffer(GL_FRONT);
        //总是不进行深度测试
        glDepthFunc(GL_ALWAYS);
    }
    else
    //一般情况下绘图
    {
        //进行深度测试(进行消隐计算)
```

```
        glDepthMask(TRUE);
        //后缓存绘图,用 SwapBuffers 显示,在视觉上提高绘图速度,减少闪烁现象
        glDrawBuffer(GL_BACK);
        //深度小的对象显示(深度大的对象被消隐)
        glDepthFunc(GL_LESS);
    }
}
```

3. 实例

利用前面介绍的功能类机制,结合 OpenGL 提供的双缓存绘图,给出一个画线的程序实例。用户单击鼠标左键,表示一条新的线段的开始,在鼠标移动过程中,要不断的更新屏幕显示,线段的起点不变,但终点始终跟随着鼠标指针,当用户再次单击鼠标左键后,画线操作结束。实例代码比较简单,请读者自行理解。

```
OnLButtonDown(msg)
{
    ShowStatusBar("拖动鼠标至终点,抬起左键完成线段定义");
    m_LeftButtonDown = TRUE;
    m_LeftDownPos = GetMouseLocation();
    m_Start3DPoint = GetOGLPos(m_LeftDownPos.x,m_LeftDownPos.y);
    m_LastMovePos = m_LeftDownPos;
}
OnMouseMove(msg)
{
    if(! m_LeftButtonDown) return FALSE;
    Point3D tmpPoint = GetOGLPos(GetMouseLocation().x, GetMouseLocation().y);
    if(m_LastMovePos! = m_LeftDownPos)
    {
        SwapBuffers(wglGetCurrentDC());
    }
    if(GetMouseLocation()! = m_LeftDownPos)
    {
        SetDrawImmediately(TRUE);
        DrawLine(&m_Start3DPoint,&tmpPoint);
        SetDrawImmediately(FALSE);
    }
    m_LastMovePos = GetMouseLocation();
}
OnLButtonUp(msg)
{
```

```
Point3D tmpPoint = GetOGLPos(GetMouseLocation().x, GetMouseLocation().y);
if(m_LastMovePos! = m_LeftDownPos)
{
    SwapBuffers(wglGetCurrentDC());
}
ShowStatusBar("按下鼠标左键,定义线段起点");
m_LeftButtonDown = FALSE;
if(GetMouseLocation() == m_LeftDownPos)  return TRUE;
SetDrawImmediately(TRUE);
DrawLine(&m_Start3DPoint,&tmpPoint);
SetDrawImmediately(FALSE);
}
```

5.5.3　OpenGL 中的选择机制介绍

在实际应用中,有些 OpenGL 图形程序只需简单地将二维或三维物体显示到屏幕上,可由用户控制对整个场景进行旋转、缩放、平移等操作;而另外一些应用程序则可能需要识别屏幕上显示出来的各个三维图形元素,允许用户进一步对某个元素单独做处理。如在三维地质建模系统中,屏幕上同时显示出一系列地层、断面、剖面,每个断面或地层中又包含着大量离散点或地质线,剖面中包括用来生成断面的断面线和用来生成地层的层位线,系统应允许用户选中断面或地层面上的某个离散点,拖动它进行编辑从而引起断面或地层形态的变化,达到建模的目的;用户也可以拖动地质线上的某离散点来编辑地质线,从而改变此地质线所附属的地质面的形态。所有这些都需要识别屏幕上的某个图形元素,允许用户选择它并进行编辑,而不是将整个场景作为一个整体来对待。

通过 OpenGL 画在屏幕上的图元通常都经历过多次旋转、平移和投影变换,在三维场景中要确定用户所选择的究竟是哪一个图元就显得非常困难。令人高兴的是,OpenGL 提供了一种选择机制,可自动通知用户在窗口的某个特定区域里画出的是哪个图元,利用这种机制,就可以判断给定图元集合中哪个图元被鼠标选中。

1. 设置选择缓冲区

若需使用 OpenGL 的选择机制,第一个步骤首先要为 OpenGL 返回的选择信息设置缓冲区,通过这个缓冲区可以取得有关被选中图元的信息,从而决定给定图元集合中哪些图元被选中了。

使用命令 glSelectBuffer 可以设置选择缓冲区。它有两个参数,一个指明缓冲区的大小,另外一个是整型数组,用来存放 OpenGL 返回的选择信息。

2. 进入选择模式

通常情况下,OpenGL 工作在渲染模式(默认模式),在这种模式下,一切绘图操作通过各种变换直接显示到屏幕上；若需使用 OpenGL 的选择机制，则必须进入选择模式，在这种模式下，实际的绘图操作并不反映到屏幕上（不进行光栅化），而是收集到某个后台缓冲区，供 OpenGL 判断、返回给定条件下的选择信息。

因此，在设置了选择缓冲区之后，必须设置当前的绘图模式为"选择模式"，这可以通过命令 glRenderMode 来实现，给定参数为 GL_RENDER，则进入渲染模式，若要进入选择模式，则设置参数为 GL_SELECT。

注意，当选择操作完成后，应该再次使用 glRenderMode 返回到默认的绘图模式（渲染模式 GL_RENDER），并由此让 OpenGL 将选择信息写入选择缓冲区。

3. 初始化命名堆栈

命名堆栈构成了选择信息的基础。命名堆栈中用来存放一系列整数，每个整数作为某个图元的标识；每当需要"绘制"下一个图元供 OpenGL 判断其是否被选中之前，首先将此图元的标识（整数）压入命名堆栈，这样，OpenGL 便会知道其后绘制的便是此图元，经计算之后，若此图元被选中，则命名堆栈中此图元的标识便会返回到选择缓冲区中，这样，通过提取选择缓冲区中的命名堆栈的内容，便可得到有关哪个图元被选中的信息。在使用命名堆栈之前，首先要对其进行初始化（置空），命令 glInitNames 完成这项工作，它不需要参数。

4. 设置合适的投影变换矩阵和模型视图矩阵

若要使 OpenGL 能够正确地判断哪个图元被选中，就要设置合适的投影变换矩阵和模型视图矩阵，使得在选择模式下的绘制代码能够与绘图模式下的相吻合，因此这里设置的投影变换矩阵和模型视图矩阵应该与在绘图模式下的相一致。与在绘图模式下惟一不同的是，在此要设置另外一个矩阵——拾取矩阵。

要让 OpenGL 来判断哪个图元被选中，则必须向它提供一个位置信息（通常便是鼠标的位置），这个位置信息由拾取矩阵来表达，使用命令 gluPickMatrix 设置拾取矩阵，它有 5 个参数：第一个参数是鼠标指针的横坐标 x；第二个参数是鼠标指针的纵坐标 y（注意，OpenGL 中的二维坐标系规定原点在左下角，因此，第二个参数要稍微变换一下，即将视口高度与鼠标指针纵坐标之差作为 gluPickMatrix 的第二个参数）；第三个参数是靶区的宽度；第四个参数是靶区的高度（为了方便用户选中微小的物体，将鼠标指针扩大为一个合适的矩形区域，凡是与这个区域相交的图元便被选中，这个矩形区域就称为靶区）；第五个参数是一个含有 4 个元素的整型数组，它包含着当前 OpenGL 视口（Viewport）的信息，即左上角 x,y 坐标值，视口的宽度与高度。视口信息可以用变量保存，在窗口大小发生变化时更新，也可以通过 OpenGL 提供的函数 glGetIntegerv 临时获得。

5. 交替发送图元绘制命令以及命名堆栈操作命令，为每个图元分配合适的名称

当前面各项内容都正确设置好之后，便可以将集合中每个图元依次进行绘制，供 OpenGL 计算相关的选择信息。

在绘制每个图元之前,首先要将此图元的标识(整数)压入命名堆栈,然后开始绘制;若几个图元使用了相同的标识,则 OpenGL 将这几个图元作为一个整体进行计算,如具有相同标识的图元中的某一个或几个被选中,则其标识会返回到选择缓冲区中,如具有相同标识的图元中任何一个都未被选中,则此标识不返回到选择缓冲区中;当某个图元绘制完成之后,为了节省命名堆栈的空间,应将其标识从命名堆栈中弹出(这并不影响 OpenGL 的计算)。

使用命令 glPushName 将某个图元的标识压入命名堆栈,而 glPopName 则负责将当前栈顶元素弹出。

6. 切换回渲染模式

当所有待选择图元绘制完毕后,便可以让 OpenGL 进行计算,并将相关信息写入选择缓冲区了,这需要再次调用函数 glRenderMode(此时可以根据需要决定是进入哪种模式:渲染模式、选择模式还是反馈模式)。

函数 glRenderMode 返回选中记录的数目(整数);若选中记录的数目大于 0,那么选择缓冲区中就已经包含了相关的选择信息(是哪些标识被选中了)。

7. 分析选择缓冲区中数据,确定被选中图元

若 glRenderMode 返回值大于 0,说明有图元被选中了,此时,选择缓冲区中包含了一个个选中记录,每个选中记录的格式如下(对应于某个图元被选中时的情形):

命名堆栈中标识的数目	最小深度	最大深度	标识序列…

若每个图元的标识均不相同,每个图元选中记录中的标识数应为 1,标识序列中只包含一个标识,即被选中的图元的标识,因此,选择缓冲区的格式为:

1	最小深度	最大深度	标识	1	最小深度	最大深度	标识	…

最小、最大深度可以帮助判断被选中的图元中哪个在最上面(深度最小),最后需要的便是选择缓冲区中深度最小的那个图元的标识(即鼠标单击的是最上面的图元)。

这样,就可以得知在给定鼠标靶区的范围内,哪个图元被选中了。

习　　题

5.1　了解图形交互技术,分别用 MFC 和 OpenGL 实现直线的交互绘图。

5.2　用 GDI 绘图功能,编制一个二维图形显示控制功能,实现二维图形的充满、放大、缩小和平移,并显示进行试验验证。

5.3　用 OpenGL 绘图功能,编制一个三维图形显示控制功能,实现充满、放大、缩小、平

移和旋转。

5.4 用 GDI 绘图功能,实现交互生成与编辑二维点和直线的功能,实现在二维平面上增加、删除和拖动点和直线。

5.5 用 OpenGL 绘图功能,实现交互生成与编辑三维点和直线的功能,实现在指定空间平面上增加、删除和拖动点和直线。

5.6 绘制一个 3 行 4 列的汽车阵列,每个汽车由一个简单多面体构成的车身和 4 个圆柱体车轮构成,每个车轮侧面要求绘制一圈六棱柱形的螺母,在此基础上,编制用 OpenGL 选择机制选取汽车、车轮与螺丝的功能,每次鼠标按下将鼠标点取的对象信息显示出来,当鼠标未选中任何对象时,显示"未选中";当鼠标选中汽车车身时,显示"选中某行某列车身";当鼠标选中汽车车轮时,显示"选中某行某列左或右前或后车轮";当鼠标选中汽车车轮螺母时,显示"选中某行某列左(或右)前(或后)车轮第几个螺母"。双击某个汽车前轮时,要求能够改变前轮的转向角度。

第 **6** 章

真实感图形的生成技术

真实感图形绘制是计算机图形学研究的重要内容之一,简单地讲,真实感图形绘制就是借助数学、物理、计算机等学科的知识在计算机二维显示屏上产生三维场景的真实逼真图像、图形的过程。真实感图形绘制在人们日常的工作、学习和生活中已经有了非常广泛的应用,如计算机辅助设计、多媒体教育、虚拟现实系统、科学计算可视化、动画制作、电影特技模拟、计算机游戏等许多方面,都可以看到真实感图形在其中发挥了重要的作用,而且人们对于计算机在视觉感受方面的要求越来越严格,这就需要研究更多更逼真的真实感图像生成算法。

在计算机图形设备上生成真实逼真的图像、图形需要经过以下 4 个步骤:

① 构造各个物体的数学描述。物体可以由基本的几何要素构成,如点、线、多边形等。

② 将各个物体安放在给定参考坐标系的三维空间中适当位置处,由此构成场景,并且选择所期望的观察场景的视点、视方向、视域。

③ 给出各个物体的颜色信息。物体的颜色可以显式地指定,也可以由特定的光照条件决定,还可以通过向物体粘贴纹理来获得。

④ 将各个物体的数学描述和它们相关的颜色信息转化为屏幕上的像素信息。这个过程称为光栅化。为了使光栅化后生成的图形具有真实感,在这个过程中应该将被其他物体遮挡的不可见面(线)消隐,并且可见面的颜色应该由光照条件决定,即根据基于光学物理的光照模型计算可见面投射到观察者眼中的光亮度大小。为了使绘制的图形更接近自然景物,可以在应用光照模型时将特定的花纹图案映射到物体的表面。在应用光照模型时还可以根据物体的表面是否位于阴影区内来改变相应光源的光照效果,从而使得最终生成的图形具有阴影的效果。

下面各节将对上面提到的消除隐藏面(线)技术,以及确定可见面颜色的光照技术、物体表面细节模拟技术、阴影生成技术进行介绍。本章还讨论了真实感图形生成过程中的图形反走样技术。最后介绍如何利用 OpenGL 图形库生成真实感图形。

6.1 消 隐 技 术

6.1.1 消隐技术的综合介绍

将三维场景绘制在计算机二维显示屏上必须经过投影变换,比如,将多面体的顶点按某种方式投影到二维平面上,然后按照原有的拓扑连接关系连接各个投影点即可将多面体绘制出来。投影变换将三维信息变换到二维平面上,这个过程中深度信息被丢失,生成的图形往往具有二义性,如图 6-1(a)。通过判别当前观察方向下的可见线和可见面,然后只显示可见线与可见面可以消除图形的二义性,如图 6-1(b),6-1(c)。在计算机图形学研究的早期,判别可见面的算法又被称为消除隐藏线、消除隐藏面算法。

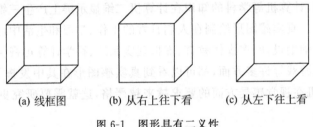

(a) 线框图　　　(b) 从右上往下看　　　(c) 从左下往上看

图 6-1　图形具有二义性

判别可见面算法通常可以按照它们在实现时所基于的坐标系分为物空间算法和像空间算法。物空间算法是在定义、描述物体的世界坐标系中实现的。它以场景中的物体为处理单元,可描述如下:

```
for(场景中的每一个物体)
{
    将其与场景中的其他物体比较,确定其表面的可见部分;
    显示该物体表面的可见部分;
}
```

物空间算法具有很高的精度,通常与机器的精度相同,因而物空间算法在对精度要求较高的工程应用方面特别有用。像空间算法是在观看物体的屏幕坐标系下实现的,它以窗口内的每个像素为处理单元,可描述如下:

```
for(窗口内的每一个像素)
{
    确定与此像素对应的距离视点最近的物体,以该物体表面的颜色来显示像素;
}
```

像空间算法的计算仅局限于屏幕的分辨率,比如 1024×768,这通常是很粗糙的。物空间算法和像空间算法一个显著区别在于算法所需要的计算量不同。假设场景中有 k 个物体，平均每个物体表面由 h 个多边形构成，显示区域中有 $m \times n$ 个像素，则物空间算法需要的计算量为 $(kh) \times (kh)$，而像空间算法所需要的计算量为 $(mn) \times (kh)$，其中 $mn \gg kh$。

理论上讲，物空间算法的计算量少于像空间算法的计算量，因为 $mn \gg kh$，于是绝大多数的算法似乎应该在物空间实现。但实际上，并不是这回事。所有的判别可见面算法都离不开排序，物体距视点越远，则它越有可能被距视点近的物体部分或全部遮挡，因此排序一般是基于体、面、边或点到视点的距离。判别可见面算法的效率很大程度上取决于排序的效率。而以扫描线的方式实现像空间算法时容易利用连贯性质从而使得像空间算法更具效率。这里连贯性指的是物体特征的变化趋势具有局部不变性。提高消隐算法效率的常见方法有利用连贯性、包围盒技术、背面剔除、区域分割技术、物体分层表示等，由此人们提出了许多的判别可见面算法，如画家算法、Z缓冲器算法、扫描线算法、Warnock算法等等。

需要指出的是，在进行真实感图形绘制时，光照计算、纹理映射技术都要融合到消隐算法中，确切地讲就是在利用消隐技术确定像素所对应的物体上可见点后，需要利用光照计算、纹理映射技术计算出该点的颜色。

接下来的两小节分别介绍了多面体隐藏线消除和Z缓冲器消隐算法。

6.1.2 多面体隐藏线消除

多面体是由表面多边形构成的。表面多边形可以是凹的，凸的，还可以是带孔的。讨论多面体隐藏线消除问题时，总是假定多面体是用线框方式表示的，并且如果存在多个多面体，则多面体之间是互不相交的。

隐藏线的产生是因为在给定的观察方向下，某些棱（或棱的一部分）被表面多边形的遮挡成为不可见，因此多面体隐藏线消除可以归结为一个根本问题：在给定的观察方向下，给定一条空间线段 P_1P_2 和一个多边形 π，判断线段是否被多边形遮挡。如果遮挡，求出遮挡部分。基于前面的假定，这里的线段 P_1P_2 和多边形 π 在空间中是不相交的。这个问题可以按下面的步骤求解：

① 将线段 P_1P_2 和多边形 π 投影到投影平面上得到线段 $P_1'P_2'$ 和多边形 π'。

② 计算线段 $P_1'P_2'$ 和多边形 π' 各条边的交点。

③ 交点将 $P_1'P_2'$ 分成若干个子线段，特别地当交点不存在时，子线段只有一个，即 $P_1'P_2'$ 自身。现在每个子线段上的所有点具有相同的隐藏性。

④ 分别判断各个子线段的隐藏性。

取子线段的中点，判断该点是否在多边形 π' 内。

如果不在多边形内，则说明子线段与多边形 π' 是分离的，不存在隐藏关系，因而该子线段是可见的。

如果在多边形内，则说明子线段在多边形 π' 内，子线段可能完全可见，也可能完全隐藏，需要进一步判断。这时从子线段中点（对应 P_1P_2 上的点）向视点引射线，如果射线与多边形 π 相交，则该子线段被多边形隐藏，否则该子线段可见。

上面的算法求出的是线段 P_1P_2 被一个多边形遮挡的部分，当线段 P_1P_2 用参数形式 $P(t)=(P_2-P_1)t+P_1$ 表示时（其中 $0\leqslant t\leqslant 1$），这些遮挡部分可以表示为参数区间 $[0,1]$ 的若干个子区间。在进行多面体隐藏线消除时，线段 P_1P_2 视为多面体的一条棱，它与所有的多面体表面多边形依次进行上面的隐藏性判别，记下各个多边形所遮挡的参数子区间，最后对这些区间进行并集运算，就可以确定这条棱总的隐藏子线段的位置，进而确定可见子线段。如图 6-2 所示。

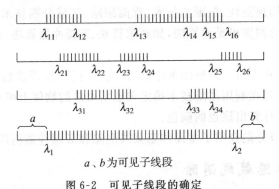

a、b 为可见子线段

图 6-2　可见子线段的确定

注意到线段和一个多边形进行隐藏性判断时，涉及到的运算包括投影变换，平面上线段和多边形的求交，判断点是否在多边形内，空间中射线和平面求交。如果将多面体的每条棱与每个多边形都按上面的方法消除隐藏线，那么计算量将非常大。事实上，可以采取预先消除自隐藏线、面，进行深度测试和包围盒测试来减少大量不必要的复杂运算。

1. 消除自隐藏线、隐藏面

首先介绍多面体表面多边形内法向量的概念。假设某表面多边形所在平面方程为：

$$ax+by+cz+d=0$$

可以调整系数的符号，使得位于物体所在一侧的某 $P_0(x_0,y_0,z_0)$ 点（比如物体的重心）有：

$$ax_0+by_0+cz_0+d>0$$

这时平面法向量 (a,b,c) 必是指向物体内部的，这个法向量称为该表面多边形的内法向量。事实上，设 $P(x',y',z')$ 为 P_0 在这个表面多边形所在平面上的垂足，则有：

$ax'+by'+cz'+d=0$，并且 P_0-P 是指向物体内部的平面法向量。此时，

$$(a,b,c) \cdot (P_0-P) = ax_0+by_0+cz_0+d-(ax'+by'+cz'+d)>0$$

这说明 (a,b,c) 和 (P_0-P) 的夹角小于 $90°$，又 (a,b,c) 和 (P_0-P) 都是平面的法向量，二者夹角只能是 $0°$ 或 $180°$，所以 (a,b,c) 和 (P_0-P) 的夹角只能为 $0°$，即向量 (a,b,c) 和向量 (P_0-P) 一样也是指向物体内部的。可以按照这种方法求出多面体表面各多边形的内法向量，当视线与某个多边形的内法向量夹角余弦大于 0，则这个多边形称为"朝前的面"，"朝前的面"是潜在可见面，它可能完全可见，也可能被其他的多边形遮挡成为部分可见或完全隐藏；当这个夹角余弦小于 0，则这个多边形称为"朝后的面"，"朝后的面"是自隐藏面，这是因为物体表面是封闭的，"朝后的面"总是被"朝前的面"所遮挡，从而始终是不可见的。两个自隐藏面的交线为自隐藏线。显然在多面体的消隐问题中，不会仅由于自隐藏面的遮挡，导致某条棱的不可见，因此在进行多面体的消隐时可以将自隐藏面全部去掉，而不考虑它们对棱的遮挡性。另外也无需对所有的棱进行隐藏性判别，因为自隐藏线总是不可见的，因此只需要对潜在可见面的边进行隐藏性判别。

2. 深度测试

深度测试指的是在观察坐标系下判断线段与多边形的前后关系。不失一般性，假设视点为观察坐标系原点，视线方向沿观察坐标系 Z 轴负向，以下的讨论在观察坐标系中进行。深度测试可以分为粗略测试和精确测试两步。首先进行粗略测试，即把多边形顶点的最大 Z 坐标和线段端点的最小 Z 坐标进行比较。如果前者小于或等于后者，则说明多边形完全在线段之后，多边形不可能对线段造成任何遮挡，线段完全可见，无需就线段和多边形的遮挡关系进行进一步判断；如果前者大于后者，这时线段仍有可能完全位于多边形之前，可以采用精确测试予以判断：从线段两端点 $P_1(x_1,y_1,z_1)$ 和 $P_2(x_2,y_2,z_2)$ 各做一条与 Z 轴平行的直线，假设这两条直线与多边形所在平面的交点分别为 $M_1(x_1,y_1,z_1')$、$M_2(x_2,y_2,z_2')$，若 $z_1' \leqslant z_1$ 且 $z_2' \leqslant z_2$，则多边形不会对线段造成任何遮挡，线段完全可见，无需就线段和多边形的遮挡关系进行进一步判断。否则，要按前面介绍的步骤将线段和多边形投影到投影平面上，进行线段和多边形求交等诸多运算最终确定被多边形隐藏的子线段（如果存在的话）。

3. 包围盒测试

包围盒测试是在投影平面上线段和多边形求交之前进行的。在投影平面上，线段或多边形的包围盒是包含它们的、边平行于投影平面坐标轴的最小矩形，这个矩形可以由 4 个参数 $x_{\min},x_{\max},y_{\min},y_{\max}$ 表示。设线段和多边形的包围盒参数分别为：

$x_{\min 1},x_{\max 1},y_{\min 1},y_{\max 1}$ 与 $x_{\min 2},x_{\max 2},y_{\min 2},y_{\max 2}$

当它们满足 $x_{\min 1} > x_{\max 2}$ 或 $y_{\min 1} > y_{\max 2}$ 或 $x_{\max 1} < x_{\min 2}$ 或 $y_{\max 1} < y_{\min 2}$ 时，这两个包围盒不相交，从而线段和多边形也不相交。如图 6-3 所示。

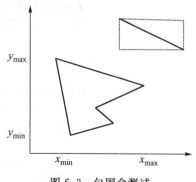

图 6-3　包围盒测试

显然这时多边形不会对线段造成任何遮挡,线段完全可见,无需就线段和多边形的遮挡关系进行进一步判断。如果包围盒测试的上述条件不满足,则只能在投影平面上将线段和多边形进行求交运算,进而判断各个子线段相对多边形的隐藏性。

最后,这里讨论的多面体隐藏线的消除算法思路可以完整地描述如下:

```
hidden_line_removal()
{
    for(i = 1 ; i <= NF; i++)/* NF 是所有多面体表面多边形的个数 */
    {
        求第 i 个表面多边形的内法向量;
        计算视线与这个内法向量的夹角余弦;
        if(上述夹角余弦大于 0,即第 i 个表面多边形是潜在可见面)
        {
            把当前多边形送入潜在可见面集合;
            把当前多边形的各条边送入潜在可见线段集合;
            /* 注意如果某条边已经在集合中,则不必再次加入 */
        }
    }
    /* 至此,产生了一个潜在可见面集合,假设面的个数为 NF1。还产生了一个潜 */
    /* 在可见线段集合,假设线段的个数为 NE。不属于潜在可见线段集合的其他多 */
    /* 面体棱是自隐藏线,其不可见性不言而喻。接下来要为潜在可见线段集合中的 */
    /* 每一条线段与潜在可见面集合中的每一个多边形进行隐藏性判别。 */
    for(j = 1; j <= NE; j++)/* 对每一条潜在可见线段进行处理 */
    {
        for(k = 1; k < NF1; k++)/* 线段 j 与每一个潜在可见多边形进行隐藏性判别 */
        {
            在观察坐标系下,潜在可见线段 j 和潜在可见多边形 k 进行深度测试。
            if(深度测试中的粗略测试或精确测试通过)
            {
                深度测试表明多边形不会对线段造成任何遮挡,
                线段 j 相对于当前多边形的隐藏子区间不存在
            }
            else
            {
                将线段 j 和多边形 k 变换到投影平面上。
                二者进行包围盒测试。
                if(包围盒测试表明二者是分离的)
                {
                    多边形不会对线段造成任何遮挡,
                    线段 j 相对于当前多边形的隐藏子区间不存在
                }
```

```
        else
        {
            按照本节最开始提出的"根本问题"的求解步骤②～④，
            计算并记录线段 j 被当前多边形遮挡的子线段位置
        }
    }
}
对线段 j 被各个潜在可见多边形隐藏的子线段位置求并运算，
获得线段 j 最终的隐藏子线段以及可见子线段。
    }
}
```

6.1.3 Z 缓冲器消隐算法

Z 缓冲器消隐算法是最简单的消除隐藏面算法之一。在这个算法里，除了有一个帧缓冲区用来存放每个像素的亮度值，还要有一个 Z 缓冲区用来存放每个像素的深度值。帧缓冲区和 Z 缓冲区的存储单元数目相同，并且都等于屏幕上像素的个数，见图 6-4。当颜色用 RGB 值表示时，帧缓冲区每个单元的位数可以是 24bits。由于 Z 缓冲区中每个单元存储的是相应像素所对应物体上的点在观察坐标系下的 z 坐标值，因而每个单元的位数取决于场景在观察坐标系下 z 方向的变化范围，一般取 20bits 可以满足需要，更精确的可以取 float 数据类型所占的位数。

屏幕　　　　　　　　帧缓冲区　　　　　　　　Z 缓冲区

每个单元存放对应像素的颜色值　每个单元存放对应像素的深度值

图 6-4　Z 缓冲区示意图

不失一般性，假设视点为观察坐标系原点，视线方向沿观察坐标系 z 轴负向。Z 缓冲区算法的流程为：

帧缓冲区置成背景色；
Z 缓冲区置成某初始值，该值比场景在观察坐标系下的最小 z 值还小；
for(各个多边形)
{
    扫描转换该多边形；

```
for(多边形所覆盖的每个像素(x,y))
{
        计算该像素所对应多边形上的点在观察坐标系下的 z 坐标值 Z(x,y);
        if(Z(x,y)大于 Z 缓冲区在(x,y)处的值)
        {
                Z 缓冲区中(x,y)处深度值替换为 Z(x,y);
                帧缓冲区中(x,y)处亮度值替换为多边形在(x,y)处的亮度值;
        }
}
```

如果是平行投影,则上述过程中计算像素所对应多边形上的点在观察坐标系下的 z 坐标值可以用增量方法求出。事实上,假设平面在观察坐标系下的方程为:

$$ax + by + cz + d = 0$$

则投影平面上 (x_0, y_0) 处对应多边形上的点的 z 值为:

$$z_0 = (-d - ax_0 - by_0)/c$$

屏幕上同一行中两相邻像素 x 坐标相差为 1,对应到投影平面上的两点只是 x 坐标相差一个常量 Δx,投影平面上 $(x_0 + \Delta x, y_0)$ 处对应多边形上的点的 z 值为:

$$z' = [-d - a(x_0 + \Delta x) - by_0]/c = z_0 - (a/c)\Delta x$$

这里 a/c 为常数,所以计算同一行中相邻像素的深度值只需要做一次减法。

在 Z 缓冲器算法中,多边形的绘制次序是无关紧要的,其基本思想就是在像素级上以近物取代远物,因此有利于硬件实现。由于除了帧缓冲器外,还要有一个 Z 缓冲器,因此 Z 缓冲器消隐算法的实现需要较多的存储空间。

6.2 光照技术

6.2.1 简单光照模型

在利用消隐技术确定了像素所对应的物体上的可见点后,需要计算该可见点的颜色并赋给当前像素。

如果可见点取预先指定的物体的颜色,则绘制出来的图形即使经过消隐,大多数物体看起来也不像是三维的,更谈不上真实性,如图 6-5(b)所示。

事实上,物体表面所呈现的颜色是由表面向视线方向辐射进入人眼中的光决定的。颜色是可见光的一种视觉特性,光谱分布表示了一束光中不同波长光所占的比例,它是波长的函数,它惟一决定了相应可见光的颜色。比如,由表面辐射而进入人眼的光中如果等量地包含了所有波长的可见光,则物体表面将呈现白色、灰色或黑色,即非彩色。否则物体表面将呈现彩色。在光学物理中,光亮度(luminance)是一光谱量,既可以表示光能大小,又可以表示色彩组成,它可以很方便地转换成颜色。如果能建立一些数学模型来模拟物体表面的光照明物理现象,然后按照数学模型计算物体表面向视线方向辐射进入人眼中的光亮度,即可获得像素所对应的物体上的可见点的颜色,这样绘制出来的图形具有较强的真实感,如图 6-5(a)所示。这些数学模型就称为明暗效应模型或者光照明模型。

当光照射到物体表面时,光可能被吸收、反射和透射,被物体吸收的部分转化为热,只有反射、透射的光能够进入人眼产生视觉效果,它们决定了物体所呈现的颜色。如果物体是不透明的,则透射光不存在,物体的颜色仅由反射光决定。这种情形正是简单光照模型需要考虑的,简单光照模型只考察光源直接照射下物体表面的反射情况。

通常,物体表面的反射光可以认为包含 3 个分量,对环境光的反射,对特定光源的漫反射和镜面反射。下面的讨论假定光源为单个点光源。

 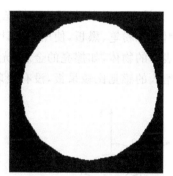

(a) 经过光照计算的球　　　　　　(b) 不经过光照计算的球

图 6-5　球的绘制

对环境光的反射。按理,没有被光源直接照射的物体看起来应该是黑色的,但是在实际场景中,并不是这样的,这是因为物体仍然接收到了来自周围环境(如墙面)散射的光。因此环境光(ambient light)用来模拟光在物体间相互传播的效果。环境光被认为在空间近似均匀分布,即在任何位置、任何方向上光亮度一样,并且入射至物体表面后将向空间各个方向均匀反射出去。物体对环境光的反射分量可以用式(6-1)表示:

$$I = K_a I_a \qquad 0 \leqslant K_a \leqslant 1 \qquad\qquad (6\text{-}1)$$

其中,I_a 是入射的环境光亮度,K_a 是环境光漫反射系数,它与物体表面性质有关。如果简单光照模型中仅考虑环境光的反射分量,则物体表面的亮度是一个恒定值,没有明暗的自然过渡。

漫反射(diffuse reflection)。漫反射分量表示特定光源在物体表面的反射光中那些向空间各个方向均匀反射出去的光,见图 6-6(a)。就向空间各个方向均匀反射出去这一性质而言,漫反射和环境光反射是相同的,不同之处在于漫反射分量大小与光的入射方向和物体表面法矢夹角有关。兰伯特(Lambert)余弦定律指出：当点光源照射到一个漫反射体时，其表面反射光亮度和光源入射角(入射光线和表面法矢量的夹角)的余弦成正比，即：

$$I = K_d I_l \cos(\theta) \qquad 0 \leqslant \theta \leqslant \frac{\pi}{2}, \quad 0 \leqslant K_d \leqslant 1 \qquad (6\text{-}2)$$

其中，I_l 是来自点光源的入射光亮度。K_d 是漫反射系数，与物体表面性质有关。θ 是入射光线和表面法矢量的夹角。如果简单光照模型中考虑对环境光的反射分量和对特定光源的漫反射分量，则物体表面的反射光亮度为：

$$I = K_a I_a + K_d I_l \cos(\theta) \qquad 0 \leqslant \theta \leqslant \frac{\pi}{2}, \quad 0 \leqslant K_a + K_d \leqslant 1 \qquad (6\text{-}3)$$

通常称之为兰伯特反射光照模型。上式中，如果 $\theta > \frac{\pi}{2}$，则物体该处的表面不能被光源直接照射，漫反射分量为 0，物体表面的反射光亮度仅由环境光反射亮度决定。对于许多粗糙、无光泽的物体，如粉笔、黑板，使用上式计算物体表面的反射光是可行的，但是对于那些具有光滑的表面的物体，如擦亮的金属、光滑的塑料，使用上式计算反射光亮度最终绘制出来的图像给人的感觉比较呆板，没有表现出特有的光泽，即所谓的"高光"。

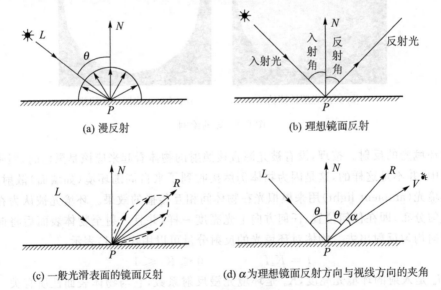

(a) 漫反射   (b) 理想镜面反射

(c) 一般光滑表面的镜面反射   (d) α 为理想镜面反射方向与视线方向的夹角

图 6-6   光学反射模型

镜面反射(specular reflection)。镜面反射分量表示特定光源在物体表面的反射光中那些遵循反射定律的光。对于纯镜面，入射光是严格按照光的反射定律反射出去，即反射光和入射光对称地分布在表面法向的两侧，如图 6-6(b)所示。对于一般光滑表面，表面可理解为由许多朝向不同的微小平面构成,入射光经许多微小平面反射后形成的反射光不再是单向的,而是分布于理想镜面反射方向的周围,如图 6-6(c)所示。通常采用余弦函数的幂次来模拟一般光滑表面的镜面反射光的空间分布。

$$I = K_s I_l \cos^n(\alpha) \qquad 0 \leqslant \alpha \leqslant \frac{\pi}{2} \tag{6-4}$$

其中,I_l 是来自点光源的入射光亮度。K_s 是物体表面镜面反射系数,严格地讲,K_s 和入射角、波长有关,但是为了计算的方便,实际使用时 K_s 取为常量。α 为理想镜面反射方向与视线方向的夹角,见图 6-6(d)。n 为镜面反射光的会聚指数。上式表明,当会聚指数 n 恒定时,随视线与理想镜面反射方向夹角 α 增大,进入观察者眼中的镜面反射光亮度越小。当视线与理想镜面反射方向夹角 α 恒定时,物体表面的镜面反射光的会聚指数 n 越大,进入观察者眼中的镜面反射光亮度越小。如果简单光照模型中考虑对环境光的反射分量、对特定光源的漫反射分量和镜面反射分量,则物体表面的反射光亮度为:

$$I = K_a I_a + K_d I_l \cos(\theta) + K_s I_l \cos^n(\alpha) \tag{6-5}$$

这就是通常人们所说的 Phong 光照模型。利用上式计算像素所对应的物体上可见点的亮度最终生成的图像可以表现光滑物体应有的光泽,即"高光",这是因为镜面反射分量的缘故,并且和实际情况一样,高光区域随视点方向而改变。

实际上光的亮度与传播距离的平方成反比,因此当以上公式中的 I_l 明确为光源处的光亮度,则光线抵达物体表面时应该存在衰减的问题,另外光线经物体表面反射进入观察者眼睛的过程中也应该存在衰减的问题,这时可以考虑给特定光源引起的漫反射分量和镜面反射分量乘以一个衰减因子,以取得远的物体看起来暗些的效果。当场景的投影变换采用透视投影时,Warnock 指出线性衰减因子 $\frac{1}{d}$,而 Rommey 指出 $\frac{1}{d^p}$ 衰减因子可以取得比较真实的效果。此时 Phong 光照模型可以进一步描述为:

$$I = K_a I_a + \frac{I_l}{d^p + K}\left[K_d \cos(\theta) + K_s \cos^n(\alpha)\right] \tag{6-6}$$

其中,d 是物体上当前考察点到视点的距离,K 是一个任意的常量,$0 \leqslant p \leqslant 2$。

采用上式计算物体上可见点光亮度时,通常是将光亮度转换成为光栅图形显示器采用的 RGB 三基色,这时计算需要在 3 个基色上分别进行。如果存在多个光源,则将效果线性相加。此时光照模型可以描述为:

$$\begin{aligned}
I &= K_a I_a + \sum_{j=1}^{m} \frac{I_{l_j}}{d^p + K}(K_d \cos\theta_j + K_s \cos^n\alpha_j) \\
&= K_a \begin{bmatrix} r_a \\ g_a \\ b_a \end{bmatrix} + \frac{1}{d^p + K}\sum_{j=1}^{m}(K_d \cos\theta_j + K_s \cos^n\alpha_j)\begin{bmatrix} r_{l_j} \\ g_{l_j} \\ b_{l_j} \end{bmatrix}
\end{aligned} \tag{6-7}$$

有了上面的简单光照模型后,可以用于消隐算法中计算像素所对应的物体上可见点的亮度。比如在 Z 缓冲器算法中,将多边形变换到屏幕坐标后,可以按照扫描线的次序处理多边形覆盖的每个像素,如果当前像素经过深度测试为需要绘制,则可以应用简单光照模型计算出这个像素所对应多边形上点的亮度作为像素的颜色,在光照计算时需要用到多边形上点的法矢量,如果多边形上点的法矢量总是取多边形的面法矢,最终绘制出来的图像看起来呈多面体状,不能展现以多边形方式近似的曲面本身的光滑性,如图 6-7(a),这是因为平面上所有点的法向量都取为同一的面法矢量,不同平面片之间法矢量不连续,从而导致不连续的光亮度跳越。

(a) 多边形表示的物体   (b) Gouraud 明暗处理

图 6-7   图像光照处理

这个问题可以这样解决,首先多边形的顶点法矢量不再简单地取为其所在多边形的面法矢,而是取为共该顶点的所有多边形的面法矢的平均值,其次多边形内部点的法矢量也不再简单地取为多边形的面法矢,而是利用多边形顶点的法矢量通过双线性插值计算出。结合 Z 缓冲器消隐算法,这个过程可以这样进行,先将多边形变换到屏幕坐标后,以扫描线的方式处理多边形覆盖的每个像素,如图 6-8,P_1、P_2、P_3 是多边形顶点,其法矢量视为已知,等于共该点的所有多边形法矢量的平均值。由 P_1、P_2 的法矢量可以线性插值计算出 A 点的法矢量,由 P_1、P_3 的法矢量可以线性插值计算出 B 点的法矢量,于是 P 点的法矢量可以由 A、B 点处的法矢量线性插值计算出,计算出 P 的法矢量后应用简单光照模型可以计算出 P 点的光亮度。这种处理方法通常称之为多边形 Phong 明暗处理。由于每个像素点需要插值计算出法向量,并进行光照计算,Phong 明暗处理需要较大的计算量,一种简化

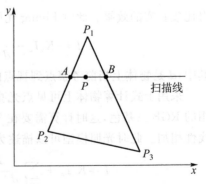

图 6-8   对 P 点进行双线性插值

的处理方法是先利用光照模型计算出多边形顶点处亮度,当然光照计算时多边形顶点的法矢量仍然采用共顶点的所有多边形面法矢平均值,然后在以扫描线的方式处理多边形

覆盖的每个像素时，不是对法向量进行双线性插值，而是对亮度进行双线性插值，直接获得像素的颜色，如图 6-8，P_1、P_2、P_3 是多边形顶点，其亮度已经计算出可视为已知。而 A 点的亮度可以由 P_1、P_2 点的亮度线性插值计算出，B 点的亮度可以由 P_1、P_3 点的亮度线性插值计算出，于是 P 点的亮度可以由 A、B 点的亮度线性插值计算出，这种处理方法通常称之为多边形 Gouraud 明暗处理，如图 6-7(b)。

以上两种多边形处理方法都可以克服用多边形表示的曲面光亮度不连续的现象。Gouraud 明暗处理计算量小，但是因为颜色线性插值的缘故，镜面反射形成的高光区域和表达曲面的多边形密切相关，导致不容易产生正确的高光，因此 Gouraud 明暗处理比较适用于兰伯特反射光照模型。Phong 明暗处理可以对曲面进行更好的局部逼近，因而绘制的图像更逼真，特别是具有真实的高光效果。

6.2.2 光线跟踪与辐射度方法介绍

1. 光线跟踪

前面介绍的简单光照模型中，在考察物体表面的入射光时，主要考察了光源直接入射的光，而将光在物体间往复反射、折射引起的照明效果简化为环境光形式的入射光。由于没有很好地模拟光的折射、反射，没有特别考察物体间的相互照明影响，这使得简单光照模型在某些情况下绘制效果并不理想。

Whitted 特别考察了光在物体间往复反射、折射引起的照明效果。Whitted 认为物体表面向空间某方向 V 辐射的光亮度 I 由 3 个部分组成，如图 6-9 所示。

（1）光源直接入射的光引起的反射光亮度 I_c，即简单光照模型计算结果（参见 6.2.1 节）。

（2）沿 V 的镜面反射方向 r 来的源自其他物体反射的光 I_s 投射在光滑表面引起的镜面反射光。

（3）沿 V 的规则透射方向 t 来的源自其他物体反射的光 I_t 投射在透明体表面引起的规则透射光。即：

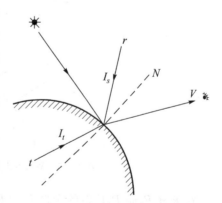

图 6-9　Whitted 光照模型示意图

$$I = I_c + K_s \cdot I_s + K_t \cdot I_t \tag{6-8}$$

其中，K_s、K_t 分别为物体表面的镜面反射系数和透射系数。由于(2)、(3)项与周围环境物体的相互位置、材质有关，因此这种光照模型称为整体光照模型。

Whitted 将光线投射技术发展为光线跟踪技术用于求解整体光照模型(6-8)。

光线投射技术的基本原理很简单，为计算屏幕像素 e 的颜色，从视点 V 向投影面上与

像素 e 对应的点投射一光线,该光线将依次与场景中的物体交于 $P_1, P_2, \cdots, P_n$,其中离视点最近的点 P_1 就是像素 e 所对应的场景中的可见点,P_1 点向 P_1V 方向辐射的光亮度就是像素 e 的光亮度。采用简单光照模型(如 Phong 模型)即可计算出 P_1 点向 P_1V 方向辐射的光亮度,按照这种方法可以计算出屏幕上每个像素所对应的光亮度从而生成真实感图像,并且隐藏面已经被消除。

注意到在光线投射技术中,按照简单光照模型计算出来的 P_1 点向 P_1V 方向辐射的光亮度只包括光源直接入射的光引起的反射光亮度 I_c,如果按照 Whitted 整体光照模型(6-8),P_1 点向 P_1V 方向辐射的光亮度还应该包括(2),(3)项,即,沿 P_1V 的镜面反射方向 r 来的源自其他物体反射的光 I_s 投射在光滑表面引起的镜面反射光 $K_s \cdot I_s$,沿 P_1V 的规则透射方向 t 来的源自其他物体反射的光 I_t 投射在透明体表面引起的规则透射光 $K_t \cdot I_t$,这里关键在于求出沿镜面反射方向和沿透射方向入射的其他物体的反射光强度 I_s、I_t。为此,从 P_1 点处沿 VP_1 的镜面反射方向 r 发出一根光线与景物首先交于 P_2,从 P_1 点处沿 VP_1 的规则透射方向 t 发出一根光线与景物首先交于 P_3(见图 6-10),则 P_2 向 P_1 反射的光强就是 I_s,P_3 向 P_1 反射的光强就是 I_t。如果能计算出 P_2 向 P_1 反射的光强 I_s、P_3 向 P_1 反射的光强 I_t,则 P_1 点向 P_1V 方向辐射的光亮度就迎刃而解。

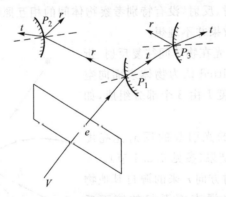

图 6-10　Whitted 光照模型求解示意图(光线追踪)

在求解 P_2 向 P_1 反射的光强 I_s 和 P_3 向 P_1 反射的光强 I_t 时,按照 Whitted 整体光照模型(6-8),它们也分别包括 3 项分量,求解的关键在于求出沿相应镜面反射方向、规则透射方向入射到 P_2、P_3 处其他物体的反射光亮度,因此和求解 P_1 点向 P_1V 方向反射的光亮度类似,在 P_2、P_3 点分别沿相应镜面反射方向、规则透射方向发出一条光线与景物求交,欲求出交点处对 P_2、P_3 的反射光亮度,如此追踪下去,形成一个以交点为结点的二叉树,每个结点处的反射光亮度不仅取决于光源对它的直接入射,还取决于两个子结点处的反射光亮度。根结点处的反射光亮度即为 P_1 点向 P_1V 方向辐射的光亮度。上述追踪过程实际上是自然界光照明物理过程的近似逆过程,光线跟踪故此得名。

光线跟踪的过程不可能、也不应该无限进行下去,这是因为,其一,发出的光线有可能与所有的景物无交点;其二,考虑被跟踪光线经多次反射和透射后会衰减(由于 K_s、K_t 的作用),跟踪到一定程度后,当前被跟踪光线的亮度对显示像素的亮度贡献已经非常小,可以忽略不计,继续跟踪下去毫无意义,只会耗费计算资源。因此,在实际进行光线追踪时可以规定以下 3 种中止条件:①如果发出的光线与所有的景物无交点,则来自这条光线方向上的亮度视为 0,不再细究。②如果发出的光线所处的追踪深度已经超出预先指定的追踪深度,则来自这条光线方向上的亮度视为 0,不再深究下去。③考察来自发出的光线方向上的亮度对显示像素亮度的贡献系数(通常取当前光线的起点及其所有父结点处景物表面的镜面反射系数、透射系数的累积),如果贡献系数小于预先指定的贡献系数阈值,则来自这条光线方向上的亮度视为 0,不再深究。其中②和③是对上面情形二的处理,②的方式相对简单些。

光线跟踪过程实际上是一个递归的过程,上述光线跟踪中止的条件就是递归中止的条件,下面给出了光线跟踪的递归函数实现 Ray-Tracing()。作为 Ray-Tracing() 函数的使用示例,还给出了 DrawImage() 函数,该函数为每个像素调用光线跟踪函数 Ray-Tracing()以计算像素的颜色,从而生成真实感图形。

```
DrawImage()
{
    for(帧缓冲区中的每一个像素 e)
    {
        计算像素 e 所对应的投影平面上的点 e′,从视点 V 向 e′发出一条光线,方向记为 direction。
        Ray-Tracing(e′,direction, 1.0,1,&I);
        将像素 e 的颜色设置为(Ir,Ig,Ib);
    }
}


Ray-Tracing(startPoint,direction, weight,depth,I)
/* startPoint 为光线的起点 */
/* direction 为光线的方向 */
/* weight 为当前被追踪光线对最终总光强度的贡献系数 */
/* depth 为当前被追踪光线处在光线追踪树中的深度 */
/* I 是指针变量,它所指向的内存单元将存放计算出来的当前被追踪光线的强度,返回给调用者 */
{
    /* TREE_MAX_DEPTH 为预先指定的最大光线追踪树的深度 */
    /* CONTRIBUTE_COEFFICIENT_THRESHOLD 为预先指定的光线强度贡献系数阈值 */
    if((depth>TREE_MAX_DEPTH)||(weight< CONTRIBUTE_COEFFICIENT_THRESHOLD))
```

```
        {
            * I = 0;
            return;
        }
```

将起点为 startPoint、方向为 direction 的光线与场景中的所有物体表面求交;如有交点,
记距离 startPoint 最近的交点 P_1,记光线在相交物体上 P_1 处的反射方向和透射方向分别
为 direction_r、direction_t。相交物体表面的镜面反射系数和透射系数分别为 K_s、K_t。

```
    if(无交点)
    {
        * I = 0;
        return;
    }
    else
    {
```

根据简单光照模型计算 P_1 处因光源直接照射引起的(-1 * direction)方向的反射光强度 I_c;
Ray-Tracing(P_1, direction_r, weight $*$ K_s,depth $+$ 1,&I_s);
Ray-Tracing(P_1, direction_t, weight $*$ K_t,depth $+$ 1,&I_t);
* $I = I_c + K_s \cdot I_s + K_t \cdot I_t$
return;

```
    }
}
```

光线跟踪算法生成的图形逼真程度高,适合绘制表面光洁度高或具有透明表面和镜面的场景。光线跟踪算法的两个主要缺点是,耗时多和容易引起图形走样。耗时多是因为它在计算每个像素的光亮度时,需要进行多次的不同光线与所有景物求交,计算光线在物体表面的反射方向和透射方向、计算交点处的光源直接入射下的反射光亮度 I_c,这些计算都是比较费时的。图形走样源于计算像素亮度时,算法只从像素中心发出光线进行跟踪,计算出来的亮度只能是物体表面特定点的亮度。事实上,一个像素区域对应投影面上一个区域,进一步讲就是对应物体表面某个区域。用物体表面某区域中的一个特定点的亮度来表示该区域的亮度,即点采样,当然有可能造成图形走样。有关克服图形走样的技术在 6.5 节中介绍。

2. 辐射度方法

辐射度方法是继光线跟踪算法后,真实感图形绘制技术的一个重要进展。尽管光线跟踪算法成功地模拟了景物表面间的镜面反射、规则透射及阴影等整体光照效果,但由于光线跟踪算法的采样特性,和简单光照模型的不完善性,该方法难于模拟景物表面之间的多重漫反射效果,因而不能反映色彩渗透现象。

1984 年,美国 Cornell 大学和日本广岛大学的学者分别将热辐射工程中的辐射度方

法引入到计算机图形学中,用辐射度方法成功地模拟了理想漫反射表面间的多重漫反射效果。经过二十多年的发展,辐射度方法模拟的场景越来越复杂,图形效果越来越真实。辐射度方法基于物理学的能量平衡原理,它采用数值求解技术来近似每一个景物表面的辐射度分布。由于场景中景物表面的辐射度分布与视点选取无关,辐射度方法是一个视点独立(view independent)的算法,使之可广泛应用于虚拟环境的漫游(walkthrough)系统中。在这里,限于篇幅和教学的深度,就不再详细介绍该方法了,有兴趣的读者可以查阅相关的文献。

6.3　物体表面细节的模拟

利用前面介绍的消隐技术、光照技术绘制出的场景图像,由于视线方向上被其他物体遮挡的物体不予绘制,并且较好地模拟了自然界中的光照现象,因而具有较强的立体效果和光照效果。在不考虑额外的技术手段下,这时生成的图像能否较好地反映实际物体表面细节,主要取决于在计算机中物体表面的几何描述和材质属性描述。物体表面的细节可以分为两类。一类是由物体表面颜色色彩、明暗变化体现出来的细节,如光滑瓷砖表面上装饰图案,它主要取决于物体表面的材质属性。另一类是由物体表面不规则的细小凹凸造成的细节,如桔子表面的皱纹,它主要取决于物体本身的几何形状。要在计算机中对引起上述细节的材质属性、几何形状进行描述不是一件容易的事。如果只是追求看起来像就可以了,在计算机图形学中,物体表面细节可以通过纹理映射的方式生成。根据将要生成的物体表面细节的分类不同,纹理映射可以分为颜色纹理映射和几何纹理映射。颜色纹理映射用来在光滑表面上产生花纹图案的效果,几何纹理映射用来使物体表面产生凹凸不平的效果。一般地讲,利用纹理映射可以在不增加场景描述复杂度,不显著增加计算量的前提下,大幅度地提高图形的真实感。

6.3.1　颜色纹理映射技术

颜色纹理映射要达到的目的是使绘制出来的物体表面具有花纹图案效果。

它的基本思想是,首先给出期望在物体表面出现的花纹图案样式,这可以通过纹理函数予以刻画。纹理函数的定义域称为纹理定义域,这个定义域一般可以取为一维、二维、三维,则相应的纹理函数称为一维纹理函数、二维纹理函数、三维纹理函数。纹理函数值一般可以理解为亮度值,可以转换为 RGB 表示的颜色值。形象地讲,纹理函数定义了空间中沿直线分布的线纹理,沿平面分布的面纹理,或者是沿空间分布的体纹理。其次,为了物体表面出现上述花纹图案样式,需要在物体表面和花纹图案样式之间建立一种对应关系,这种对应关系可以通过纹理函数的定义域与物体表面的定义域之间定义一种映射关系(即映射函数)建立。这种对应关系一旦建立,物体表面任何一点的花纹图案属性都可以通过纹理定义域中相应点的纹理函数值获得。最后,在绘制物体表面可见点时,通过前面定义的对应关系可以获得该可见点处代表花纹图案属性的相应纹理函数值,适当地使用该纹理函数值就可以使最终绘制出来的物体表面具有花纹图案的效果,比如,不考虑光照计算的情况下,可以简单地将表示亮度的纹理函数值作为物体可见点的亮度,即颜色。在考虑光照计算的情况下,可以将表示亮度的纹理函数值(转化为颜色值后有 3 个分量)作为光照模型中该点处物体的漫反射系数,然后再通过光照模型计算出该可见点的亮度。

接下来,以二维纹理映射为例,对颜色纹理映射的上述 3 个主要步骤:纹理函数定义、映射函数定义、纹理映射的实施进行进一步的讨论。

1. 纹理函数定义

假设二维纹理函数定义在 (u,v) 平面上。二维纹理函数的定义域可以是整个 uv 平面。但由于物体表面的范围总是有限的,因而使用到的纹理范围也是有限的。基于此,并且考虑到规范性,一般地二维纹理函数的定义域是单位正方形($0 \leqslant u \leqslant 1, 0 \leqslant v \leqslant 1$)。如果考虑到后面进行映射时,物体表面上某点可能会对应到二维纹理函数定义平面上单位正方形($0 \leqslant u \leqslant 1, 0 \leqslant v \leqslant 1$)外的某点,则可以对纹理定义函数进行如下技术处理,一种方法是将纹理定义函数在 uv 平面进行周期延拓,使得单位正方形($0 \leqslant u \leqslant 1, 0 \leqslant v \leqslant 1$)内的花纹图案在 uv 平面上重复出现,另一种方法就是截止,uv 平面上单位正方形($0 \leqslant u \leqslant 1$, $0 \leqslant v \leqslant 1$)外的点的纹理函数值简单地取为单位正方形相应边界上的纹理函数值。理论上讲任何定义在单位正方形($0 \leqslant u \leqslant 1, 0 \leqslant v \leqslant 1$)上的函数都可以作为纹理函数。比如:

$$g(u,v) = \begin{cases} 0, & \lfloor u \times 8 \rfloor + \lfloor v \times 8 \rfloor \text{ 为偶数} \\ 1, & \lfloor u \times 8 \rfloor + \lfloor v \times 8 \rfloor \text{ 为奇数} \end{cases} \quad (0 \leqslant u \leqslant 1, 0 \leqslant v \leqslant 1)$$

$\lfloor x \rfloor$ 表示不大于 x 的最大整数,可以表示黑白相间的几何图案,如图 6-11 所示。

除了以函数表达式的形式给出纹理函数,更多的是以数字图像的形式给出纹理函数,这实际上是纹理函数的离散形式。比如一幅 $m \times n$ 的数字图像,可以理解为纹理函数在单位正方形($0 \leqslant u \leqslant 1, 0 \leqslant v \leqslant 1$)内的 $m \times n$ 个点的均匀采样而来,单位正方形($0 \leqslant u \leqslant 1, 0 \leqslant v \leqslant 1$)内非采样点的纹理函数值可以通过周围 4 个采样点的纹理函数值双线性插值获得。一般地讲以函数形式给出的纹理函数长处在于对花纹图案的几何特性进行刻画,又其函数值的单分量特性,因此常常用于灰度显示下的纹理映射。以数字图像形式给出的纹理函数长处在于数字图像易

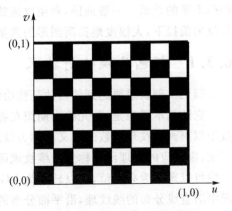

图 6-11　黑白相间的几何图案图

获取,且数字图像可以表达具有丰富色彩信息的花纹图案,又其函数值可以蕴含 3 个颜色分量,因此常常用于彩色显示下的纹理映射。

2. 映射函数定义

假设二维纹理函数定义在 (u,v) 平面上,物体表面定义在正交坐标系 (x,y,z) 中,见图 6-12,经参数化后,物体表面可以用参数方程 $\begin{cases} x=x(\theta,\phi) \\ y=y(\theta,\phi) \\ z=z(\theta,\phi) \end{cases}$ 表示。

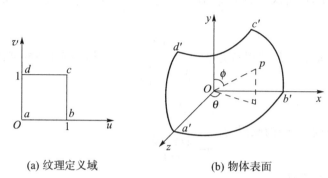

(a) 纹理定义域   (b) 物体表面

图 6-12　映射函数的建立

映射函数要解决的问题是,在物体表面和花纹图案样式之间建立一种对应关系,也就是在物体表面的参数空间 (θ,ϕ) 和纹理空间 (u,v) 间建立一种映射关系 $\begin{cases} u=r(\theta,\phi) \\ v=s(\theta,\phi) \end{cases}$,通常要求这个映射的逆映射 $\begin{cases} \theta=f(u,v) \\ \phi=g(u,v) \end{cases}$ 也是存在的。

一种方便建立映射的方法是将上述映射关系假设为线性关系,如:

$$\begin{cases} \theta = Au + B \\ \phi = Cv + D \end{cases}$$

然后利用预先指定的参数空间 (θ,ϕ) 和纹理空间 (u,v) 的若干个对应点对信息就可以将常量 A、B、C、D 求出。作为一个例子,假设图 6-12(b) 中物体的表面用参数方程表示为:

$$\begin{cases} x = \sin\theta\sin\phi & 0 \leqslant \theta \leqslant \dfrac{\pi}{2} \\ y = \cos\phi \\ z = \cos\theta\sin\phi & \dfrac{\pi}{4} \leqslant \phi \leqslant \dfrac{\pi}{2} \end{cases}$$

这实际上是球面在第 Ⅰ 象限内曲面片的一部分。现在假定物体表面的参数空间

(θ,ϕ) 和纹理空间 (u,v) 间的映射关系为：

$\begin{cases} \theta=Au+B \\ \phi=Cv+D \end{cases}$，并且假定纹理定义域 $(0\leqslant u\leqslant1,0\leqslant v\leqslant1)$ 的 4 个角点映射到物体表面曲

面片的相应角点，见图 6-12，这相当已知了 4 组 (θ,ϕ) 和 (u,v) 的对应关系，比如其中一组

是 $u=0,v=0$ 对应 $\theta=0,\phi=\dfrac{\pi}{2}$，将这几组对应关系代入假定的映射关系式

$\begin{cases} \theta=Au+B \\ \phi=Cv+D \end{cases}$ 中，即可求出 $A=\dfrac{\pi}{2},B=0,C=-\dfrac{\pi}{4},D=\dfrac{\pi}{2}$，至此，纹理空间 (u,v) 到物

体表面的参数空间 (θ,ϕ) 的映射确定为 $\begin{cases} \theta=\dfrac{\pi}{2}u \\ \phi=-\dfrac{\pi}{4}v+\dfrac{\pi}{2} \end{cases}$，作为逆映射，物体表面的参数空

间 (θ,ϕ) 到纹理空间 (u,v) 的映射为 $\begin{cases} u=\dfrac{\theta}{\pi/2} \\ v=\dfrac{\pi/2-\phi}{\pi/4} \end{cases}$。

3. 纹理映射的实施

以纹理映射的方式实现物体表面细节的绘制，必然要涉及到 3 个空间：纹理空间、物空间、图像空间，以及两种映射：纹理空间与物空间之间的映射、物空间与图像空间之间的映射。但是以何种方式来组织这两种映射也反映了纹理映射实施技术手段不同，由此产生的效果也有可能不同。

Catmull 最早考虑光滑曲面片上的纹理映射问题，他采用递归分割参数曲面片的方式对参数曲面进行子分，直到每个子曲面片在屏幕上的投影区域只覆盖一个像素中心，这时子曲面片中心处的参数值或像素中心处的参数值(可在屏幕上采用双线性插值计算出)将被映射到纹理空间，纹理空间中相应点处的纹理函数值将被用作决定像素的亮度。考虑子曲面片实际上对应纹理空间中的一个小区域，上述以子曲面片中心点处的纹理值来描述整个子曲面片的纹理值，即点采样，极有可能导致严重的走样，因此 Catmull 在进行曲面子分的同时也对纹理空间进行相应的子分，每个子曲面片在纹理空间中总存在相应的纹理子区域，当某个子曲面片在屏幕上的投影区域只覆盖一个像素中心时，该子曲面片上的纹理属性值将取为纹理空间中对应纹理子区域的平均纹理值。纵观 Catmull 纹理映射方法，其实就是先将纹理从纹理空间映射到物空间(曲面表面)，然后再将物体从物空间映射到图像空间，在这种方法中无需使用从图像空间到物空间的变换，因此 Catmull 纹理映射方法被认为是一种正向纹理映射技术。在实现 Catmull 纹理映射方法时还应注意到细分生成的子曲面片在屏幕上的投影通常并不能精确地覆盖整个像素区域，一般地一个像素区域将被多个子曲面片不重叠的投影覆盖，因此像素的亮度应该由这几个子曲面片

对该像素的亮度贡献共同决定。

与正向纹理映射技术不同的,逆向纹理映射技术考虑将屏幕上的像素映射到物空间中物体表面上某点,再从物空间映射到纹理空间,从而获得像素所对应的物体表面上点的纹理属性,然后将纹理属性值作为光照模型中的漫反射系数计算出物体表面上该点的亮度作为像素的亮度。将屏幕上的像素映射到物空间中物体表面上某点可以这样进行,在视坐标系下,从视点(即视坐标系原点)向投影平面上对应于屏幕特定像素的点引射线,然后将此射线与变换到视坐标系下的物体表面求交,得视坐标系下的交点 P,如果像素具有消除隐藏面 Z 缓冲器算法中的深度信息(即视坐标系下的 Z 值)则 P 点的计算更简单,只要沿射线进行线性运算。最后将 P 点从视坐标系变换到物空间即求出了屏幕上的像素所对应的物空间中物体表面上的点。同样,注意到屏幕上的像素实际上对应物体表面的一个小区域,而不是一个点,物体表面上的这个小区域将对应于纹理空间中的一个纹理子区域,因而以纹理子区域的平均纹理属性值作为物体表面小区域的纹理属性值要比之前以点采样的方式获得的纹理属性值更合理。多边形表达的物体采用 Z 缓存器消隐算法、简单光照模型、逆向纹理映射技术可以比较方便地实现具有立体效果、光感、表面细节的真实感图形绘制,其过程可以描述为:首先将多边形投影到屏幕上,对多边形占据的像素按行扫描,对扫描到的每个像素按 Z 缓冲器消隐算法决定是否需要绘制,如果需要绘制则利用消隐时计算出来的像素深度值计算当前像素对应多边形上点 M 的坐标值,并将 M 的坐标值由视坐标系转换成物空间下表达,此后利用纹理映射函数求出多边形上点 M 的纹理属性值,然后将纹理属性值作为简单光照模型中的漫反射系数,利用简单光照模型计算出物体表面上该 M 点的亮度作为像素的亮度。

以上的讨论是以二维纹理映射为例,也就是纹理函数定义在二维平面上,当纹理函数定义在三维空间中,即通常所说的三维纹理或体纹理,上面的讨论稍加推广也是适用的。从某个角度看,三维纹理可以理解为直接定义在景物空间中,物体表面上的纹理就是它和三维体纹理的交。因为体纹理本身的连续性,因此由三维纹理映射产生物体表面纹理可以较好地解决表达复杂曲面的相邻曲面片之间的纹理衔接问题。三维纹理映射研究的重点是如何构造三维纹理即纹理函数。

6.3.2　几何纹理映射技术

前面介绍的颜色纹理映射技术主要用来在光滑表面上绘制指定的花纹图案。如果试图采用颜色纹理映射的技术,即对现实生活中的某个表面粗糙、存在细小凹凸的物体拍摄一幅数字图像,然后将它映射到指定的光滑物体表面上,期望由此绘制出来的图像可以产生被映射表面的粗糙、凹凸不平效果,最后会发现结果并不能令人满意,物体表面只是被绘制上了粗糙的花纹图案,但看起来感觉仍然是光滑的。

事实上,粗糙表面不同于光滑表面之处在于粗糙表面的法矢量具有一个比较小的随机分量,这使得其上的光线反射方向也具有一定的随机分量。Blinn 注意到这个问题,于是想了一种办法用来扰动表面法矢,表面法矢量的扰动导致表面光亮度的突变,从而产生表面凹凸不平的真实感效果。

Blinn 对表面法矢进行扰动的方法是,在表面任一点处沿其法向附加一微小增量,从而生成一张新的表面,计算新生成的表面上点的法矢量以取代原表面上相应点的法矢量。

设表面的参数方程为 $P = P(u,v)$,表面上任何一点的单位法矢量为 $N(u,v)$,$N(u,v) = \dfrac{P_u \times P_v}{|P_u \times P_v|}$。纹理函数 $F(u,v)$ 给出表面上每一点沿其法向的位移量,则新生成的表面为:

$$P'(u,v) = P(u,v) + F(u,v) \cdot N(u,v)$$

新表面的法向量可以由 $P'(u,v)$ 的两个偏导数叉乘得到:

$$N'(u,v) = P'_u \times P'_v$$

其中,

$$P'_u = \frac{\partial P'(u,v)}{\partial u} = P_u + F_u \cdot N + F \cdot N_u$$

$$P'_v = \frac{\partial P'(u,v)}{\partial v} = P_v + F_v \cdot N + F \cdot N_v$$

由于纹理函数 $F(u,v)$ 给出的位移量非常小,所以上述两式的最后一项可略去。这样新表面的法向量可近似地表示为:

$$N'(u,v) = P'_u \times P'_v = (P_u + F_u \cdot N) \times (P_v + F_v \cdot N)$$

$$= P_u \times P_v + F_v(P_u \times N) + F_u(N \times P_v) + F_u F_v(N \times N) \qquad (6\text{-}9)$$

$$- |P_u \times P_v| \cdot N + F_v(P_u \times N) + F_u(N \times P_v)$$

上面最后一式中,$|P_u \times P_v| \cdot N$ 是表面 $P(u,v)$ 法向量,第二项 $F_v(P_u \times N)$、第二项 $F_u(N \times P_v)$ 所表示的向量均位于表面 $P(u,v)$ 在 (u,v) 处的切平面上,将这两项先行加起来得到的向量仍然位于表面 $P(u,v)$ 在 (u,v) 处的切平面上,因此上面这个式子的几何意义是非常明显的,即新表面 $P'(u,v)$ 上 (u,v) 处的法向量是由于表面 $P(u,v)$ 在 (u,v) 处的法向量受到在该点处切平面上一个向量作用(扰动)而来的。

Blinn 将计算出来的新表面 $P'(u,v)$ 上 (u,v) 处的法矢量作为表面 $P(u,v)$ 上 (u,v) 处的法矢量,单位化后用于表面 $P(u,v)$ 的光照计算,因为这时表面 $P(u,v)$ 的法向量已经被扰动过,因此绘制出来的表面 $P(u,v)$ 一般会呈现凹凸不平的真实感效果。

可以看出,几何纹理映射和颜色纹理映射除了对纹理属性值的使用方式不同外,其他的概念如纹理函数的定义、映射函数的定义、纹理映射的实施技术都是相通的。比如,在这里,纹理函数也可理解为定义在 $[0,1] \times [0,1]$ 上。可以是以函数表达式的形式给出。也可以是以 $m \times n$ 数字图像的形式给出,这时可以认为给出了纹理函数在 $[0,1] \times [0,1]$ 内的 $m \times n$ 个点的均匀采样,$[0,1] \times [0,1]$ 内非采样点的纹理函数值可以以双线性插值的方法得到。

当纹理函数以数字图像的形式给出，这时可以认为图像中较暗的颜色表示较小的位移量，而较亮的颜色表示较大的位移量。式(6-9)指出在应用纹理属性值 $F(u,v)$ 计算物体表面上点的扰动后法矢量 $N'(u,v)$ 时需要用到 $F(u,v)$ 的两个偏导数 F_u，F_v，这时可采用有限差分法来确定。

6.3.3　环境映射技术

环境映射技术首先由 Blinn 和 Newell 在 1976 年提出。这种技术的提出是为了模拟光线追踪的效果，确切地讲是模拟景物镜面反射效果，现在看来，虽然环境映射技术与光线追踪技术相比能力很有限，但是相比而言需要非常少的计算花费，使得环境映射技术还是一种很有用的技术，在计算机图形学中广为应用。

环境映射技术从本质上讲是一种颜色映射技术。它适用于这样的场景绘制，其他的物体和光源离当前被绘制的物体比较远。它使用的纹理图像是当前被绘制物体周边的景物图像，这可以通过对真实场景拍照或由真实感图形绘制系统绘制而成。为实现物体和纹理图像之间的对应关系，环境映射采取两个阶段的纹理映射，首先将纹理图像映射到一个简单的三维面上，如平面、球面、圆柱面、立方体表面，这个三维面称为中介面，然后再将结果映射到最终的三维物体表面。在具体实现上可以采取逆向纹理映射技术，从视点向像素所对应投影面上的点发出一根光线，该光线与被绘制物体表面交于一点并反射出去，反射出去的光线将与一个假想的中介面相交，比如说该中介面是一个很大的球面，并且球面的放置使得被绘制物体在球心处，由于之前已经将纹理图像映射到这个球面的内表面，由此可以获得像素所对应物体表面上点的纹理属性值。

一般地，环境映射技术难以获得物体表面各入射点处精确的环境映照，环境映射对远距离物体镜面反射的模拟比较有效。

6.4　阴影的生成

阴影是现实生活中一个很常见的光照现象，在真实感图形学中，通过阴影可以反映出物体之间的相互位置关系，增加图形图像的立体效果，极大地增强真实感。

阴影可以分为本影和半影。本影是指物体表面上那些没有被任何光源直接照射到的部分，半影是指物体表面上那些被某些特定光源或特定光源的一部分直接照射到，但不是被所有光源直接照射到的部分。如图 6-13 所示，显然单个点光源照明只能形成本影，线、面光源或多个点光源照明才能形成半影。

物体表面上阴影区域的形成实际上是因为其他物体对光源的遮挡，使得物体表面上某些区域不能被光源直接照射或者这些区域只能被光源的少量光线照射到，从而物体表

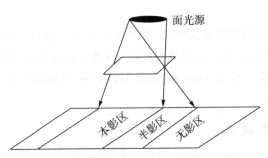

本影区　半影区　无影区

图 6-13　面光源照明形成本影和半影

面上这些区域显得比较暗,因此可以说物体表面上的阴影区域只不过是物体表面上亮度比较暗的区域而已。

　　由于在视线方向可能存在物体相互遮挡,因此物体表面上的阴影区域可能可见,也可能不可见,还可能是部分可见。在进行场景绘制时,往往是先利用消隐技术确定物体表面的可见部分或者是像素所对应的物体表面上的可见点,然后应用光照模型计算物体表面上可见点的亮度,这时如果根据光源是否可以直接照射到物体表面上当前可见点来取舍光源的照明效果,则绘制出来的图像具有阴影的效果。判断光源是否可以直接照射到物体表面上当前可见点只需要从该点出发向光源发一射线,如果射线抵达光源前与场景中其他物体表面相交,则光源不能直接照射到当前点。按照这种思路,光线投射算法和光线追踪算法都可以用于阴影的生成。对光线投射算法而言,如果光源不能直接照射到像素所对应的物体表面上的可见点,则物体表面上当前可见点的亮度只包含环境光反射项。对光线追踪算法而言,如果光源不能直接照射到当前追踪到的物体表面上的点,则该点反射的光亮度只包括简单光照模型中的环境光反射项、来自其他物体经当前表面镜面反射的光亮度以及来自其他物体经当前表面规则透射的光亮度。

　　由于计算的复杂性,一般应用中只考虑单个光源下本影生成。下面介绍的两种阴影生成算法都是在相应消隐算法基础上,以不同的策略来判断光源是否可以直接照射像素所对应的物体上的可见点,以便合适地计算该可见点亮度使最终绘制出来的图像具有阴影的效果。

6.4.1　影域多边形方法

　　以下的讨论假设物体以多边形的形式表达。在物空间中,按照阴影的定义,若光源照射到的物体表面是不透明的,那么在该表面后面就会形成一个三维的阴影区域,任何包含于阴影区域内的物体表面必然是阴影区域。用视景体(四棱台或长方体)对上述三维阴影区域进行裁剪,那么裁剪后得到的三维阴影域就会变成封闭多面体,称之为影域多面体。组成影域多面体的多边形称为影域多边形。通过这种方法得到物体的影域多面体后,可以利用它们来确定场景中的阴影区域,对于场景中的物体,只要与这些影域多面体进行三维布尔交运算,计算出的交集就可以被定为物体表面的阴影区域。

该算法中涉及大量的复杂三维布尔运算,物体必须与场景中的每一个相对光源可见的面的影域多面体进行求交运算,算法的计算复杂度是相当可观的。如何有效地判定一个物体表面是否包含在影域多面体之内是算法实施的关键。Crow 于1977年提出了基于扫描线隐藏面消除的算法来生成阴影。他的做法是将影域多边形作为假想的面和景物多边形一起参加扫描和排序,对于每一条扫描线,可以计算出扫描水平面和影域多面体及景物多边形的交线,其中与影域多面体的交线是封闭多边形,与景物多边形的交线是一条线段,利用该线段和封闭多边形在视线方向上的相互遮挡关系,可以很方便地确定在该扫描线上景物表面是否是阴影区域。由于这个阴影生成算法只要在传统的扫描线隐藏面消除算法基础上对扫描线内循环部分稍加改进即可实现,因而它获得了广泛的应用。

6.4.2　Z缓冲方法

众所周知,Z缓冲器消除隐藏面算法中有两个缓冲器,一是帧缓冲器,另一是Z缓冲器。消隐完成时,Z缓冲器中存放的是离视点最近的景物点的深度值。如果这时的视点恰好在光源处,则Z缓冲器中存放的就是离光源最近的景物点的深度值。这时对场景中任何一个景物点,要判断光源是否可以直接照射到它,等价于视点能否看到它。这只需进行深度测试,即将景物点在上述观察坐标系下的Z值和Z缓冲器中相应的深度值进行比较,如果前者小则说明光源不能直接照射到景物点。

上面说明的是一种特殊位置(即视点在光源位置处)下的Z缓冲器中的深度信息用来判断光源是否可以直接照射到景物点。而一般情况下进行场景的绘制,视点并不在光源处,为了采用上述方法判断光源是否可以直接照射到景物点,进而绘制出具有阴影效果的图形,可以采取以下两个步骤予以实现:第一步,以光源为视点,场景中心为观察参考点建立光源坐标系,利用Z缓冲器消隐算法对景物进行消隐,在消隐过程中无须考虑帧缓冲区的赋值,消隐完成后,Z缓冲器(称为阴影缓冲器)中存储的是离光源最近的景物点的深度值。第二步,按照真正需要的视点、视线方向用Z缓冲器消隐算法计算画面。在计算每一个像素所对应景物点的亮度时,为生成阴影效果,需要判断光源是否可以直接照射到该景物点。这时将景物点变换到光源坐标系,并求出与景物点相对应的阴影缓冲器单元,比较景物点在光源坐标系下的Z值和相应阴影缓冲器单元中的深度值,如果前者小,则说明光源不能直接照射到景物点,该景物点处于阴影中,此后在景物点的光亮度计算中舍去光源的照明效果。

如果场景中存在多个光源,上述Z缓冲器方法用于阴影的生成仍是可行的,只需要为每个光源建立一个阴影缓冲器,然后在计算景物点亮度时逐一判断各个光源是否可以直接照射到该景物点,从而取舍各个光源的照明效果。

6.5 图形反走样技术

在光栅显示器上显示直线段或曲线段时,显示出来的直线段、曲线段总是或多或少地呈现锯齿状。究其原因在于直线段、曲线段本身是连续的,而光栅设备是离散的,即它只有有限个像素,为了用这有限个像素表示连续的直线段、曲线段就必须对直线段、曲线段进行采样,最终在光栅显示器上表示直线段或曲线段的只是一个个离散的有一定面积的像素。这种用离散量表示连续量引起的失真现象称之为走样(aliasing)。用于减少或消除这种失真现象的技术称为反走样(antialiasing)。光栅图形的走样现象除了锯齿状的边界外,还有图形细节失真(图形中的那些比像素更窄的细节变宽),狭小图形遗失等现象。

一般地,只要在生成图形时采用点采样技术,都会导致图形走样现象发生。因此从根本上说,反走样的方法有两种,一种是提高采样率,也即提高屏幕分辨率。由于屏幕分辨率的提高受光栅显示器硬件条件的诸多限制,因此通常的办法是以高于显示分辨率的精度对画面进行计算,然后以某种方式取平均获得低分辨率的显示图像。另一种方法是把像素看成一个区域,而不是一个点,进行区域采样。

下面对真实感图形生成过程中可能遇到的图形走样问题进行简单的讨论。

Z缓冲器消隐算法的基本思想是在像素级上以近物取代远物。它首先对多边形进行扫描转换,然后对多边形所覆盖的每个像素进行深度测试,这时像素的深度一般取的是像素中心所对应多边形上点在观察坐标系下的 Z 值,即点采样。然而像素实际上是一块屏幕区域,它对应投影平面上一块区域,进而对应场景中的一个区域,如果场景在这个区域中包含多边形 A 的边界以及比多边形 A 相距视点稍远的另一个多边形 B 的内部区域,此时像素的内容为图 6-14,在对多边形 A 扫描转换时,Z缓冲器中该像素的深度记为像素中心对应多边形 A 上点在观察坐标系下的 Z 值,在对多边形 B 扫描转换时,该像素中心对应多边形 B 上点在观察坐标系下的 Z 值小于Z缓冲器中该像素的深度,因而该像素的颜色完全由像素中心对应多边形 A 上点的颜色决定。当多边形 A、B 落在该像素区域内的部分实际亮度不一致时,仅用像素中心对应多边形 A 上点处的亮度来代替整个像素的亮度就会产生图形走样现象。解决上述问题,一个理想的办法是求出像素内各可见物体所占据的面积,然后对这些物体的光亮度进行面积加权平均。比如图 6-14 中,B 占据约 3/5 的面积,而 A 占据 2/5 的面积,则像素的颜色应取为 $C = \frac{3}{5}C_B + \frac{2}{5}C_A$。为求出像素内各可见物体所占据的面积和进行最终的对这些物体的光亮度进行面积加权平均,必须在对每个多边形扫描转换时,在所覆盖的像素上不应该笼统地记录像素的深度值和颜色值,而是应该更细化地记录如当前多边形在像素内实际覆盖位置、多边形颜色、多边形标志、多边形在像素内的最大和最小深度值等信息,由于一个像素将会被多个多边形扫描转换时遇到,因此每个像素将对应一个由保存上述信息的节点构成的链表。Z缓冲器算法就是一个基于上述思路设计的用于减少消隐时图像失真的反走样算法。关于Z缓冲器算法详细的技术细节请参考更深入的图形学著作。

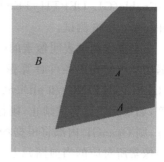

前面介绍的光线追踪算法是一种典型的点采样技术,它从视点向像素中心对应投影平面上的点发出采样光线,忽略了像素实际对应物体表面上一个区域,更糟糕的是有可能对应场景中多个物体表面的一部分,当物体表面上这个区域的亮度变化大,或多个物体表面的相应部分的亮度不一致,仅以用像素中心发出的光线采样获得的亮度来代替整个像素的亮度(或者说像素所对应场景区域的亮度)就

图 6-14　点采样的图形走样

会产生图形走样现象。为改善点采样时造成的图形走样现象,可以使用像素递归细分技术。先将像素细分为4个子像素,分别对4个子像素进行光线追踪,如果4个子像素上追踪得到的光亮度大致相等,则对4个子像素的光亮度取平均作为原像素的光亮度,否则,对每个子像素进一步细分为4个更小的子像素,对更小的子像素进行光线追踪,继续下去,直至在某一级别上的4个子像素光亮度大致相等,然后求4个子像素光亮度的平均值作为上一级别相应子像素的亮度,如此回溯下去,可以求得最初像素的光亮度。这实质上就是以高于显示分辨率的精度对画面进行计算,然后以某种方式取平均获得低分辨率的显示图像。在实际应用时可以从像素的4个角点发出光线计算出光亮度作为子像素的光亮度,这时在像素递归细分过程中由于许多的采样光线是相同的,因而可以节省很大的计算量。

纹理映射过程中出现的图形走样主要是指在获取像素所对应物体表面上区域的纹理属性值时采取点采样的方式造成的图形走样,即简单地以像素中心所对应的物体表面上的位置作为纹理检索条件,以检索到的该位置处的纹理属性值作为像素所对应物体表面上区域的纹理属性值。事实上按照纹理映射关系,像素所对应物体表面上的区域映射到纹理空间中也应该是一个区域,而不是一个点,因此以纹理空间中对应的纹理子区域中的平均纹理属性值作为像素所对应物体表面区域的纹理属性值有助于减轻图形走样。

6.6　用 OpenGL 生成真实感图形

利用 OpenGL 提供的函数可以方便地实现图形绘制过程中的隐藏面消除,以及物体表面亮度的光照计算,还可以实现纹理映射,从而生成具有真实感的图形。

OpenGL 中隐藏面的消除采用的是 Z 缓冲器算法。OpenGL 在实现基本图元(如点、线段、三角形、多边形)的绘制时,图元所覆盖的每个像素的颜色是否由当前图元决定,取决于当前图元在像素处的深度和 Z 缓冲器中相应位置处深度值的比较。OpenGL 提供 glEnable(GL_DEPTH_TEST)和 glDisable(GL_DEPTH_TEST)形式的函数调用来打开和禁止深度测试。

当深度测试表明像素的颜色应该由当前图元决定,为了获得真实感图形,此时就要根据场景中的光照条件计算像素所对应的当前图元上点的亮度。OpenGL 提供 glEnable(GL_LIGHTING)和 glDisable(GL_LIGHTING)形式的函数调用来打开和禁止光照计算,如果光照计算被禁止,则像素的颜色简单地取为指定的前景色。如果允许进行光照计算,则 OpenGL 内部将根据场景中的光源、物体、视点的位置,按照一定的光照模型,计算出像素所对应的当前图元上点的亮度。只有对 OpenGL 所采用的光照模型有所了解,才能在利用 OpenGL 相关函数设置光源、物体材质等属性时有的放矢,使 OpenGL 渲染出来的图像具有期望的效果。

OpenGL 进行光照计算时采用的光照模型属于简单光照模型,它只考虑光源直接照射下物体表面的反射,不考虑光在物体间的反射和光的透射。OpenGL 进行光照计算时不考虑物体对光的可能遮挡,因此阴影不会自动产生。

OpenGL 认为物体表面的反射光包含 3 个分量:物体本身发出的光,对环境光的反射,对特定光源的反射。

① 物体本身发出的光。OpenGL 认为物体本身是可以发光的,但是这种光只会对物体本身的亮度产生影响,它不能像光源那样影响其他物体的光亮度。物体本身发出的光记为 I_{emit}。

② 对环境光的反射。这里的环境光指的是全局环境光,它不依赖于任何特定光源。全局环境光概念的提出使得即使场景中没有任何光源,观察者也可以看到物体。假设全局环境光亮度 I_{global},物体表面的环境光反射系数为 K_a,则物体对全局环境光的反射为 $K_a \cdot I_{global}$。

③ 对特定光源的反射。OpenGL 认为特定光源的存在会或多或少的增强场景中环境光的亮度,使得物体即使不能被特定光源照射到,如物体背向光源,看起来也将比无特定光源时亮些。又由于特定光源的存在,物体表面将会产生漫反射和镜面反射。因此 OpenGL 根据光源对场景照明起到的几种贡献,将特定光源的光亮度分为 3 种分量,分别是环境光分量 I_a,漫反射光分量 I_d,镜面光分量 I_s,物体表面对特定光源的反射光亮度可以用下式表示:

$$I = K_a I_a + K_d I_d \cos(\theta) + K_s I_s \cos^n(\alpha) \qquad (6\text{-}10)$$

等号右边的 3 项依次是物体表面对特定光源的环境光反射项、漫反射项、镜面反射项。K_a、K_d、K_s 分别是物体表面的环境光反射系数、漫反射系数、镜面反射系数。θ, α 的含义见图 6-15。n 为物体表面对镜面反射光的会聚指数。

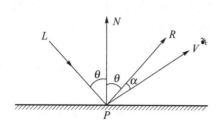

图 6-15 入射角 θ、视线和反射光线夹角 α 示意

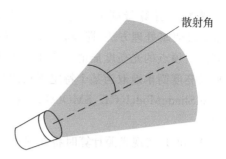

散射角

图 6-16 聚光灯

在 OpenGL 中,光源被定义为聚光灯,如图 6-16,定义一个聚光灯需要指定光源的位置(即锥顶),聚光灯的方向(即圆锥轴的方向),聚光灯的散射角(即圆锥中轴和边的夹角 $\in \left[0, \dfrac{\pi}{2}\right]$)。聚光灯将光的发射形状调整为圆锥形,此时空间光强度分布可以用聚光灯光强分布系数 $C_{spotlight}$ 乘以锥顶处聚光灯光强给出,其中

$$C_{spotlight} = \begin{cases} 0 & \text{如果空间点不在聚光灯的光锥内} \\ \cos^k\phi & \text{如果空间点在聚光灯的光锥内} \\ & \text{(其中 } k \text{ 是聚光指数}, \phi \text{ 为光锥顶点向空间点连线与光锥中轴夹角)} \\ 1 & \text{特别地,如果把点光源看成聚光灯} \end{cases}$$

另外,光沿直线传播时能量会衰减,OpenGL 实现中将光沿直线传播时的衰减因子定义为 $\dfrac{1}{K_c + K_l d + K_q d^2}$,其中 K_c、K_l、K_q 分别为常量、线性、二次的衰减系数,d 为光的传播距离。前面提到的环境光分量 I_a、漫反射光分量 I_d 和镜面光分量 I_s 是聚光灯(点光源作为聚光灯特例)在光源处的光亮度分解,考虑到聚光灯光强度空间分布和光沿直线传播的衰减性,物体表面对特定光源的反射光亮度可在式(6-10)的基础上修改为:

$$I = \frac{1}{K_c + K_l d + K_q d^2} \cdot C_{spotlight} \cdot (K_a I_a + K_d I_d \cos\theta + K_s I_s \cos^n\alpha) \qquad (6\text{-}11)$$

这里 d 为光源到物体表面的距离。

综合以上 3 个分量,在 OpenGL 中,物体表面的反射光亮度为:

$$I = I_{emit} + K_a \cdot I_{global} + \frac{1}{K_c + K_l d + K_q d^2} \cdot C_{spotlight} \cdot (K_a I_a + K_d I_d \cos\theta + K_s I_s \cos^n\alpha)$$

$$(6\text{-}12)$$

如果场景中存在多个聚光灯,则物体表面的反射光亮度为:

$$I = I_{emit} + K_a \cdot I_{global} + \sum_{\text{所有聚光灯}} \frac{1}{K_c + K_l d + K_q d^2} \cdot C_{spotlight} \cdot (K_a I_a + K_d I_d \cos\theta + K_s I_s \cos^n\alpha)$$

$$(6\text{-}13)$$

为减小计算量同时又保证物体表面光亮度连续,OpenGL 在绘制多边形时采用 Gouraud 明暗处理方法,即,利用式(6-13)计算出多边形顶点的光亮度,多边形内部点的光亮度由顶点的光亮度插值计算出。如果追求最小的计算量,OpenGL 还可以将整个多边形的亮度简单地取为某个特定顶点的光亮度。以上两种多边形亮度计算方式可以分别通过 glShadeModel(GL_SMOOTH) 和 glShadeModel(GL_ FLAT) 形式的函数调用来设置。

OpenGL 实现光照计算时将在 R、G、B 这 3 个颜色分量上分别进行,此时式(6-13)可以写成:

$$
\begin{bmatrix} r \\ g \\ b \end{bmatrix} = \begin{bmatrix} r_{emit} \\ g_{emit} \\ b_{emit} \end{bmatrix} + K_a \begin{bmatrix} r_{global} \\ g_{global} \\ b_{global} \end{bmatrix} + \sum_{\text{所有聚光灯}} \frac{1}{K_c + K_l d + K_q d^2} \cdot C_{spotlight}
$$

$$
\cdot \left(K_a \begin{bmatrix} r_a \\ g_a \\ b_a \end{bmatrix} + K_d \begin{bmatrix} r_d \\ g_d \\ b_d \end{bmatrix} \cos\theta + K_s \begin{bmatrix} r_s \\ g_s \\ b_s \end{bmatrix} \cos^n\alpha \right) \tag{6-14}
$$

OpenGL 实现中认为 K_a、K_d、K_s 作为物体表面的环境光反射系数、漫反射系数、镜面反射系数,可以分别用 3 个分量表示,如 $K_a = \begin{bmatrix} k_{a_r} \\ k_{a_g} \\ k_{a_b} \end{bmatrix}$,$K_d = \begin{bmatrix} k_{d_r} \\ k_{d_g} \\ k_{d_b} \end{bmatrix}$,$K_s = \begin{bmatrix} k_{s_r} \\ k_{s_g} \\ k_{s_b} \end{bmatrix}$,此时式(6-14)

进一步写成:

$$
\begin{bmatrix} r \\ g \\ b \end{bmatrix} = \begin{bmatrix} r_{emit} \\ g_{emit} \\ b_{emit} \end{bmatrix} + \begin{bmatrix} k_{a_r} \\ k_{a_g} \\ k_{a_b} \end{bmatrix} \otimes \begin{bmatrix} r_{global} \\ g_{global} \\ b_{global} \end{bmatrix} + \sum_{\text{所有聚光灯}} \frac{1}{K_c + K_l d + K_q d^2} \cdot C_{spotlight}
$$

$$
\cdot \left(\begin{bmatrix} k_{a_r} \\ k_{a_g} \\ k_{a_b} \end{bmatrix} \otimes \begin{bmatrix} r_a \\ g_a \\ b_a \end{bmatrix} + \begin{bmatrix} k_{d_r} \\ k_{d_g} \\ k_{d_b} \end{bmatrix} \otimes \begin{bmatrix} r_d \\ g_d \\ b_d \end{bmatrix} \cos\theta + \begin{bmatrix} k_{s_r} \\ k_{s_g} \\ k_{s_b} \end{bmatrix} \otimes \begin{bmatrix} r_s \\ g_s \\ b_s \end{bmatrix} \cos^n\alpha \right) \tag{6-15}
$$

这里 $\otimes$ 运算符定义为两个向量的对应分量相乘,即 $\begin{bmatrix} a_1 \\ a_2 \\ a_3 \end{bmatrix} \otimes \begin{bmatrix} b_1 \\ b_2 \\ b_3 \end{bmatrix} = \begin{bmatrix} a_1 b_1 \\ a_2 b_2 \\ a_3 b_3 \end{bmatrix}$。式(6-15)就是 OpenGL 实现时采用的光照计算公式。

6.6.1 OpenGL 的光照环境设置方法

根据式(6-15),知道 OpenGL 在进行光照计算时需要用到特定光源(聚光灯)的如下属性：

光源的环境光分量 $\begin{bmatrix} r_a \\ g_a \\ b_a \end{bmatrix}$ ，光源漫反射光分量 $\begin{bmatrix} r_d \\ g_d \\ b_d \end{bmatrix}$ ，光源的镜面光分量 $\begin{bmatrix} r_s \\ g_s \\ b_s \end{bmatrix}$ ，以及

聚光灯的位置、方向、散射角、聚光指数 k，还有光线沿直线传播时的常量、线性、二次的衰减系数 K_c、K_l、K_q。因此 OpenGL 提供了一组函数用于设置光源的上述各个属性。这组函数具有"统一"的函数声明：void glLight * (GLenum light, GLenum pname, TYPE param)，其中，light 表示当前被设置的光源的标识，可以取符号常量 GL_LIGHT0、GL_LIGHT1、…、GL_LIGHT7；pname 表示将要对光源的哪个属性进行设置，可以取代表光源属性的相应符号常量，见表 6-1；Param 是 pname 所标识属性项的期望值。glLight * 实际上可以是 glLighti、glLightf、glLightiv、glLightfv，与此对应，函数声明中的参数类型 TYPE 应为 int、float、int *、float *。

表 6-1　代表光源属性的符号常量及其含义

符 号 常 量	符号常量所代表的光源属性项
GL_AMBIENT	光源的环境光分量
GL_DIFFUSE	光源的漫反射光分量
GL_SPECULAR	光源的镜面光分量
GL_POSITION	光源的位置
GL_SPOT_DIRECTION	聚光灯方向
GL_SPOT_CUTOFF	聚光灯的散射角
GL_SPOT_EXPONENT	聚光灯的聚光指数
GL_CONSTANT_ATTENUATION	光源沿直线传播时的常量衰减系数 K_c
GL_LINEAR_ATTENUATION	光源沿直线传播时的线性衰减系数 K_l
GL_QUADRATIC_ATTENUATION	光源沿直线传播时的二次衰减系数 K_q

下面的代码展示了如何使用 glLight * () 来定义光源 GL_LIGHT0 的各个属性：

```
GLfloat light_ambient[] = { 0.2, 0.2, 0.2, 1.0 };
GLfloat light_diffuse[] = { 1.0, 1.0, 1.0, 1.0 };
GLfloat light_specular[] = { 1.0, 1.0, 1.0, 1.0 };

GLfloat light_position[] = { -2.0, 2.0, 1.0, 1.0 };
GLfloat spot_direction[] = { -1.0, -1.0, 0.0 };
```

```
glLightfv(GL_LIGHT0, GL_AMBIENT, light_ambient);
glLightfv(GL_LIGHT0, GL_DIFFUSE, light_diffuse);
glLightfv(GL_LIGHT0, GL_SPECULAR, light_specular);

glLightfv(GL_LIGHT0, GL_POSITION, light_position);
glLightfv(GL_LIGHT0, GL_SPOT_DIRECTION, spot_direction);
glLightf(GL_LIGHT0, GL_SPOT_CUTOFF, 45.0);
glLightf(GL_LIGHT0, GL_SPOT_EXPONENT, 2.0);

glLightf(GL_LIGHT0, GL_CONSTANT_ATTENUATION, 1.5);
glLightf(GL_LIGHT0, GL_LINEAR_ATTENUATION, 0.5);
glLightf(GL_LIGHT0, GL_QUADRATIC_ATTENUATION, 0.2);
```

根据式(6-15),知道 OpenGL 在进行光照计算时还需要用到全局环境光 $\begin{bmatrix} r_{global} \\ g_{global} \\ b_{global} \end{bmatrix}$,因

此 OpenGL 也提供相应的函数用于设置这个属性。下面的代码展示了全局环境光的设置方法:

```
GLfloat lmodel_ambient[] = { 0.2, 0.2, 0.2, 1.0 };
glLightModelfv(GL_LIGHT_MODEL_AMBIENT, lmodel_ambient);/* 设置全局环境光 */
```

通过上述介绍的函数可以设置特定光源的各个属性以及全局环境光,但是要使 OpenGL 真正进行光照计算还必须使用命令 glEnable(GL_LIGHTING)显式启用光照计算,相对应的,glDisable(GL_LIGHTING)是取消光照计算。启用光照计算后,要使已经定义好的某个光源 GL_LIGHTi 真正参与光照计算,还必须使用命令 glEnable(GL_LIGHTi)显式打开它,与此对应的,glDisable(GL_LITHTi)表示将光源 GL_LIGHTi 关闭,不参与光照计算。

6.6.2 OpenGL 的物体材料特性的设置

根据式(6-15),知道 OpenGL 在进行光照计算时需要用到物体表面材质的环境光反

射系数 $\begin{bmatrix} k_{a_r} \\ k_{a_g} \\ k_{a_b} \end{bmatrix}$、漫反射系数 $\begin{bmatrix} k_{d_r} \\ k_{d_g} \\ k_{d_b} \end{bmatrix}$、镜面反射系数 $\begin{bmatrix} k_{s_r} \\ k_{s_g} \\ k_{s_b} \end{bmatrix}$、镜面反射光的会聚指数 n,以及

物体表面材质的发射光 $\begin{bmatrix} r_{emit} \\ g_{emit} \\ b_{emit} \end{bmatrix}$。因此 OpenGL 提供了一组函数用于设置物体表面材质

的上述各个属性。这组函数具有"统一"的函数声明：void glMaterial＊（GLenum face，GLenum pname，TYPE param）；其中，face 表示材质应该贴到物体的哪个表面，可以取符号常量 GL_FRONT、GL_BACK 或 GL_FRONT_AND_BACK；pname 表示材质特性，可以取标识材质特性的符号常量，见表 6-2；Param 是 pname 所标识材质特性的期望值。glMaterial＊实际上可以是 glMateriali、glMaterialf、glMaterialiv、glMaterialfv，与此对应，函数声明中的参数类型 TYPE 应为 int、float、int＊、float＊。

表 6-2　标识材质特性的符号常量及其含义

符号常量	符号常量所对应的材质特性
GL_AMBIENT	环境光反射系数
GL_DIFFUSE	漫反射系数
GL_SPECULAR	镜面反射系数
GL_SHININESS	镜面反射光的会聚指数
GL_EMISSION	材质的发射光

下面的代码展示了如何使用 glMaterial＊()来定义材质的各个属性：

```
GLfloat mat_ambient[] = { 0.7, 0.7, 0.7, 1.0 };
GLfloat mat_diffuse[] = { 0.1, 0.5, 0.8, 1.0 };
GLfloat mat_specular[] = { 1.0, 1.0, 1.0, 1.0 };
GLfloat high_shininess[] = { 100.0 };
GLfloat mat_emission[] = {0.3, 0.2, 0.2, 0.0};


glMaterialfv(GL_FRONT, GL_AMBIENT, mat_ambient);
glMaterialfv(GL_FRONT, GL_DIFFUSE, mat_diffuse);
glMaterialfv(GL_FRONT, GL_SPECULAR, mat_specular);
glMaterialfv(GL_FRONT, GL_SHININESS, high_shininess);
glMaterialfv(GL_FRONT, GL_EMISSION, mat_emission);
```

6.6.3　OpenGL 的纹理映射方法

OpenGL 支持一维、二维颜色纹理映射，某些特定的 OpenGL 实现还支持三维、四维纹理映射。在 6.3 节中指出，实现纹理映射的两个基础工作是定义纹理函数和定义映射函数，这两个工作的完成意味着在数学上保证了物体表面上任何一点都对应着一个纹理属性值，余下的工作就是如何具体应用映射函数实现纹理映射。

一般地，OpenGL 支持一维和二维纹理函数的定义。在 OpenGL 中纹理函数是以数字图像的形式定义的，这实际上是纹理函数的离散表达。一幅 $m \times n$ 的数字图像可以理解为纹理函数在其定义域$[0,1]\times[0,1]$内进行 $m\times n$ 个点的均匀采样而来。用户可以通过 glTexImage2D()命令来定义二维纹理(函数),用 glTexImage1D()来定义一维纹理(函数)。定义二维纹理的函数声明为:

```
void glTexImage2D(GLenum target, GLint level, GLint components, GLsizei width, GLsizei
height, GLint border, GLenum format, GLenum type, const GLvoid * pixels)
```

简要说明如下,target 必须取为 GL_TEXTURE_2D,这个参数实际上是为 OpenGL 将来扩展预留的;level 表示纹理图像多分辨率层数,通常取为 0;components 可以取为 1 至 4 的整数,用来确定每个纹理元素的 RGBA 分量中哪几个将在纹理映射中真正被使用,之所以可以这样统一处理,是因为无论用户最初提供何种格式(由 format 参数决定)的图像数据,OpenGL 内部都将转化为 RGBA 的格式来表示每个纹理元素。这里 1 的含义是使用 R 分量,2 表示使用 R 和 A 分量,3 表示使用 R、G、B 分量,4 表示使用 RGBA 全部分量;width 用于指定图像的宽;height 用于指定图像的高;border 表示图像的边界,必须是 0 或 1。OpenGL 要求图像的宽、高都必须是 $2^k+2\times border$ 形式的数。pixels 指向内存中用户给出的图像数据,type 表示 pixels 所指向的用户图像数据在内存中的格式。format 表示用户给出的图像数据本身的逻辑格式。format 和 type 只能是 OpenGL 可以识别的格式,因此它们的取值是 OpenGL 规定的常量值。OpenGL 将按照 type 所标识的格式去读取 pixels 所指向的存放用户图像数据的内存区域,并按照 format 所标识的逻辑格式去理解这些数据,数据解读出来后,OpenGL 还要将每个图像像素的数据转化为 RGBA 形式,由此定义了一个二维纹理。更详细的说明参见相关的 OpenGL 技术文档。

OpenGL 提供了两种方式来建立物体表面上点和纹理空间的对应关系,一种方式是在绘制 OpenGL 基本图元(如线段、三角形、多边形)时在 glVertex * 命令之前调用 glTexCoord * 命令明确地给出当前顶点所对应的纹理坐标,如·

```
glBegin(GL_POLYGON);
    glTexCoord2f(0.0, 0.0); glVertex3f(-2.0, -1.0, 0.0);
    glTexCoord2f(0.0, 3.0); glVertex3f(-2.0, 1.0, 0.0);
    glTexCoord2f(3.0, 3.0); glVertex3f(0.0, 1.0, 0.0);
    glTexCoord2f(3.0, 0.0); glVertex3f(0.0, -1.0, 0.0);
glEnd();
```

而图元内部点的纹理坐标则利用顶点处的纹理坐标采用线性插值的方法计算出来,这一点和多边形 Gouraud 明暗处理时内部点的颜色由顶点的颜色线性插值出用的方法是一样的。以这种方式定义物体表面上点和纹理空间的对应关系实际上是以离散的形式给出了映射函数。另一种方式是 OpenGL 内部定义了几种类型的纹理映射函数,用户可以通过 glTexGen * ()函数来选择希望使用的纹理映射函数类型,并且可以为所选类型的纹理映射函数指定系数。由于二维纹理有两个坐标,分别称为 s 方向和 t 方向,因此用户可以分别为这两个方向指定不同的纹理映射函数的类型和纹理映射函数的系数。以这种方式定义物体表面上点和纹理空间的对应关系实际上就是直接给出了连续形式的纹理映射函数。由于无须为基本图元的每个顶点指定纹理坐标,在 OpenGL 中这种方式也称为自动纹理坐标生成。至于希望 OpenGL 采用哪种方式实现物体表面上点和纹理空间的对应关系,用户可以明确地指示采用自动纹理坐标生成:

glEnable(GL_TEXTURE_GEN_S)、glEnable(GL_TEXTURE_GEN_T),

或者是不采用自动纹理坐标生成:

glDisable(GL_TEXTURE_GEN_S)、glDisable (GL_TEXTURE_GEN_T)。

OpenGL 采用逆向纹理映射技术来具体实现纹理映射。

当一个基本的 OpenGL 图元(如线段、三角形、多边形)被光栅化时,OpenGL 将为它所占据的每个像素计算纹理坐标,由于二维纹理是定义在 $[0,1] \times [0,1]$ 上的,换句话说,每个方向(t 方向或 s 方向)上的纹理坐标是限制在 $[0,1]$ 上的,在应用前面指定的映射函数计算纹理坐标时,很有可能得到的纹理坐标的某分量不在 $[0,1]$ 上,OpenGL 提供了两种方式处理纹理坐标值不在 $[0,1]$ 内的情形,一种是截断,另一种是重复。截断是指如果纹理坐标值不在 $[0,1]$ 内,则简单地将其截断,即如果 $s>1$,则令 $s=1$,如果 $s<0$,则令 $s=0$,这样使得纹理图像的边界值扩展到图元中那些纹理坐标不在 $[0,1]$ 范围内的区域中;重复是指如果纹理坐标值不在 $[0,1]$ 内,则将纹理坐标值的整数部分舍弃,只使用小数部分,这样使得纹理图像在图元表面重复出现。用户可以用如下的函数调用形式来指示 OpenGL 采用何种方式来处理纹理坐标越界的问题:

glTexParameterf(GL_TEXTURE_2D,GL_TEXTURE_WRAP_S, GL_ CLAMP);
glTexParameterf(GL_TEXTURE_2D,GL_TEXTURE_WRAP_S, GL_ REPEAT);

上述函数调用分别是指定纹理坐标中 s 坐标采取截断处理方式和采取重复处理方式,第二个参数也可以取 GL_TEXTURE_WRAP_T,则表示指定纹理坐标 t 的处理方式。

OpenGL 考虑到,在对一个基本图元如多边形进行光栅化时,一个屏幕像素实际上对应物体表面上一个区域,而不是一个点,进而对应于纹理空间中一个区域,这个区域可能只是纹理空间中某个纹素的一部分,称为放大的情形,如图 6-17(a);也有可能是占据纹理空间中多个纹素,称为缩小的情形,如图 6-17(b)。针对这些情况,OpenGL 提供了多种滤波方法来计算像素对应的纹理属性值,而且对放大和缩小情形可以设置不同的滤波方法。最简单的滤波方法是点采样,即选择离纹理坐标最近的纹素的属性值。通常点采样的方法很难给出满意的结果,因此 OpenGL 又提供了插值的方法,对于放大的情形,OpenGL 1.1 只支持线性插值;对于缩小的情形,OpenGL 1.1 支持多种滤波方法。用户可以用如下的函数调用形式来分别指示 OpenGL 在处理放大和缩小情形时采取何种滤波方式来计算纹理属性值：

```
glTexParameteri(GL_TEXTURE_2D,GL_TEXTURE_MAG_FILTER,GL_NEAREST);
glTexParameteri(GL_TEXTURE_2D,GL_TEXTURE_MIN_FILTER,GL_NEAREST);
```

其中，第三个参数还可以是 OpenGL 允许的用于标识滤波方法的其他符号常量。

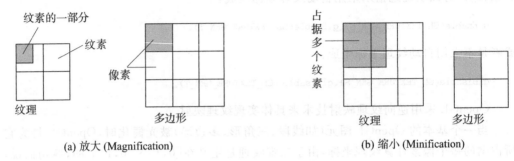

(a) 放大 (Magnification)　　　　　　　　(b) 缩小 (Minification)

图 6-17　像素和它所对应的纹理区域

在 6.3 节中指出，获得物体表面点的纹理属性值后，可以将纹理属性值看成亮度值直接作为物体表面上该点的亮度，也可以将纹理属性值作为简单光照模型中物体该点处的漫反射系数用于该点处的光照计算。在 OpenGL 中又是如何利用检索到的纹理属性值（颜色）计算出像素最终的颜色呢？实际上，OpenGL 提供了多种方式利用检索到的纹理属性值计算像素最终的颜色，每一种方式都可以用于产生特定的效果。最为常用的是调制（modulate）方式，这时纹理属性值起一个调制作用，它将用于调制（通常是分量相乘）像素最初的颜色（不使用纹理时像素应有的颜色）以产生最终的颜色。比如多边形是以白光照射，白光照射产生的物体表面的亮度接着由相应纹理属性值调制，通常这样可以绘制出一个具有光照效果、贴有纹理的表面。还有几种其他的方式，分别是贴花（decal）方式、融合（blend）方式、替代（replace）方式。用户可以通过如下的函数调用形式来指示 OpenGL 采用上述哪种方式来利用检索到的纹理属性值计算像素最终的颜色：

```
glTexEnvf(GL_TEXTURE_ENV,GL_TEXTURE_ENV_MODE,GL_ MODULATE);
```

这个函数的最后一个参数正是用于指定期望的处理方式，它还可以是 GL_DECAL，GL_BLEND，或 GL_REPLACE。

最后需要指出，由于 OpenGL 是基于状态机模型的，因此要利用 OpenGL 实现物体表面（比如多边形）上的纹理映射，必须在绘制物体之前，先利用 OpenGL 命令定义以上提到的相应的参数或设置相应的属性，比如定义纹理函数、定义映射关系、指定纹理坐标的截断还是重复处理方式等等。还有一点需要注意的就是在绘制物体前应该调用

glEnable(GL_TEXTURE_2D)打开纹理映射开关,使 OpenGL 在绘制物体时真正进行纹理映射。

习　　题

6.1　采用 Z 缓冲算法实现两个三角形之间的消隐,第一个三角形的顶点为:(1,0,0),(0,2,0)和(0,0,1);第二个三角形的顶点为:(0,0,0),(1,0,1)和(0,2,1)。

6.2　用 Gouraud 明暗处理方法生成一个圆球的真实感显示图。

6.3　使用 OpenGL 绘制 4 个茶壶(调用 OpenGL 函数生成),通过设置 OpenGL 材质,使 4 个茶壶分别呈现出塑料、金属、石膏和瓷器的特性。

6.4　使用 OpenGL 绘制一个各个面都贴有不同纹理图形的正方体。

6.5　使用 OpenGL 绘制一个圆柱形的罐头盒,罐头盒柱面上贴有彩色包装纸纹理,顶底不用贴纹理。要求设置材质特性,使罐头盒柱面呈现包装纸的光反射特性,顶底呈现金属反光特性。

第 7 章

曲线与曲面

曲线曲面的计算机辅助设计源于 20 世纪 60 年代的飞机和汽车工业。较早出现的有美国波音公司的 Ferguson 于 1963 年提出的用于飞机设计的参数三次方程,法国雷诺汽车公司的 Bézier 于 1962 年提出的以逼近为基础的曲线曲面设计系统 UNISURF,此前 de Casteljau 大约于 1959 年在法国另一家汽车公司——雪铁龙的 CAD 系统中有同样的设计,但因为保密的原因而没有公布。Coons 于 1964 年提出了一类布尔和形式的曲面。这些早期的曲线曲面设计方法在计算效率、局部可修改性、绘图过程的几何意义等方面不理想。Bézier 方法出现以后,Forrest、Gordon 等人对 Bézier 方法作了深入研究,揭示了 Bézier 方法与 Bernstein 多项式的关系。Bézier 方法具有明确的几何意义,在设计过程中具有很强的可操作性,至今仍有 CAD 软件中保留 Bézier 曲线曲面功能。但 Bézier 方法是整体计算,修改一点会影响到整体。20 世纪 70 年代出现了 B 样条曲线曲面。1972 年,deBoor 和 Cox 分别给出 B 样条的标准算法。B 样条曲线曲面具有 Bézier 方法的优点,克服了 Bézier 方法的缺点。但均匀 B 样条曲线曲面术考虑型值点的分布对参数化的影响,当弦长差异较大时,弦长较长的曲线段比较平坦,而弦长较短的曲线段则臃涨,甚至于因过"冲"而产生"扭结"。于是 1975 年以后,Riesenfeld 等人研究了非均匀 B 样条曲线曲面,美国锡拉丘兹大学的 Versprille 研究了有理 B 样条曲线曲面,20 世纪 80 年代末、90 年代初,Piegl 和 Tiller 等人对有理 B 样条曲线曲面进行了深入的研究,并形成非均匀有理 B 样条(non-uniform rational b-spline,NURBS)。1991 年国际标准组织(ISO)正式颁布了产品数据交换的国际标准 STEP,NURBS 是工业产品几何定义惟一的一种自由型曲线曲面。

整个曲线曲面设计方法的发展史表明了曲线曲面设计方法的要求:

(1) 避免高次多项式函数可能引起的过多拐点,曲线曲面设计宜采用低次多项式函数进行组合;组合曲线曲面在公共连接处满足一定的连续性;

(2) 绘图过程具有明确的几何意义,且操作方便;

(3) 具有几何不变性;

（4）具有局部修改性，修改其中一点，不影响全局，只有很小范围内的形状受到影响。

7.1 曲线曲面入门

7.1.1 曲线、曲面的表示形式

1. 曲线的表示形式

平面曲线的直角坐标表示形式为：

$$y = f(x) \quad 或 \quad F(x,y) = 0$$

其参数方程则为：

$$\begin{cases} x = x(t) \\ y = y(t) \end{cases} \tag{7-1}$$

平面上一点的位置可用自原点到该点的矢量表示：

$$\boldsymbol{r} = \boldsymbol{r}(t) \tag{7-2}$$

式(7-2)称为曲线的矢量方程，其坐标分量表示式(7-1)是曲线的参数方程。

三维空间曲线的参数方程为：

$$\begin{cases} x = x(t) \\ y = y(t) \\ z = z(t) \end{cases} \tag{7-3}$$

矢量方程为：

$$\boldsymbol{r} = \boldsymbol{r}(t) = \boldsymbol{r}(x(t), y(t), z(t)) \tag{7-4}$$

如图 7-1，三维空间曲线可理解为一个动点的轨迹，位置矢量 $\boldsymbol{r}$ 随时间 t 变化的关系就是一条空间曲线。

用 s 表示曲线的弧长，以弧长为参数的曲线方程称为自然参数方程。以弧长为参数的曲线，其切矢为单位矢量，记为 $\boldsymbol{t}(s)$。

切矢 $\boldsymbol{t}(s)$ 对弧长 s 求导，所得导矢 $d\boldsymbol{t}(s)/ds$ 与切矢相垂直，称为曲率矢量，如图 7-2，其单位矢量称为曲线的单位主法矢，记为 $\boldsymbol{n}(s)$，其模长称为曲线的曲率，记为 $k(s)$。曲率的倒数称为曲线的曲率半径，记为 $\rho(s)$。

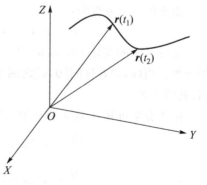

图 7-1 空间曲线

与 $\boldsymbol{t}$ 和 $\boldsymbol{n}$ 相互垂直的单位矢量称为副法矢，记为 $\boldsymbol{b}(s)$。

由 $\boldsymbol{t}$ 和 $\boldsymbol{n}$ 张成的平面称为密切平面；由 $\boldsymbol{n}$ 和 $\boldsymbol{b}$ 张成的平面称为法平面；由 $\boldsymbol{t}$ 和 $\boldsymbol{b}$ 张成

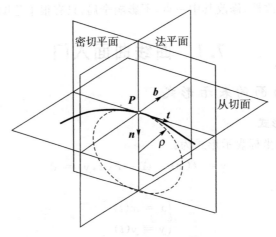

图 7-2 曲线特性分析

的平面称为从切面。

2. 曲面的表示形式

一般曲面可表示为：

$$z = f(x, y) \quad 或 \quad F(x, y, z) = 0$$

其参数表达式为：

$$\begin{cases} x = x(u, v) \\ y = y(u, v) \\ z = z(u, v) \end{cases}$$

曲面的矢量方程为：

$$\boldsymbol{r} = \boldsymbol{r}(u, v) = \boldsymbol{r}(x(u, v), y(u, v), z(u, v)) \tag{7-5}$$

参数 u、v 的变化区间常取为单位正方形，即 $u, v \in [0, 1]$。x, y, z 都是 u 和 v 二元可微函数。当 (u, v) 在区间 $[0, 1]$ 之间变化时，与其对应的点 (x, y, z) 就在空间形成一张曲面(见图 7-3)。

由微分学可知，$\boldsymbol{r}$ 对 u 和 v 的一阶偏导数为：

$$\frac{\partial \boldsymbol{r}}{\partial u} = \boldsymbol{r}_u(u, v) = \lim_{\Delta u \to 0} \frac{\boldsymbol{r}(u + \Delta u, v) - \boldsymbol{r}(u, v)}{\Delta u}$$

$$\frac{\partial \boldsymbol{r}}{\partial v} = \boldsymbol{r}_v(u, v) = \lim_{\Delta v \to 0} \frac{\boldsymbol{r}(u, v + \Delta v) - \boldsymbol{r}(u, v)}{\Delta v}$$

一阶偏导数 $\boldsymbol{r}_u(u, v)$ 和 $\boldsymbol{r}_v(u, v)$ 继续对 u, v 求偏导数，得到 4 个二阶偏导数：

$$\frac{\partial}{\partial u} \left(\frac{\partial \boldsymbol{r}}{\partial u} \right) = \frac{\partial^2 \boldsymbol{r}}{\partial u^2} = \boldsymbol{r}_{uu}$$

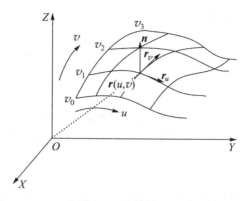

图 7-3　空间曲面

$$\frac{\partial}{\partial v}\left(\frac{\partial \boldsymbol{r}}{\partial u}\right) = \frac{\partial^2 \boldsymbol{r}}{\partial u \partial v} = \boldsymbol{r}_{uv}$$

$$\frac{\partial}{\partial u}\left(\frac{\partial \boldsymbol{r}}{\partial v}\right) = \frac{\partial^2 \boldsymbol{r}}{\partial v \partial u} = \boldsymbol{r}_{vu}$$

$$\frac{\partial}{\partial v}\left(\frac{\partial \boldsymbol{r}}{\partial v}\right) = \frac{\partial^2 \boldsymbol{r}}{\partial v^2} = \boldsymbol{r}_{vv}$$

其中，$\boldsymbol{r}_{uv}$ 和 $\boldsymbol{r}_{vu}$ 称为二阶混合偏导数，在二阶连续时，两者相同。

如图 7-3，曲面上一点的切矢 $\boldsymbol{r}_u$ 和 $\boldsymbol{r}_v$ 所张成的平面称为曲面在该点的切平面。曲面上所有过该点的曲线在此点的切矢都位于切平面内。切平面的法矢就是曲面在该点的法矢。

7.1.2　曲线曲面的光滑连接

给定一段曲线，如在整个参数定义域内处处 k 次连续可微，则称该曲线为 C^k 参数连续。给定两段内部 C^k 连续的参数曲线 $\boldsymbol{r}_1(u_1)$，$u_1 \in [0,1]$ 和 $\boldsymbol{r}_2(u_2)$，$u_2 \in [0,1]$，两段曲线在公共连接点处不同阶次的连续性对应于不同的要求。

1. 位置连续

曲线段 $\boldsymbol{r}_1(u_1)$ 的末端与曲线段 $\boldsymbol{r}_2(u_2)$ 的首端达到位置连续的条件为：

$$\boldsymbol{r}_1(1) = \boldsymbol{r}_2(0)$$

位置连续是 C^0 连续。

2. 斜率连续

曲线段 $\boldsymbol{r}_1(u_1)$ 的末端与曲线段 $\boldsymbol{r}_2(u_2)$ 的首端达到斜率连续的条件为：

$$\boldsymbol{r}'_1(1) = k\boldsymbol{r}'_2(0)$$

若 $k=1$，说明曲线段 $\boldsymbol{r}_1(u_1)$ 的末端切矢与曲线段 $\boldsymbol{r}_2(u_2)$ 的首端切矢方向相同、模长相等，称为 C^1 连续。若 $k \neq 1$，则说明两段曲线在公共连接点处切矢方向相同，但模长不相等,这种情况是几何连续的,称为 G^1 连续。

3. 曲率连续

两曲线段曲率连续应满足:(1)位置连续;(2)斜率连续;(3)曲率相等且主法线方向一致。

曲率连续的条件为:

$r''_2(0) = \alpha r''_1(1) + \beta r'_1(1)$,满足该条件,称为 G^2 连续;

几何意义是:曲线段 $r_2(u_2)$ 首端的二阶导矢应处在由曲线段 $r_1(u_1)$ 末端的二阶导矢和一阶导矢所张成的平面内。

若 $r''_2(0) = r''_1(1)$,称为 C^2 连续。

对于曲面片,若两个曲面片在公共连接线上处处满足上述各类连续性条件,则两个曲面片之间有同样的结论。

7.2 三次样条曲线曲面

7.2.1 三次样条函数

1. 物理背景

样条(spline)函数是 Schoenberg 于 1946 年提出的,国外 20 世纪 60 年代广泛研究,国内 20 世纪 70 年代开始。样条是富有弹性的细木条或有机玻璃条。早期船舶、汽车、飞机放样时用压铁压在样条的一系列型值点上,调整压铁达到设计要求后绘制其曲线,称为样条曲线 $y(x)$。

由材料力学可知,

$$\frac{1}{R(x)} = \frac{d^2 y/dx^2}{[1 + (dy/dx)^2]^{3/2}} = \frac{M(x)}{EI}$$

$R(x)$ 为梁的曲率半径,$M(x)$ 为作用在梁上的弯矩,E 为材料的弹性模量,I 为梁横截面的惯性矩。

在梁弯曲不大的情况下,$y' \ll 1$,上式简化为:$y''(x) \sim M(x)$,$y(x)$ 是 x 的三次多项式,这就是插值三次样条函数的物理背景。

物理样条的性质:

(1) 样条是物质连续的,相当于函数 C^0 连续;

(2) 样条在压铁两侧斜率相同,相当于函数 C^1 连续;

(3) 样条在压铁两侧曲率相同,相当于函数 C^2 连续。

2. 三次样条函数的数学定义

在区间 $[a, b]$ 上给定一个分割 $\Delta: a = x_1 < x_2 < \cdots < x_n = b$,则称在区间 $[a, b]$ 上满足下列条件的函数 $S(x)$ 为三次样条函数:

（1）在每个子区间 $[x_{i-1}, x_i](i=1,2,\cdots,n)$ 上为三次多项式；

（2）在整个区间 $[a,b]$ 上具有直到二阶连续的导数，即在内节点 x_i 处，

$$S^{(k)}(x_i^-) = S^{(k)}(x_i^+) \qquad i=2,3,\cdots,n-1, \quad k=0,1,2$$

对于给定的一组型值点 $(x_i, y_i)(i=1,2,\cdots,n)$，若上述 $S(x)$ 为三次样条函数，$S(x)$ 还满足插值条件：

$$S(x_i) = y_i$$

则称 $S(x)$ 为插值三次样条函数。

插值三次样条函数有两种常用的表达方式，一种是用型值点处的一阶导数表示的 m 关系式；一种是用型值点处二阶导数表示的 M 关系式。本书重点介绍 m 关系式。

3. 用型值点处的一阶导数表示插值三次样条函数——m 关系式

如图 7-4，给定一组型值点 $(x_i, y_i)(i=1,2,\cdots,n)$，$m_i$ 为 (x_i, y_i) 处的斜率。第 i 段样条函数可表示为：

$$y_i(x) = a_i + b_i x + c_i x^2 + d_i x^3 \qquad i=1,2,\cdots,n \qquad (7\text{-}6)$$

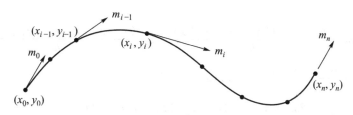

图 7-4　型值点和斜率

该段曲线的首端通过 (x_{i-1}, y_{i-1})，斜率为 m_{i-1}，末端通过 (x_i, y_i)，斜率为 m_i，这些条件可表达为：

$$\begin{cases} y(x_{i-1}) = y_{i-1} \\ y(x_i) = y_i \\ y'(x_{i-1}) = m_{i-1} \\ y'(x_i) = m_i \end{cases} \qquad (7\text{-}7)$$

式中，$i=1,2,\cdots,n$。

将式（7-7）展开得：

$$\begin{cases} y(x_{i-1}) = a_i + b_i x_{i-1} + c_i x_{i-1}^2 + d_i x_{i-1}^3 = y_{i-1} \\ y(x_i) = a_i + b_i x_i + c_i x_i^2 + d_i x_i^3 = y_i \\ y'(x_{i-1}) = b_i + 2c_i x_{i-1} + 3d_i x_{i-1}^2 = m_{i-1} \\ y'(x_i) = b_i + 2c_i x_i + 3d_i x_i^2 = m_i \end{cases} \qquad (7\text{-}8)$$

式中，$i=1,2,\cdots,n$。

令 $h_i = x_i - x_{i-1}$，解方程组得：

$$\begin{cases} a_i = -\dfrac{(m_i x_{i-1} + m_{i-1} x_i) x_i x_{i-1}}{h_i^2} + \dfrac{y_i x_{i-1}^2 (3x_i - x_{i-1}) + y_{i-1} x_i^2 (x_i - 3x_{i-1})}{h_i^3} \\[4mm] b_i = \dfrac{m_{i-1} x_i (x_i + 2x_{i-1}) + m_i x_{i-1}(2x_i + x_{i-1})}{h_i^2} - \dfrac{6(y_i - y_{i-1}) x_i x_{i-1}}{h_i^3} \\[4mm] c_i = -\dfrac{m_i (x_i + 2x_{i-1}) + m_{i-1}(2x_i + x_{i-1})}{h_i^2} + \dfrac{3(y_i - y_{i-1})(x_i + x_{i-1})}{h_i^3} \\[4mm] d_i = \dfrac{m_i + m_{i-1}}{h_i^2} - \dfrac{2(y_i - y_{i-1})}{h_i^3} \end{cases}$$

其中，$i = 1, 2, \cdots, n$。

将所求系数代入样条函数表达式，并计算得：

$$\begin{aligned} y(x) ={}& m_{i-1} \frac{(x_i - x)^2 (x - x_{i-1})}{h_i^2} - m_i \frac{(x - x_{i-1})^2 (x_i - x)}{h_i^2} \\ &+ y_{i-1} \frac{(x_i - x)^2 [2(x - x_{i-1}) + h_i]}{h_i^3} + y_i \frac{(x - x_{i-1})^2 [2(x_i - x) + h_i]}{h_i^3} \end{aligned}$$

$$(7\text{-}9)$$

$$\begin{aligned} y'(x) ={}& m_{i-1} \frac{(x_i - x)(2x_{i-1} + x_i - 3x)}{h_i^2} - m_i \frac{(x - x_{i-1})(2x_i + x_{i-1} - 3x)}{h_i^2} \\ &+ \frac{6(y_i - y_{i-1})}{h_i^3}(x_i - x)(x - x_{i-1}) \end{aligned}$$

$$(7\text{-}10)$$

$$\begin{aligned} y''(x) ={}& -2m_{i-1} \frac{2x_i + x_{i-1} - 3x}{h_i^2} - 2m_i \frac{2x_{i-1} + x_i - 3x}{h_i^2} \\ &+ \frac{6(y_i - y_{i-1})}{h_i^3}(x_i + x_{i-1} - 2x) \end{aligned}$$

$$(7\text{-}11)$$

其中，$x_{i-1} \leqslant x \leqslant x_i (i - 1, 2, \cdots, n)$。

式(7-9)至(7-11)为插值三次样条函数的基本公式。只要求解出型值点处的斜率 $m_i(i = 0, 1, 2, \cdots, n)$，就可以应用上述公式计算插值三次样条函数的函数值、一阶导数和二阶导数。

对于式(7-9)，以$(x_{i-1} + h_i)$代替x_i，并按$(x - x_{i-1})$的幂次整理成如下矩阵表达式：

$$y(x) = \begin{bmatrix} 1 & (x - x_{i-1}) & (x - x_{i-1})^2 & (x - x_{i-1})^3 \end{bmatrix} \begin{bmatrix} 1 & 0 & 0 & 0 \\ 0 & 0 & 1 & 0 \\ -\dfrac{3}{h_i^2} & \dfrac{3}{h_i^2} & -\dfrac{2}{h_i} & -\dfrac{1}{h_i} \\ \dfrac{2}{h_i^3} & -\dfrac{2}{h_i^3} & \dfrac{1}{h_i^2} & \dfrac{1}{h_i^2} \end{bmatrix} \begin{bmatrix} y_{i-1} \\ y_i \\ m_{i-1} \\ m_i \end{bmatrix}$$

其中，$x_{i-1} \leqslant x \leqslant x_i (i = 1, 2, \cdots, n)$。

若令 $h_i = 1, t = x - x_{i-1}, 0 \leqslant t \leqslant 1$，则得到均匀参数插值三次样条。美国波音公司的

Ferguson 于 1963 年用于飞机设计的参数三次方程即是均匀参数插值三次样条曲线,见下式。

$$\boldsymbol{p}(t) = \begin{bmatrix} 1 & t & t^2 & t^3 \end{bmatrix} \begin{bmatrix} 1 & 0 & 0 & 0 \\ 0 & 0 & 1 & 0 \\ -3 & 3 & -2 & -1 \\ 2 & -2 & 1 & 1 \end{bmatrix} \begin{bmatrix} \boldsymbol{p}(0) \\ \boldsymbol{p}(1) \\ \boldsymbol{p}'(0) \\ \boldsymbol{p}'(1) \end{bmatrix}$$

其中,$\boldsymbol{p}(t)$ 表示位置矢量,$\boldsymbol{p}'(t)$ 表示切矢。

由上述样条函数公式可以看出,构造插值三次样条时除已经给定的型值点外,还必须得到型值点处的切矢。为了计算型值点处的切矢 $m_i(i=0,1,2,\cdots,n)$,可以利用前、后二曲线在型值点处的二阶导数连续的条件:

$$y_i''(x_i^-) = y_{i+1}''(x_i^+) \qquad i = 1,2,\cdots,n-1$$

对式(7-11)作相应的运算并简化,得到:

$$\frac{h_{i+1}}{h_i+h_{i+1}} m_{i-1} + 2m_i + \frac{h_i}{h_i+h_{i+1}} m_{i+1} = 3\left[\frac{h_{i+1}}{h_i+h_{i+1}} \frac{y_i-y_{i-1}}{h_i} + \frac{h_i}{h_i+h_{i+1}} \frac{y_{i+1}-y_i}{h_{i+1}} \right]$$

$$(7\text{-}12)$$

其中,$i=1,2,\cdots,n-1$。

令

$$\begin{cases} \lambda_i = \dfrac{h_{i+1}}{h_i+h_{i+1}} \\ \mu_i = 1-\lambda_i \\ C_i = 3\left[\lambda_i \dfrac{y_i-y_{i-1}}{h_i} + \mu_i \dfrac{y_{i+1}-y_i}{h_{i+1}} \right] \\ i = 1,2,\cdots,n-1 \end{cases}$$

则式(7-12)变为:

$$\lambda_i m_{i-1} + 2m_i + \mu_i m_{i+1} = C_i \qquad \text{其中 } i = 1,2,\cdots,n-1 \qquad (7\text{-}13)$$

式(7-13)称为三次样条函数的 m 连续性方程。

今欲求 $n+1$ 个未知量 $m_i(i=0,1,2,\cdots,n)$,但只有 $n-1$ 个方程,需要补充两个方程才能求解。可在整条曲线的首末端点指定端点条件。

(1) 在首末端指定一阶导数

在两端指定一阶导数 y_0' 和 y_n',补充方程为:

$$\begin{cases} y_1'(x_0) = m_0 = y_0' \\ y_n'(x_n) = m_n = y_n' \end{cases} \qquad (7\text{-}14)$$

(2) 在首末端指定二阶导数

在两端指定二阶导数 y_0'' 和 y_n'',补充方程为:

$$\begin{cases} y''_1(x_0) = y''_0 \\ y''_n(x_n) = y''_n \end{cases} \tag{7-15}$$

将式(7-15)展开并整理,得:

$$\begin{cases} 2m_0 + m_1 = \dfrac{3(y_1 - y_0)}{h_1} - \dfrac{h_1}{2} y''_0 \\ m_{n-1} + 2m_n = \dfrac{3(y_n - y_{n-1})}{h_n} + \dfrac{h_n}{2} y''_n \end{cases} \tag{7-16}$$

当曲线两端比较平坦时,可以取二阶导数 y''_0 和 y''_n 为 0,亦即自由端点条件,此时式(7-16)简化为:

$$\begin{cases} 2m_0 + m_1 = \dfrac{3(y_1 - y_0)}{h_1} \\ m_{n-1} + 2m_n = \dfrac{3(y_n - y_{n-1})}{h_n} \end{cases} \tag{7-17}$$

(3) 综合两类端点条件的补充方程

为了综合考虑上述两类端点条件,可利用如下的表达式:

$$\begin{cases} 2m_0 + \mu_0 m_1 = C_0 \\ \lambda_n m_{n-1} + 2m_n = C_n \end{cases} \tag{7-18}$$

式中

$$C_0 = (4 - \mu_0)\mu_0 \left[\frac{y_1 - y_0}{h_1} - \frac{h_1}{6} y''_0 \right] + 2(1 - \mu_0) y'_0$$

$$C_n = (4 - \lambda_n)\mu_n \left[\frac{y_n - y_{n-1}}{h_n} + \frac{h_n}{6} y''_n \right] + 2(1 - \lambda_n) y'_n$$

当　$\mu_0 = \lambda n = 1$,相当于在两端指定二阶导数;

　　$\mu_0 = \lambda n = 0$,相当于在两端指定一阶导数;

　　$\mu_0 = 1, \lambda n = 0$,相当于在首端指定二阶导数,末端指定一阶导数;

　　$\mu_0 = 0, \lambda n = 1$,相当于在首端指定一阶导数,末端指定二阶导数。

综合式(7-13)和式(7-18),得如下方程组:

$$\begin{bmatrix} 2 & \mu_0 & & & & \\ \lambda_1 & 2 & \mu_1 & & & \\ & \lambda_2 & 2 & \mu_2 & & \\ & & & \ddots & & \\ & & & \lambda_{n-1} & 2 & \mu_{n-1} \\ & & & & \lambda_n & 2 \end{bmatrix} \begin{bmatrix} m_0 \\ m_1 \\ m_2 \\ \vdots \\ m_{n-1} \\ m_n \end{bmatrix} = \begin{bmatrix} C_0 \\ C_1 \\ C_2 \\ \vdots \\ C_{n-1} \\ C_n \end{bmatrix} \tag{7-19}$$

式(7-19)的系数矩阵为三对角带状矩阵,可用追赶法求解。

插值三次样条函数的计算步骤：

① 获得型值点；

② 指定端点条件；

③ 计算 μ_i, λ_i, C_i；

④ 追赶法求解切矢；

⑤ 用式(7-19)逐段逐点计算插值三次样条曲线、一阶导数和二阶导数。

7.2.2 三次样条曲线

应用三次样条函数方法，可以构造三次参数样条曲线。

给定一组型值点 $P_i(x_i, y_i, z_i)$，$i=0,1,\cdots,n$，构造 3 个关于参数 u 的插值三次样条函数：

$$x = x(u), \quad y = y(u), \quad z = z(u)$$

它们插值于点集 $(u_i, x_i),(u_i, y_i)$ 和 (u_i, z_i)，三者合并得到三次参数样条曲线：

$$P(u) = \begin{bmatrix} x(u) & y(u) & z(u) \end{bmatrix}$$

参数 u 有多种选择，采用累加弧长是最直观的。但由于在得到曲线之前，无法计算弧长。因此实际应用中多采用累加弦长作为参数构造样条曲线，并称其为累加弦长参数样条曲线，简称参数样条曲线。用 u_i 代表各型值点的弦长参数，则：

$$u_0 = 0$$

$$u_k = \sum_{i=1}^{k} \sqrt{(x_i - x_{i-1})^2 + (y_i - y_{i-1})^2 + (z_i - z_{i-1})^2}$$

其中，$k=1,2,\cdots,n$。

由此，得到参数及型值点的数据表：

u	u_0	u_1	u_2	$\cdots$	u_n
x	x_0	x_1	x_2	$\cdots$	x_n
y	y_0	y_1	y_2	$\cdots$	y_n
z	z_0	z_1	z_2	$\cdots$	z_n

分别构造 3 个插值样条函数：$x=x(u), y=y(u), z=z(u)$，得到分段三次多项式函数组合的参数样条曲线，该曲线是二阶连续的，具有连续的斜率和曲率。

三次插值样条函数在实际应用中很难给出数据点处的切矢。采用不同的方法计算切矢，生成的曲线不相同。这说明该方法还不是纯几何的方法，根据给定的数据点，还没有惟一地确定曲线。绘图过程中几何意义还不够明显。而且切矢计算是整体求解，改变一点，所有切矢计算结果都跟着变化，正所谓"牵一发而动全身"，不具备局部修改性。所以，

CAGD(computer aided geometry design)后来又发展出若干种更优化的曲线。

7.2.3　三次样条曲面

　　参数样条曲面是参数样条曲线方法向曲面的直接推广。但参数样条曲面与参数样条曲线不完全一致,单条曲线不论型值点是否匀称,均可用参数样条方法构造较好的插值曲线。而参数样条曲面不同,因为同一方向的所有曲线的参数化需综合考虑,型值点分布匀称时(图 7-5)易于实现;当型值点分布不匀称(图 7-6)时,难于参数化,参数样条曲面不适宜。必须寻找其他几何意义明确、局部修改性良好的曲线曲面构造方法。

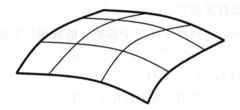 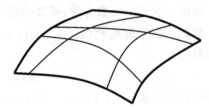

图 7-5　型值点分布匀称情形　　　　　　图 7-6　型值点分布不匀称情形

7.3　Bézier 曲线和曲面

7.3.1　Bézier 曲线

　　Bézier 曲线是法国雷诺汽车公司的工程师 Bézier 于 1962 年提出,1972 年在 UNISURF 系统中正式投入使用。Bézier 曲线采用一组特殊的基函数,使得基函数的系数具有明确的几何意义。其曲线方程为:

$$p(t) = \sum_{i=0}^{n} a_i f_i(t) \qquad 0 \leqslant t \leqslant 1$$

　　其中从 a_0 到 a_n 首尾相连的折线称为 Bézier 控制多边形(图 7-7)。

$$f_i(t) = \sum_{j=i}^{n} (-1)^{i+j} C_n^j C_{j-1}^{i-1} t^j \qquad i = 0, 1, \cdots, n$$

　　当 $n = 3$ 时,Bézier 基函数为:

$$f_0(t) = 1$$
$$f_1(t) = 3t - 3t^2 + t^3$$
$$f_2(t) = 3t^2 - 2t^3$$
$$f_3(t) = t^3$$

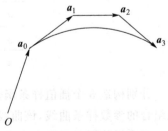

图 7-7　边矢量定义的控制多边形
及生成 Bézier 曲线

　　英国的 Forest 于 1972 年将上述 Bézier 曲线中的控制多边形顶点改为绝对矢量的

Bernstein基表示形式：

$$\boldsymbol{p}(t) = \sum_{i=1}^{n} \boldsymbol{d}_i B_{i,n}(t) \qquad 0 \leqslant t \leqslant 1$$

$$B_{i,n}(t) = C_n^i t^i (1-t)^{n-i} \qquad i = 0,1,\cdots,n$$

当 $n=3$ 时，

$$B_{0,3}(t) = (1-t)^3$$
$$B_{1,3}(t) = 3t(1-t)^2$$
$$B_{2,3}(t) = 3t^2(1-t)$$
$$B_{3,3}(t) = t^3$$

Bézier 基函数曲线如图 7-8 所示，而 Bernstein 基函数曲线如图 7-9 所示。

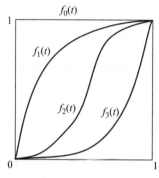

图 7-8　Bézier 基函数（$n=3$）

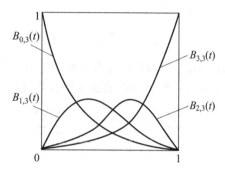

图 7-9　Bernstein 基函数（$n=3$）

三次 Bézier 曲线的矩阵表示形式为：

$$\boldsymbol{p}(t) = \begin{bmatrix} 1 & t & t^2 & t^3 \end{bmatrix} \begin{bmatrix} 1 & 0 & 0 & 0 \\ -3 & 3 & 0 & 0 \\ 3 & -6 & 3 & 0 \\ -1 & 3 & -3 & 1 \end{bmatrix} \begin{bmatrix} \boldsymbol{d}_0 \\ \boldsymbol{d}_1 \\ \boldsymbol{d}_2 \\ \boldsymbol{d}_3 \end{bmatrix}$$

　　单一的 Bézier 曲线不能满足描述复杂形状的要求，必须采用组合的 Bézier 曲线。Bézier 曲线的优点是具有明确的几何意义，给定数据点的控制多边形确定曲线的形状，在设计过程中具有很强的可操作性。但 Bézier 曲线是整体计算，修改一点会影响到整体，这是 Bézier 曲线的不足之处。

　　对于局部参数的 Bézier 曲线，当弦长差异较大时，同样存在 Ferguson 曲线的问题。连接点处的公共切矢可能使得弦长较长的那段曲线过分平坦，弦长较短的那段曲线则鼓得厉害，甚至出现尖点或二重点。在参数连续的前提下，可采用整体参数的方法，采用非均匀的参数分割，为曲线形状控制提供了额外的手段。

参数连续是对曲线光顺性的过分要求,在组合曲线的连接点处,参数连续不仅要求切矢具有共同的切矢方向,而且要求切矢模长相等。几何连续只要求在连接点处切矢方向相同,切矢模长可以不相等,由此产生了不同控制手段的多种曲线,如 Gamma(γ)样条曲线、Beta(β)样条曲线等,给曲线设计提供了更大的灵活性。

7.3.2 Bézier 曲面

1. Bézier 曲面片的定义

如图 7-10,r_{ij} 表示要生成 Bézier 曲面片的控制顶点的位置矢量。根据"线动成面"的思想,首先生成 4 条 v 向的三次 Bezier 曲线:

$$r_i(v) = \sum_{j=0}^{3} r_{ij}B_{j,3}(v) \qquad i = 0,1,2,3$$

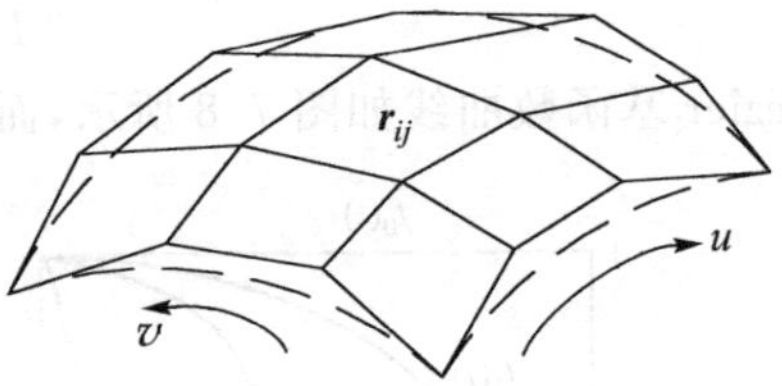

再沿 u 向生成三次 Bézier 曲线:

$$r(u) = \sum_{i=0}^{3} r_i(v^*)B_{i,3}(u)$$

图 7-10 Bézier 曲面片

$r_i(v^*)$ 表示 v 向曲线参数 v 取一定值时曲线上点的位置矢量。将 u,v 向曲线方程合并得:

$$\vec{r}(u,v) = \sum_{i=0}^{3} r_i(v)B_{i,3}(u) = \sum_{i=0}^{3}\sum_{j=0}^{3} B_{i,3}(u)r(i,j)B_{j,3}(v)$$

$$= (B_{0,3}(u) \quad B_{1,3}(u) \quad B_{2,3}(u) \quad B_{3,3}(u)) \begin{bmatrix} \vec{r}_{00} & \vec{r}_{01} & \vec{r}_{02} & \vec{r}_{03} \\ \vec{r}_{10} & \vec{r}_{11} & \vec{r}_{12} & \vec{r}_{13} \\ \vec{r}_{20} & \vec{r}_{21} & \vec{r}_{22} & \vec{r}_{23} \\ \vec{r}_{30} & \vec{r}_{31} & \vec{r}_{32} & \vec{r}_{33} \end{bmatrix} \begin{bmatrix} B_{0,3}(v) \\ B_{1,3}(v) \\ B_{2,3}(v) \\ B_{3,3}(v) \end{bmatrix}$$

$$= (1 \ u \ u^2 \ u^3) \begin{bmatrix} 1 & 0 & 0 & 0 \\ -3 & 3 & 0 & 0 \\ 3 & -6 & 3 & 0 \\ -1 & 3 & -3 & 1 \end{bmatrix} \begin{bmatrix} \vec{r}_{00} & \vec{r}_{01} & \vec{r}_{02} & \vec{r}_{03} \\ \vec{r}_{10} & \vec{r}_{11} & \vec{r}_{12} & \vec{r}_{13} \\ \vec{r}_{20} & \vec{r}_{21} & \vec{r}_{22} & \vec{r}_{23} \\ \vec{r}_{30} & \vec{r}_{31} & \vec{r}_{32} & \vec{r}_{33} \end{bmatrix} \begin{bmatrix} 1 & -3 & 3 & 1 \\ 0 & 3 & -6 & 3 \\ 0 & 0 & 3 & -3 \\ 0 & 0 & 0 & 1 \end{bmatrix} \begin{bmatrix} 1 \\ v \\ v^2 \\ v^3 \end{bmatrix}$$

2. C^0 连续的 Bézier 组合曲面(位置连续)

用 Bézier 曲面片组合曲面时,曲面拼合处位置连续,即要求:

$$r^1(1,v) = r^2(0,v) \quad (\text{其中上标表示曲面片 1 或曲面片 2})$$

$$[1 \ 1 \ 1 \ 1]AM^1A^T = [1 \ 0 \ 0 \ 0]AM^2A^T$$

$$[1 \ 1 \ 1 \ 1] \begin{bmatrix} 1 & 0 & 0 & 0 \\ -3 & 3 & 0 & 0 \\ 3 & -6 & 3 & 0 \\ -1 & 3 & -3 & 1 \end{bmatrix} \begin{bmatrix} \vec{r}_{00} & \vec{r}_{01} & \vec{r}_{02} & \vec{r}_{03} \\ \vec{r}_{10} & \vec{r}_{11} & \vec{r}_{12} & \vec{r}_{13} \\ \vec{r}_{20} & \vec{r}_{21} & \vec{r}_{22} & \vec{r}_{23} \\ \vec{r}_{30} & \vec{r}_{31} & \vec{r}_{32} & \vec{r}_{33} \end{bmatrix}^1$$

$$= \begin{bmatrix} 1 & 0 & 0 & 0 \end{bmatrix} \begin{bmatrix} 1 & 0 & 0 & 0 \\ -3 & 3 & 0 & 0 \\ 3 & -6 & 3 & 0 \\ -1 & 3 & -3 & 1 \end{bmatrix} \begin{bmatrix} \vec{r}_{00} & \vec{r}_{01} & \vec{r}_{02} & \vec{r}_{03} \\ \vec{r}_{10} & \vec{r}_{11} & \vec{r}_{12} & \vec{r}_{13} \\ \vec{r}_{20} & \vec{r}_{21} & \vec{r}_{22} & \vec{r}_{23} \\ \vec{r}_{30} & \vec{r}_{31} & \vec{r}_{32} & \vec{r}_{33} \end{bmatrix}^2$$

$$\begin{bmatrix} 0 & 0 & 0 & 1 \end{bmatrix} \begin{bmatrix} \vec{r}_{00} & \vec{r}_{01} & \vec{r}_{02} & \vec{r}_{03} \\ \vec{r}_{10} & \vec{r}_{11} & \vec{r}_{12} & \vec{r}_{13} \\ \vec{r}_{20} & \vec{r}_{21} & \vec{r}_{22} & \vec{r}_{23} \\ \vec{r}_{30} & \vec{r}_{31} & \vec{r}_{32} & \vec{r}_{33} \end{bmatrix}^1$$

$$= \begin{bmatrix} 1 & 0 & 0 & 0 \end{bmatrix} \begin{bmatrix} \vec{r}_{00} & \vec{r}_{01} & \vec{r}_{02} & \vec{r}_{03} \\ \vec{r}_{10} & \vec{r}_{11} & \vec{r}_{12} & \vec{r}_{13} \\ \vec{r}_{20} & \vec{r}_{21} & \vec{r}_{22} & \vec{r}_{23} \\ \vec{r}_{30} & \vec{r}_{31} & \vec{r}_{32} & \vec{r}_{33} \end{bmatrix}^2$$

即：$r^1_{3i} = r^2_{0i}$，图 7-11 为两张 Bézier 曲面片 C^0 连续的示意图。

图 7-11　两张 Bézier 曲面片 C^0 连续的示意图

3. C^1 连续的 Bézier 组合曲面(导矢连续)

若要得到跨界一阶导矢的连续性，对于 $0 \leqslant v \leqslant 1$，曲面片 1 在 $u=1$ 的切平面和曲面片 2 在 $u=0$ 处的切平面重合，曲面的法矢在跨界处连续，即：

$$r^2_u(0,v) \times r^2_v(0,v) = \lambda(v) r^1_u(1,v) \times r^1_v(1,v)$$

其中，$\lambda(v)$ 是考虑法矢模长的不连续。

因为 $r^2_v(0,v) = r^1_v(1,v)$，令 $r^2_u(0,v) = \lambda(v) r^1_u(1,v)$，组合曲面所有等 v 线的梯度连续用矩阵表示为：

$$\begin{bmatrix} 0 & 0 & 1 & 0 \end{bmatrix} A r^2 A^T [V] = \lambda(v) \begin{bmatrix} 3 & 2 & 1 & 1 \end{bmatrix} A r^1 A^T [V]$$

取 $\lambda(v) = \lambda$，得：$(r^2_{1i} - r^2_{0i}) = \lambda(r^1_{3i} - r^1_{2i})$，表明跨界的四对棱边必须共线。图 7-12 为两张 Bézier 曲面片 C^1 连续的示意图。

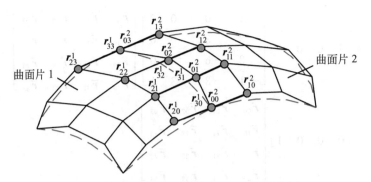

图 7-12　两张 Bézier 曲面片 C^1 连续的示意图

要求跨界切矢的比值不变是非常苛刻的限制,为了更自由地进行曲面的拼合,可采用如下的较宽松的条件:

$$r_u^2(0,v) = \lambda(v)r_u^1(1,v) + \mu(v)r_v^1(1,v)$$

要求 $r_u^2(0,v)$ 位于 $r_u^1(1,v)$ 和 $r_v^1(1,v)$ 的平面内。

矩阵表示为:

$$[0 \quad 1 \quad 0 \quad 0]\boldsymbol{A}\boldsymbol{M}^2\boldsymbol{A}^T\begin{bmatrix} 1 \\ v \\ v^2 \\ v^3 \end{bmatrix}$$

$$=\lambda(v)[0 \quad 1 \quad 2 \quad 3]\boldsymbol{A}\boldsymbol{M}^1\boldsymbol{A}^T\begin{bmatrix} 1 \\ v \\ v^2 \\ v^3 \end{bmatrix} + \mu(v)[1 \quad 1 \quad 1 \quad 1]\boldsymbol{A}\boldsymbol{M}\boldsymbol{A}^T\begin{bmatrix} 0 \\ 1 \\ 2v \\ 3v^2 \end{bmatrix}$$

要求两边都展开为 v 的三次多项式,则 $\lambda(v)=\lambda$(任意正常数)$\mu(v)=\mu_0+\mu_1 v$

多项式对应 v 的幂次的系数相等,得到如下 4 个等式:

$$r_{10}^2 - r_{00}^2 = \lambda(r_{30}^1 - r_{20}^1) + \mu_0(r_{31}^1 - r_{30}^1)$$

$$r_{11}^2 - r_{01}^2 = \lambda(r_{31}^1 - r_{21}^1) + \frac{1}{3}\mu_0(2r_{32}^1 - r_{31}^1 - r_{30}^1) + \frac{1}{3}\mu_1(r_{31}^1 - r_{30}^1)$$

$$r_{12}^2 - r_{02}^2 = \lambda(r_{32}^1 - r_{22}^1) + \frac{1}{3}\mu_0(r_{33}^1 + r_{32}^1 - 2r_{31}^1) + \frac{2}{3}\mu_1(r_{32}^1 - r_{31}^1)$$

$$r_{13}^2 - r_{03}^2 = \lambda(r_{33}^1 - r_{23}^1) + (\mu_0 + \mu_1)(r_{33}^1 - r_{32}^1)$$

选择不同的系数 λ, μ_0, μ_1,可以得到不同的连续条件。

7.4 B 样条曲线和曲面

　　B 样条曲线具有 Bézier 曲线的一切优点,克服了 Bézier 曲线不具有局部修正的缺点。它是 Schocenberg 于 1946 年提出的,1972 年,deBoor 和 Cox 分别给出 B 样条的递推定义。作为 CAGD 中的一种形状描述的数学方法是 Gordon 和 Riesenfeld 于 1974 年在研究 Bézier 曲线的基础上给出的。

　　B 样条曲线方程为:

$$\boldsymbol{p}(u) = \sum_{i=1}^{n} d_i N_{i,K}(u) \tag{7-20}$$

其中,$d_i(i=0,1,\cdots,n)$ 为控制顶点,基函数 $N_{i,K}(u)$ 采用 deBoor 和 Cox 给出的递推定义,K 次规范 B 样条基函数具体定义如下:

$$\begin{cases} N_{i,0}(u) = \begin{cases} 1 & u_i \leqslant u < u_{i+1} \\ 0 & \text{其他} \end{cases} \\ N_{i,K}(u) = \dfrac{u - u_i}{u_{i+K} - u_i} N_{i,K-1}(u) + \dfrac{u_{i+K+1} - u}{u_{i+K+1} - u_{i+1}} N_{i+1,K-1}(u) \\ \text{规定 } \dfrac{0}{0} = 0 \end{cases} \tag{7-21}$$

其中,$u_i(i=0,1,\cdots,n)$ 是对应于给定数据点的节点参数。

7.4.1　均匀 B 样条曲线

　　当 $K=3$,且采用均匀参数化时,由式(7-20)和式(7-21)得到三次均匀 B 样条曲线段:

$$S(t) = \frac{1}{6}\begin{bmatrix} 1 & t & t^2 & t^3 \end{bmatrix}\begin{bmatrix} 1 & 4 & 1 & 0 \\ -3 & 0 & 3 & 0 \\ 3 & -6 & 3 & 0 \\ -1 & 3 & -3 & 1 \end{bmatrix}\begin{bmatrix} d_i \\ d_{i+1} \\ d_{i+2} \\ d_{i+3} \end{bmatrix}$$

其中,$0 \leqslant t = \dfrac{u - u_i}{u_{i+1} - u_i} \leqslant 1$, $i=0,1,\cdots,n-3$。

　　在分段连接点处 B 样条曲线的值和导矢量为:

$$S_{i-1}(1) = S_i(0) = \frac{1}{6}(d_i + 4d_{i+1} + d_{i+2})$$

$$S'_{i-1}(1) = S'_i(0) = \frac{1}{2}(d_{i+2} - d_i) \tag{7-22}$$

$$S''_{i-1}(1) = S''_i(0) = d_{i+2} - 2d_{i+1} + d_i$$

式(7-22)所描述的 B 样条曲线段的几何特性如图 7-13 所示。

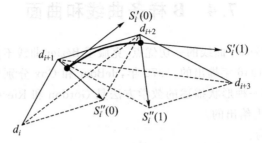

图 7-13　三次均匀 B 样条曲线段的几何特性

曲线段首点位于以 $d_i d_{i+1}$ 和 $d_{i+1} d_{i+2}$ 为邻边的平行四边形的 1/6 处；其切矢与 $d_i d_{i+2}$ 平行，模为长度的 1/2；首点二阶导矢是以 $d_{i+1} d_i$ 和 $d_{i+1} d_{i+2}$ 为邻边的平行四边形的对角线。曲线段末点有类似的结论。

由图 7-13 可以看出：

(1) 当 d_i，d_{i+1} 和 d_{i+2} 三点共线时，曲线段起点 $S_i(0)$ 处二阶导数 $S_i''(0)$ 为 0，$S_i(0)$ 可能为拐点（如图 7-14）；

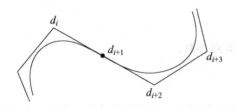

图 7-14　三顶点共线情形

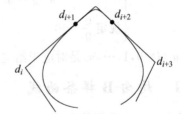

图 7-15　二顶点重合情形

(2) 当 d_i，d_{i+1}，d_{i+2} 和 d_{i+3} 四点共线时，其所定义的曲线段退化为直线段；

(3) 当 d_{i+1} 和 d_{i+2} 二顶点重合时，曲线段起点 $S_i(0)$ 和末点 $S_i(1)$ 分别与 $d_i d_{i+1}$ 和 $d_{i+1} d_{i+2}$ 相切，且端点曲率为 0（如图 7-15）；

(4) 当 d_{i+1}，d_{i+2} 和 d_{i+3} 三顶点重合时，则曲线段在重点处出现尖点，重点与前点和后点在尖点前后各形成一段直线段（如图 7-16）。

曲线的上述退化情形在实际设计中很有用，如图 7-17 是应用曲线退化情形设计的尖点和直线段。

对于三次均匀 B 样条曲线，计算对应于参数 $[u_i, u_{i+1}]$ 这段曲线上的一点，要用到 $N_{i-3,3}(u)$、$N_{i-2,3}(u)$、$N_{i-1,3}(u)$、$N_{i,3}(u)$ 4 个基函数，涉及 u_{i-3} 到 u_{i+4} 共 8 个节点的参数值（如图 7-18）。

B 样条曲线的基函数是局部支撑的，修改一个数据点，在修改处影响最大，对其两侧

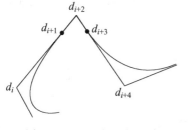

图 7-16 三顶点重合情形

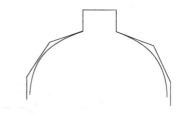

图 7-17 利用曲线退化绘制的曲线实例

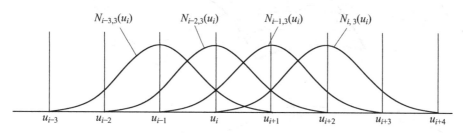

图 7-18 三次均匀 B 样条曲线所用的基函数

的影响快速衰减,其影响范围只有前后各 K 段曲线,对曲线的其他部分没有影响。这是计算机辅助几何设计所需要的局部修改性。均匀 B 样条曲线未考虑曲线数据点的分布对参数化的影响,当曲线弦长差异较大时,弦长较长的曲线段比较平坦(如图 7-19(a)),而弦长较短的曲线段则鼓胀,甚至于因过"冲"而产生"扭结"(如图 7-19(b))。这些问题在后面讲述的非均匀 B 样条曲线会有所改善。

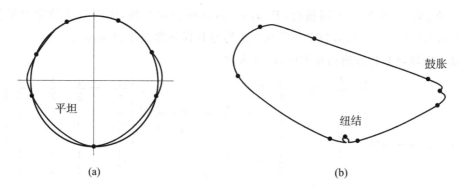

(a)

(b)

图 7-19 均匀 B 样条曲线生成的实例

7.4.2 均匀 B 样条曲面

B 样条曲线是由一个特征多边形定义的,B 样条曲面则由一组特征多边形构成的网格定义的。如图 7-20,给定 16 个顶点 d_{ij}($i=1,2,3,4$,$j=1,2,3,4$)构成的特征网格,可以定义一张曲面片。

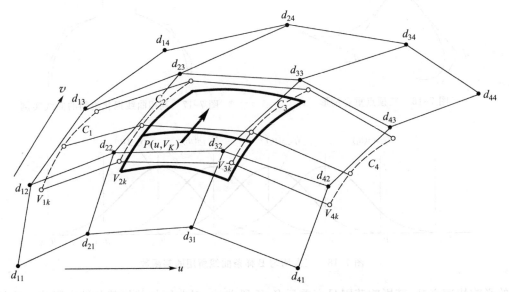

图 7-20 特征网格及其定义的双三次均匀 B 样条曲面片

首先用 d_{i1}、d_{i2}、d_{i3}、d_{i4}($i=1,2,3,4$)沿 v 向构建 4 条曲线 C_1、C_2、C_3 和 C_4(图中虚线表示),然后让参数 v 在 $[0,1]$ 之间取值,对应于 v_k 曲线 C_1、C_2、C_3 和 C_4 上可得到 V_{1k}、V_{2k}、V_{3k} 和 V_{4k} 4 个点,该 4 个点构成 u 向的一个特征多边形,定义一条新的曲线 $P(u,v_k)$,当参数 v_h 在 $[0,1]$ 之间取不同值时,$P(u,v_k)$ 沿箭头方向扫描,即得到由给定特征网格 d_{ij}($i=1,2,3,4$,$j=1,2,3,4$)定义的双三次均匀 B 样条曲面片 $P(u,v)$。

双三次均匀 B 样条曲面片 $P(u,v)$ 可表示为:

$$P(u,v) = (1 \ u \ u^2 \ u^3) \begin{bmatrix} \frac{1}{6} & \frac{2}{3} & \frac{1}{6} & 0 \\ -\frac{1}{2} & 0 & \frac{1}{2} & 0 \\ \frac{1}{2} & -1 & \frac{1}{2} & 0 \\ -\frac{1}{6} & \frac{1}{2} & -\frac{1}{2} & \frac{1}{6} \end{bmatrix} \begin{bmatrix} d_{11} & d_{12} & d_{13} & d_{14} \\ d_{21} & d_{22} & d_{23} & d_{24} \\ d_{31} & d_{32} & d_{33} & d_{34} \\ d_{41} & d_{42} & d_{43} & d_{44} \end{bmatrix} \begin{bmatrix} \frac{1}{6} & -\frac{1}{2} & \frac{1}{2} & -\frac{1}{6} \\ \frac{2}{3} & 0 & -1 & \frac{1}{2} \\ \frac{1}{6} & \frac{1}{2} & \frac{1}{2} & -\frac{1}{2} \\ 0 & 0 & 0 & \frac{1}{6} \end{bmatrix} \begin{bmatrix} 1 \\ v \\ v^2 \\ v^3 \end{bmatrix}$$

为了使生成的曲面片通过特征网格的 4 个角点,可采用 B 样条曲线重节点的方法,即在 v 向和 u 向构建曲线时,分别在特征多边形的端点处作重节点处理,则生成的曲线过端点,双向计算后得到的曲面通过特征网格的 4 个角点。

上述过程叙述的是给定特征网格,定义一张曲面。实际应用中,还需要根据给定的曲面反求特征网格的顶点,以便进行新的设计。这部分内容将在后面相关章节介绍曲线反求控制多边形顶点的基础上简要介绍。

7.5 非均匀有理 B 样条曲线曲面

7.5.1 非均匀 B 样条曲线曲面

1. 非均匀 B 样条基函数

考虑曲线弦长的影响,则曲线的基函数不再具有同样的格式,必须根据给定数据点进行弦长参数化,然后根据基函数的定义式(7-21)用如下的递归函数计算基函数 $N_{i,K}(u)$ 的值:

```
// k 次规范 B 样条基函数
// i = 0,1,…,n 表示控制顶点次序
// U[i](i = 0,1,…,n)是对应于给定数据点的节点参数
double BsplineFunction (int i, int k,double u)
{
    double sigama1,sigama2;
    if(k == 0)
    {    if((U[i] <= u) && (u< U[i + 1]))
            return 1;
        else
            return 0;
    }
    else
    {    if((U[i + k] − U[i])<1e − 10)
            sigama1 = 0.0;
        else
            sigama1 = (t − U[i])/(U[i + k] − U[i]);
        if((U[i + k + 1] − U[i + 1])<1e − 10)
            sigama2 = 0;
        else
            sigama2 = (U[i + k + 1] − u)/(U[i + k + 1] − U[i + 1]);
        return sigama1 * BsplineFunction (i,k − 1,u) + sigama2 * BsplineFunction (i + 1,k − 1,u);
    }
}
```

非均匀 B 样条的节点参数可采用 Hartley-Judd 方法,即所画曲线段对应的控制多边

形的长度与总控制多边形的长度之比确定节点参数：

$$u_i - u_{i-1} = \frac{\sum\limits_{j=i-K}^{i-1} l_j}{\sum\limits_{s=K+1}^{n+1} \sum\limits_{j=s-K}^{s-1} l_j} \qquad i = k+1, k+2, \cdots, n$$

计算出节点参数后，就可以用上述递归函数计算基函数 $N_{i,K}(u)$ 的值。得到基函数的值，即可以用如下的曲线方程计算各段曲线上的点：

$$p(u) = \sum_{j=i}^{i+3} d_j N_{j,K}(u)$$

其中，$u \in [u_{i+3}, u_{i+4}] \subset [u_3, u_{n+3}]$，$i = 0, 1, \cdots, n-1$。

非均匀B样条曲线考虑了弦长的影响，曲线不会因为节点分布不均匀而产生过冲和扭结，如图7-21是用同样的数据点生成的均匀B样条曲线和非均匀B样条曲线。由图中可以看出，非均匀B样条曲线比均匀B样条曲线具有更好的光顺性。

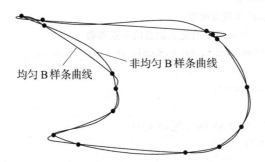

图7-21　非均匀B样条曲线比B样条曲线更符合数据点的分布

2. 非均匀B样条曲线的实现

根据非均匀B样条曲线方程，计算曲线上的点需要对应参数区间上的基函数的值和控制多边形的顶点。基函数的值根据给定数据点的参数化进行计算。控制多边形的顶点依据曲线是否通过给定数据点确定，若生成的曲线不通过给定数据点，则给定数据点就是控制多边形顶点；若生成的曲线通过给定数据点，则首先必须根据给定数据点反求控制多边形的顶点，然后再代入曲线方程。

（1）不过点三次非均匀B样条曲线

给定数据点 $d_i (i = 0, 1, \cdots, n-1)$ 就是控制多边形的顶点。不过点三次非均匀B样条开口和闭合曲线需分别处理。

① 开口曲线的处理

对于开口曲线，n 个数据点只画 $n-3$ 段曲线，需 $n-2$ 个节点参数。而计算 $[U_i, U_{i+1}]$ 上的一点，要用到除它们之外的前3个和后3个节点参数，所以在首尾各添加3个节点参数,一共需要 $n+4$ 个节点参数值。为使曲线过给定数据的首末点(如图 7-22),令 $U_0 = U_1 = U_2 = 0$;$U_{n+1} = U_{n+2} = U_{n+3} = 1$;全部节点参数为:$U_0 = U_1 = U_2 = 0$;$U_K$,$U_{K+1}, \cdots, U_n$;$U_{n+1} = U_{n+2} = U_{n+3} = 1$;$U_K = 0$;$U_i$,$i = K+1$,$K+2, \cdots$,$n$。用 Hartley-Judd 方法,即所画曲线段对应的控制多边形的长度与总控制多边形的长度之比确定节点参数:

$$u_i - u_{i-1} = \frac{\sum\limits_{j=i-K}^{i-1} l_j}{\sum\limits_{s=K+1}^{n+1} \sum\limits_{j=s-K}^{s-1} l_j} \qquad i = k+1, k+2, \cdots, n$$

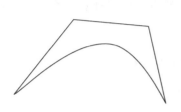

图 7-22 不过点非均匀 B 样条曲线

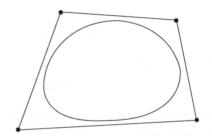

图 7-23 不过点闭合非均匀 B 样条曲线

计算出节点参数后,就可以用上述递归函数计算基函数 $N_{i,K}(u)$ 的值,得到基函数的值,就可以代入曲线方程计算各段曲线上的点。

② 闭合曲线的处理

与开口曲线不同,闭合曲线为使曲线首末点闭合,控制多边形顶点链表需循环重叠使用。图 7-23 是 4 个控制多边形顶点的重叠使用生成闭合曲线的情形。

对于闭合曲线,n 个数据点画 n 段曲线,需 $n+1$ 个节点参数曲线;首尾通过循环重叠各添加 3 个节点参数,共 $n+7$ 个节点参数。

由于不过点闭合曲线,不通过控制多边形的首末点,全部节点参数为:

$U_0 = 0 < U_1 < U_2 < U_K < U_{K+1} < \cdots < U_{n+3} < U_{n+4} < U_{n+5} < U_{n+6} = 1$

各节点的参数采用 Hartley-Judd 方法,从记录控制顶点的链表首点的前 3 点开始计算。计算出节点参数后,就可以计算基函数 $N_{i,K}(u)$ 的值,然后用曲线方程计算各段曲线上的点。

(2) 过点三次非均匀 B 样条曲线

过点三次非均匀 B 样条曲线也分为开口和闭合两种情形。给定的数据点 $P_i(i = 0, 1, \cdots, n-1)$ 是曲线上的点。由曲线方程知,必须先计算出节点参数,再计算基函数 $N_{i,K}(u)$ 的值,代入曲线方程,才能反算出控制多边形的顶点。

① 开口曲线的处理

如图 7-24，n 个曲线上的数据点 P_i，需反求出 $n+2$ 个控制顶点 d_i，画 $n-1$ 段曲线，需 n 个节点参数；为使曲线过首末点，在曲线首端重 3 段曲线首段的长度，在曲线的末端重 3 段曲线末段的长度，首尾各添加 3 个节点参数，一共需要 $n+6$ 个节点参数值。所有节点参数为：

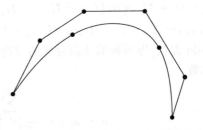

$$U_0 = 0 < U_1 < U_2 < U_K < U_{K+1} < \cdots$$
$$< U_{n+2} < U_{n+3} < U_{n+4} < U_{n+5} = 1$$
$$U_i = U_{i-1} + \frac{l_{i-1}}{L}$$

图 7-24　过点开口三次非均匀 B 样条曲线

其中，$i=1,2,\cdots,n+5$；L 为包含附加段在内的总长。

根据节点矢量计算基函数 $N_{i,K}(u)$ 的值，代入曲线方程可以计算 n 个已知的曲线上的点，得如下方程：

$$p(u_{i+3}) = \sum_{j=i}^{i+3} d_j N_{j,K}(u_{i+3}) = p_i$$

其中，$u \in [u_{i+3}, u_{i+4}] \subset [u_3, u_{n+2}]$，$i=0,1,\cdots,n-1$。

写成矩阵形式如下：

$$
\begin{bmatrix}
N_{1,3}(u_3) & N_{2,3}(u_3) & & & & \\
N_{1,3}(u_4) & N_{2,3}(u_4) & N_{3,3}(u_4) & & & \\
& & \ddots & & & \\
& & & N_{n-2,3}(u_{n+1}) & N_{n-1,3}(u_{n+1}) & N_{n,3}(u_{n+1}) \\
& & & & N_{n-1,3}(u_{n+2}) & N_{n,3}(u_{n+2})
\end{bmatrix}
\begin{bmatrix}
d_1 \\
d_2 \\
\vdots \\
\vdots \\
d_{n-1} \\
d_n
\end{bmatrix}
$$

$$
=
\begin{bmatrix}
p_0 - N_{0,3}(u_3)d_0 \\
p_1 \\
\vdots \\
\vdots \\
p_{n-2} \\
p_{n-1} - N_{n+1,3}(u_{n+2})d_{n+1}
\end{bmatrix}
$$

对于开口曲线，$d_0 = P_0$，$d_{n+1} = P_{n-1}$，上述方程组是"追赶法"能够求解的三对角方程。求出 $d_0, d_1, \cdots, d_n, d_{n+1}$ 共 $n+2$ 个控制顶点，即可以画出 $n-1$ 曲线。

② 闭合曲线的处理

如图 7-25 是过点闭合三次非均匀 B 样条曲线示例。给定 n 个曲线上的数据点 P_i，反求出 n 个控制顶点 d_i，画 n 段曲线，需 $n+1$ 个节点参数；首尾通过节点循环重叠各添加 3 个节点参数，一共需要 $n+7$ 个节点参数值。

计算节点参数时,从记录曲线上点的链表表头的前 3 点开始计算,所有节点参数为:

$$U_0 = 0 < U_1 < U_2 < U_K < U_{K+1} < \cdots < U_{n+3} < U_{n+4} < U_{n+5} < U_{n+6} = 1$$

$$U_i = U_{i-1} + \frac{l_{i-1}}{L}$$

其中, $i = 1, 2, \cdots, n+6$, L 为包含重叠段在内的总长。

根据节点矢量计算基函数 $N_{i,K}(u)$ 的值,代入曲线方程可以计算 n 个已知的曲线上的点,得如下方程:

$$p(u_{i+3}) = \sum_{j=i}^{i+3} d_j N_{j,K}(u_{i+3}) = p_i$$

其中,$u \in [u_{i+3}, u_{i+4}] \subset [u_3, u_{n+3}], i = 0, 1, \cdots, n-1$。

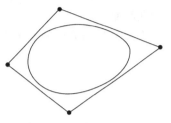

图 7-25 过点闭合三次非
均匀 B 样条曲线

对于闭合曲线,控制多边形的首末点不再已知,所以上述方程组不是"追赶法"能够求解的三对角方程。用"迭代法"求出 $d_0, d_1, \cdots, d_{n-1}$ 共 n 个控制顶点,通过链表循环画出 n 段曲线。

$$
\begin{bmatrix}
N_{1,3}(u_3) & N_{2,3}(u_3) & & & & & N_{0,3}(u_3) \\
N_{1,3}(u_4) & N_{2,3}(u_4) & N_{3,3}(u_4) & & & & \\
& & \ddots & & & & \\
& & & N_{n-2,3}(u_{n+1}) & N_{n-1,3}(u_{n+1}) & N_{n,3}(u_{n+1}) \\
N_{n+1,3}(u_{n+2}) & & & & N_{n-1,3}(u_{n+2}) & N_{n,3}(u_{n+2})
\end{bmatrix}
\begin{bmatrix}
d_1 \\ d_2 \\ \vdots \\ \vdots \\ d_{n-1} \\ d_0
\end{bmatrix}
$$

$$
=
\begin{bmatrix}
p_0 \\ p_1 \\ \vdots \\ \vdots \\ p_{n-2} \\ p_{n-1}
\end{bmatrix}
$$

3. 非均匀三次 B 样条曲面

非均匀三次 B 样条曲面的生成过程与均匀 B 样条曲面相同。根据"线动成面"的思路,首先沿一参数方向生成曲线,然后让另一参数在[0,1]范围内变化,在已生成的曲线上取点构成新的控制多边形,生成曲面上的一条线,随着 v 的变化,所生成的曲线构成一张曲面。

应用非均匀 B 样条生成曲面有一定的局限性,当同一参数方向各型值点的分布规律接近时,所生成的非均匀 B 样条曲面结果比较满意。

7.5.2 有理 B 样条曲线

非均匀 B 样条考虑节点分布不匀称的影响,但与所有已介绍的计算曲线一样,非均匀 B 样条不能精确表达二次曲线曲面,采用有理 B 样条,可以统一表达自由曲线曲面和二次曲线曲面。

有理 B 样条曲线的表达式为:

$$P(u) = \frac{\sum_{i=0}^{n} \omega_i d_i N_{i,K}(u)}{\sum_{i=0}^{n} \omega_i N_{i,K}(u)}$$

其中,$\omega_i (i=0,1,\cdots,n)$ 称为权因子。

$N_{i,K}(u)$ 是式(7-21)中定义的 B 样条基函数。当基函数为二次均匀 B 样条基函数时,可得二次有理 B 样条曲线表达式:

$$P(u) = \frac{(1-u)^2 \omega_0 d_0 + (1+2u-2u^2)\omega_1 d_1 + u^2 \omega_2 d_2}{(1-u)^2 \omega_0 + (1+2u-2u^2)\omega_1 + u^2 \omega_2} \tag{7-23}$$

令 $\boldsymbol{\omega} = \dfrac{1}{2} \begin{bmatrix} 1 & u & u^2 \end{bmatrix} \begin{bmatrix} 1 & 1 & 0 \\ -2 & 2 & 0 \\ 1 & -2 & 1 \end{bmatrix} \begin{bmatrix} \omega_0 \\ \omega_1 \\ \omega_2 \end{bmatrix}$,则二次有理 B 样条曲线可写成如下的矩阵表

达式:

$$\boldsymbol{\omega} P(u) = \frac{1}{2} \begin{bmatrix} 1 & u & u^2 \end{bmatrix} \begin{bmatrix} 1 & 1 & 0 \\ -2 & 2 & 0 \\ 1 & -2 & 1 \end{bmatrix} \begin{bmatrix} \omega_0 d_0 \\ \omega_1 d_1 \\ \omega_2 d_2 \end{bmatrix} \tag{7-24}$$

图 7-26 所示为二次有理 B 样条曲线的示例。

图 7-26　二次有理 B 样条曲线及其控制多边形

由式(7-24)可推导出:

$$\begin{cases} P_0 = P(0) = \dfrac{\omega_0 d_0 + \omega_1 d_1}{\omega_0 + \omega_1} \\ P_1 = P(1) = \dfrac{\omega_1 d_1 + \omega_2 d_2}{\omega_1 + \omega_2} \end{cases}$$

$$
\begin{cases}
P'_0 = P'(0) = \dfrac{4\omega_1}{\omega_0 + \omega_1}(V_1 - P_0) \\[3mm]
P'_1 = P'(1) = \dfrac{4\omega_1}{\omega_1 + \omega_2}(P_1 - V_1)
\end{cases}
$$

由式中可以看出，比值 ω_0/ω_1、ω_1/ω_2 确定曲线段首末点在 $d_0 d_1$ 和 $d_1 d_2$ 的位置，首末端点的切矢与其所在的边的方向一致。

权因子可以调节曲线形状，正权因子将曲线引向顶点，负因子作用相反。

$\dfrac{\omega_0 \omega_2}{\omega_0^2}$ 是二次有理 B 样条曲线的参数变换不变量，其值决定二次曲线的分类：

$$
\frac{\omega_0 \omega_2}{\omega_0^2}
\begin{cases}
> 1 & \text{椭圆} \\
= 1 & \text{抛物线} \\
< 1 & \text{双曲线}
\end{cases}
$$

若令 $\boldsymbol{\omega} = \dfrac{1}{6}\begin{bmatrix} 1 & u & u^2 & u^3 \end{bmatrix}\begin{bmatrix} 1 & 4 & -3 & 0 \\ -3 & 0 & 3 & 0 \\ 3 & -6 & 3 & 0 \\ -1 & 3 & 1 & 1 \end{bmatrix}\begin{bmatrix} \omega_0 \\ \omega_1 \\ \omega_2 \\ \omega_3 \end{bmatrix}$，则三次有理 B 样条曲线可写成

如下的矩阵表达式：

$$
\boldsymbol{\omega}P(u) = \frac{1}{6}\begin{bmatrix} 1 & u & u^2 & u^3 \end{bmatrix}\begin{bmatrix} 1 & 4 & -3 & 0 \\ -3 & 0 & 3 & 0 \\ 3 & -6 & 3 & 0 \\ -1 & 3 & 1 & 1 \end{bmatrix}\begin{bmatrix} \omega_0 d_0 \\ \omega_1 d_1 \\ \omega_2 d_2 \\ \omega_3 d_3 \end{bmatrix}
$$

7.5.3　非均匀有理 B 样条曲线曲面

有理 B 样条曲线采用非均匀的基函数，则称为非均匀有理 B 样条曲线(non-uniform rational b-spline，NURBS)曲线。非均匀有理 B 样条曲线的表达式为：

$$
P(u) = \frac{\displaystyle\sum_{i=0}^{n} \omega_i d_i N_{i,K}(u)}{\displaystyle\sum_{i=0}^{n} \omega_i N_{i,K}(u)}
$$

其中，$\omega_i(i=0,1,\cdots,n)$ 称为权因子。

NURBS 曲线在有理 B 样条曲线的基础上，考虑了节点分布不匀称对基函数的影响，同时能够精确地描述二次圆锥曲线。目前已纳入到产品形状定义的工业标准之中。很多软件或程序具有生成 NURBS 曲线和曲面的功能。下节介绍用 OpenGL 生成 NURBS 曲线和曲面。

7.6 用 OpenGL 生成曲线和曲面

7.6.1 用 OpenGL 生成 NURBS 曲线

在 OpenGL 中，GLU 函数库提供了一个 NURBS 接口。用户需要提供的数据包括控制点、节点等数据，控制点描述曲线的大致形状，节点控制 B 样条函数的形状。绘制一条 NURBS 曲线的步骤如下：

① 提供控制点序列和节点序列；

② 创建一个 NURBS 对象，设置 NURBS 对象属性；

③ 绘制曲线。

创建一个 NURBS 对象，用如下两条语句：

```
GLUnurbsObj * theNurbs;
theNurbs = gluNewNurbsRender( );
```

创建对象后，用如下函数设置 NURBS 对象属性：

```
void gluNurbsProperty(GLUnurbsObj * nobj,GLenum property,Glfloat value);
```

nobj 是 gluNewNurbsRender( )函数创建的 NURBS 对象。property 是 OpenGL 的常量，属性值 value 详见 OpenGL 专著有关说明。

曲线的绘制是在 gluBeginCurve( )/gluEndCurve( )函数对中完成。绘制曲线的函数为：

```
void gluNurbsCurve (GLUnurbsObj * nobj,GLint nknots,GLfloat * knot,
                    GLint stride,GLfloat * ctlarray,GLint order,GLenum type);
```

参数含义在下面程序实现中解释。

用 OpenGL 绘制一条 NURBS 曲线：

在视口类中添加成员函数 DrawNurbsCurve()，具体实现如下：

```
void CView::DrawNurbsCurve( )
{
    GLfloat controlPoints[7][3] = {{-1.5f, -0.5f, 0.0f}, {-1.0f, 1.0f, 0.0f},
                                   {-0.5f, -0.5f, 0.0f}, {0.0f, -2.0f, 0.0f},
                                   {0.5f, -0.5f, 0.0f}, {1.0f, 1.0f, 0.0f}, {1.5f,
                                   -0.5f, 0.0f}
                                   };//给定控制点
    GLfloat knots[14] = { 0.0f, 0.0f, 0.0f, 0.0f, 0.0f, 0.0f, 0.0f,
```

```
                        1.0f, 1.0f, 1.0f, 1.0f, 1.0f, 1.0f, 1.0f
                    }; //节点
    glColor3f (0.0f, 0.0f, 1.0f);
    GLUnurbsObj * theNurb;   //创建 NURBS 对象
    theNurb = gluNewNurbsRenderer ( );


    gluNurbsProperty (theNurb, GLU_SAMPLING_TOLERANCE, 10.0); //属性
                        // GLU_SAMPLING_TOLERANCE 表示边缘最大像素长度
    glNewList(1, GL_COMPILE);

        gluBeginCurve(theNurb);

            gluNurbsCurve(theNurb, / * NURBS 曲线对象 * /
                    14,        / * 参数区间节点数目 = 控制点数 + NURBS 曲线阶数 * /
                    knots,    / * 节点 * /
                    3,         / * 曲线控制点之间的偏移量 * /
                    (float * )controlPoints, / * 控制点 * /
                    7,         / * 曲线阶数 * /
                    GL_MAP1_VERTEX_3); / * 曲线类型 * /

        gluEndCurve(theNurb);

    glEndList();

    glCallList(1);

}
```

如图 7-27 是生成的 NURBS 曲线。

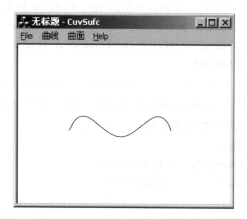

图 7-27 OpenGL 绘制的 NURBS 曲线

7.6.2 用 OpenGL 生成 NURBS 曲面

NURBS 曲面的绘制与 NURBS 曲线的绘制过程是一致的。但曲面是二维参数曲

面,需定义两个节点序列。绘制一张 NURBS 曲面的步骤如下:

① 给定控制点序列和节点序列;

② 给出或自动生成法矢序列;

③ 创建 NURBS 对象并确定属性;

④ 进行光照;

⑤ 激活各种所需功能;

⑥ 绘制曲面;

⑦ 挂起各种已用功能。

绘制 NURBS 曲面的函数是:

```
void gluNurbsSurface  (GLUnurbsObj * nobj,GLint sknot_count ,GLint * sknot,
                      GLint tknot_count ,GLint * tknot,GLint s_stride,GLint t_stride,
                      Glfloat * ctlarray,GLint sorder,GLint torder,GLenum type);
```

参数含义在下面程序实现中解释。

在视口类中添加成员函数 DrawNurbsSurface(),具体实现如下:

```
void CView::NurbsSurface()
{
    GLfloat controlPoints[4][4][3] = {
        {{-0.5f,-1.0f,1.0f},{-0.2f,-1.0f,0.5f},{0.2f,-1.0f,0.0f},{1.0f,-1.0f,
        0.5f}},
        {{-0.5f,-0.5f,1.0f},{-0.2f,-0.5f,0.5f},{0.2f,-0.5f,0.0f},{1.0f,-0.5f,0.5f}},
        {{-0.5f,0.5f,1.0f},{-0.2f,0.5f,0.5f},{0.2f,0.5f,0.0f},{1.0f,0.5f,0.5f}},
        {{-0.5f,1.0f,1.0f},{-0.2f,1.0f,0.5f},{0.2f,1.0f,0.0f},{1.0f,1.0f,0.5f}}
    };//给定控制多面体的顶点
    GLfloat sknots[8] = {0.0f, 0.0f, 0.0f, 0.0f, 1.0f, 1.0f, 1.0f, 1.0f}; //参数 s 的节点
    GLfloat tknots[8] = {0.0f, 0.0f, 0.0f, 0.0f, 1.0f, 1.0f, 1.0f, 1.0f}; //参数 t 的节点
    Lighting();   //光照函数,见后面定义

    glDepthFunc(GL_LESS);
    glEnable(GL_AUTO_NORMAL);   //自动计算法矢
    glEnable(GL_NORMALIZE);     //法矢规范化

    GLUnurbsObj * theNurb;
    theNurb = gluNewNurbsRenderer();  //创建 NURBS 对象及属性

    gluNurbsProperty (theNurb, GLU_SAMPLING_TOLERANCE, 25.0); //属性
    gluNurbsProperty(theNurb, GLU_DISPLAY_MODE, GLU_FILL);
    //绘制
    glNewList (1, GL_COMPILE);
```

```
        gluBeginSurface(theNurb);
            gluNurbsSurface(theNurb,
                8, sknots, /* s 向节点数目与节点 */
                8, tknots, /* t 向节点数目与节点 */
                3,        /* */
                12,       /* */
                (float*)controlPoints, /* 控制多面体的顶点 */
                4, 4, /* 两参数方向曲面的阶数 */
                GL_MAP2_VERTEX_3); /* */
        gluEndSurface(theNurb);
    glEndList();
    glPushMatrix();
        glScalef(1.2f,1.2f,1.2f);
        glRotatef(45.0f,1.0f,0.0f,0.0f);
        glRotatef(30.0f, 0.0f, 0.0f, 1.0f);
        glCallList (1);
    glPopMatrix();
    glDisable(GL_AUTO_NORMAL);
    glDisable(GL_NORMALIZE);
    glDisable(GL_LIGHTING);
}
void CView::Lighting()
{
    GLfloat lightAmb[] = { 0.2f, 0.2f, 0.2f, 1.0f };
    GLfloat lightPos[] = { 1.0f, 1.0f, 2.0f, 1.0f };
    GLfloat matDiffuse[] = { 0.0f, 0.7f, 0.7f, 1.0f };
    GLfloat matSpecular[] = { 1.0f, 1.0f, 1.0f, 1.0f };
    GLfloat matShininess[] = { 60.0f };
    glEnable(GL_LIGHTING);
    glEnable(GL_LIGHT0);
    glLightfv(GL_LIGHT0, GL_AMBIENT, lightAmb);
    glLightfv(GL_LIGHT0, GL_POSITION, lightPos);
    glMaterialfv(GL_FRONT, GL_DIFFUSE, matDiffuse);
    glMaterialfv(GL_FRONT, GL_SPECULAR, matSpecular);
    glMaterialfv(GL_FRONT, GL_SHININESS, matShininess);
}
```

如图 7-28 是生成的 NURBS 曲面。

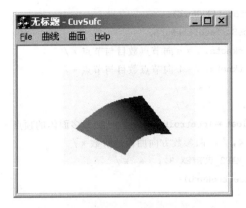

图 7-28　OpenGL 绘制的 NURBS 曲面

7.6.3　用 OpenGL 生成裁剪 NURBS 曲面

OpenGL 提供了对曲面进行剪切的功能。利用这个功能可以生成包含空洞的曲面。剪切区域由一条闭合曲线定义。内部边界节点按顺时针方向给出,边界右侧是被剪切的区域。剪切曲线可由 gluPwlCurve( )和 gluNurbsCurve( )或其组合定义。gluPwlCurve( )的定义如下:

```
void gluPwlCurve (GLUnurbsObj * nobj,GLint count,GLfloat * ctlarray,
            GLint stride, GLenum type);
```

参数含义在下面程序实现中解释。
在视口类中添加成员函数 NurbsSufacTrim( ),具体实现如下:

```
void CView::NurbsSufacTrim()
{
    GLfloat controlPoints[4][4][3] = {
        {{-0.5f,-1.0f,1.0f},{-0.2f,-1.0f,0.5f},{0.2f,-1.0f,0.0f},{1.0f,-1.0f,0.5f}},
        {{-0.5f,-0.5f,1.0f},{-0.2f,-0.5f,0.5f},{0.2f,-0.5f,0.0f},{1.0f,-0.5f,0.5f}},
        {{-0.5f, 0.5f, 1.0f}, {-0.2f, 0.5f, 0.5f},{0.2f, 0.5f, 0.0f}, {1.0f, 0.5f, 0.5f}},
        {{-0.5f, 1.0f, 1.0f}, {-0.2f, 1.0f, 0.5f},{0.2f, 1.0f, 0.0f}, {1.0f, 1.0f, 0.5f}}
    };//给定控制多面体顶点
    GLfloat sknots[8] = {0.0f, 0.0f, 0.0f, 0.0f, 1.0f, 1.0f, 1.0f, 1.0f};    //节点
    GLfloat tknots[8] = {0.0f, 0.0f, 0.0f, 0.0f, 1.0f, 1.0f, 1.0f, 1.0f};    //节点
    GLfloat edgePoint[5][2] = {{0.0f, 0.0f}, {1.0f, 0.0f}, {1.0f, 1.0f}, {0.0f, 1.0f},
                    {0.0f, 0.0f}
                };//外边界:逆时针
    GLfloat pwlPoint[5][2] = {{0.75f, 0.75f}, {0.75f, 0.25f}, {0.25f, 0.25f}, {0.25f,0.75f},
```

```
                    {0.75f, 0.75f}      };//内边界:顺时针
Lighting();      //光照
glDepthFunc(GL_LESS);
glEnable(GL_AUTO_NORMAL);
glEnable(GL_NORMALIZE);
GLUnurbsObj * theNurb;
theNurb = gluNewNurbsRenderer();      //创建 NURBS 对象及属性
gluNurbsProperty (theNurb, GLU_SAMPLING_TOLERANCE, 25.0);//属性
gluNurbsProperty(theNurb, GLU_DISPLAY_MODE, GLU_FILL);
//绘制
glNewList (1, GL_COMPILE);
    gluBeginSurface(theNurb);
        gluNurbsSurface(theNurb,
            8, sknots,
            8, tknots,
            3,
            12,
            (float * )controlPoints,
            4, 4,
            GL_MAP2_VERTEX_3);

        gluBeginTrim (theNurb);
            gluPwlCurve (theNurb,
                5,                          /* 剪切曲线顶点数 */
                (float * )edgePoint,        /* 剪切曲线顶点 */
                2,                          /* */
                GLU_MAP1_TRIM_2);           /* */
        gluEndTrim (theNurb);
        gluBeginTrim (theNurb);
            gluPwlCurve (theNurb, 5,
                (float * )pwlPoint, 2,
                GLU_MAP1_TRIM_2);
        gluEndTrim (theNurb);
    gluEndSurface(theNurb);
glEndList();
glPushMatrix();
    glScalef(1.2f,1.2f,1.2f);
    glRotatef(10.0f,1.0f,0.0f,0.0f);
    glRotatef(30.0f,0.0f,0.0f,1.0f);
    glCallList (1);
```

```
        glPopMatrix();
        glDisable(GL_AUTO_NORMAL);
        glDisable(GL_NORMALIZE);
        glDisable(GL_LIGHTING);
    }
```

如图 7-29 是生成的 NURBS 曲面。

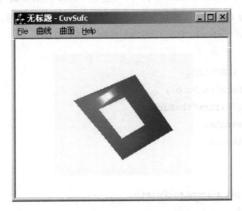

图 7-29　OpenGL 绘制的 NURBS 剪切曲面

习　题

7.1　依据曲线曲面设计方法的发展历程,分析曲线曲面设计的要求。

7.2　图示三次均匀 B 样条曲线控制顶点与曲线首末点及一阶导矢、二阶导矢的关系。

7.3　自行设计一个二次曲线(圆、椭圆、抛物线或双曲线)方程,根据方程,不均匀地采集一定数量已知二次曲线上的点,设计程序过采样点画三次均匀 B 样条曲线和非均匀 B 样条曲线,并与已知曲线比较。

7.4　自行设计一个椭球方程,从椭球面上采集样点作为控制顶点,利用 OpenGL 函数库编程绘制 NURBS 曲面。

7.5　在 VC 环境下,基于 OpenGL 编制交互式生成与编辑 NURBS 曲线的程序。要求曲线的编辑功能包括增加、删除和移动曲线控制点。

7.6　在 VC 环境下,基于 OpenGL 编制交互式生成与编辑 NURBS 曲面的程序。要求能够设置曲面控制点阵个数、生成初始点阵、编辑节点位置等功能。

第 8 章

几何建模

客观世界中的物体都是三维的,真实地描述和显示客观世界中的三维物体是计算机图形学研究的主要内容。对于规则的人造物体,基于欧氏几何的几何模型能够较好地描述物体的几何信息和拓扑信息。而对于树木、花草、河流、山川、火焰、云雾等自然对象,采用传统的几何模型很难描述,基于分形几何的建模方法目前只能定性描述自然对象,精确描述自然对象的建模方法尚处于发展之中,本章重点介绍成熟的规则几何建模方法。

8.1 概　　述

几何模型描述物体的几何信息和拓扑信息。几何信息是指物体在欧氏空间中的形状、位置和大小,拓扑信息则是指物体各分量的数目及其相互间的连接关系。

线框模型是计算机图形学较早采用的几何模型。线框模型中物体只通过顶点和棱边来描述,虽然所占的存储空间较少,但没有包含全部的信息,定义的物体存在多义性。如图 8-1 所示的长方体可以理解为图 8-2 中的两种情形。此外,线框模型不能处理物体的侧影轮廓线,也不能生成剖切图、消隐图、明暗色彩图等,其应用范围很有限。

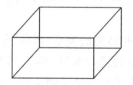
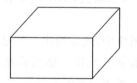

图 8-1　线框模型表示的长方体　　　　图 8-2　长方体线框模型的歧义

表面模型是用面的集合来表示物体,常用于表面不能用简单的数学模型进行描述的物体,如汽车、飞机、船舶的一些外表面。图 8-3 和图 8-4 是表面模型表示的物体。

表面模型能够表示外表面信息,闭合表面表示的物体打孔时会出现如图 8-4 所示的"空洞",即孔的四周没有内壁。空壳表示的物体模型无法计算和分析物体的整体性质,如

图 8-3　表面模型表示的管状物体

图 8-4　表面模型表示的带孔平板

体积、重量、转矩、动量等。实体模型能完整表示物体的所有形状信息,并能够赋予颜色、材料等特性,满足物性计算、有限元分析等应用的要求。经过最近 20 多年的发展,三维实体建模方法逐渐成熟,在 CAD/CAM、影视、动画、游戏等众多领域得到应用。常用的三维实体模型有体素构造表示法、边界表示法和空间单元表示法等。

8.2　体素构造表示法

8.2.1　基本体素

体素是可以用有限个尺寸参数定位和定形的体,常用 3 种形式定义:

(1) 从实际形体中选择出来,可用一些确定的尺寸参数控制最终位置和形状的一组单元。如长方形、圆柱体、圆锥体、圆环体、球体等。

(2) 由参数定义的一条(或一组)截面轮廓线沿一条(或一组)空间参数曲线作扫描运动而产生的形体。

(3) 用代数半空间定义的形体,在此半空间中点集可定义为:$\{(x,y,z) \mid f(x,y,z) \leqslant 0\}$,此处的 f 应该是不可约多项式,多项式系数可以是形状参数。半空间定义法只适用正则形体。

目前在一般的造型系统中,通常给出一些基本体素,这些体素的大小、形状、位置和方位均由操作者给定几个参数来确定。随后系统对有关的参数进行验证,确定其有效性。如果各种基本体素都是由系统定义的有效实体,并且组合算子也都是正则化的,那么得出的实体模型就是有效的实体。

8.2.2　正则集合运算

根据点集拓扑学的原理,Tilove 给出了正则集的定义。正则的几何形体是由其内部点的闭包构成,即由内部点和边界两部分组成。对于几何造型中的形体,规定正则形体是三维欧氏空间中的正则集合,因此可以将正则几何体描述如下:假设 G 是三维欧氏空间中的一个有界区域,且 $G=bG \bigcup iG$,其中 bG 是 G 的 $n-1$ 维边界,iG 是 G 的内部。G 的补空间 cG 称为 G 的外部,此时正则形体 G 必须满足以下的条件:

(1) bG 将 iG 和 cG 分为两个互不连通的子空间;

(2) bG 中的任意一点可以使 iG 和 bG 连通;

(3) bG 中任意一点存在切平面,其法矢指向 cG 的子空间;

(4) bG 是二维流形。

对于正则形体集合,可以定义正则集合算子。假设 $<OP>$ 是集合运算算子(交、并、差)。如果 R^3 中任意两个正则形体 A、B 作集合运算:$R=A<OP>B$。运算结果 R 仍然是 R^3 中的正则形体,则称 $<OP>$ 为正则集合算子,正则并、正则交、正则差分别记为 $\bigcup^*, \bigcap^*, -^*$。

几何建模中的集合运算实质上是对集合中的成员进行分类的问题,Tilove 给出了集合成员分类问题的定义及判定方法。

Tilove 对分类问题的定义为:设 S 为待分类元素组成的集合,G 是一正则集合,则 S 相对于 G 的分类函数为:

$$C(S,G) = \{S \text{ in } G, S \text{ out } G, S \text{ on } G\} \tag{8-1}$$

其中:

$$S \text{ in } G = S \bigcap iG$$
$$S \text{ out } G = S \bigcap cG$$
$$S \text{ on } G = S \bigcap bG$$

如果 S 是形体的表面,G 是一正则形体,则定义 S 相对于 G 的分类函数时,需要考虑 S 的法向量。记 $-S$ 为 S 的反向面。形体表面 S 上一点 P 相对于外侧的法向量为 $\mathbf{N}_p(S)$,相反方向的法向量为 $-\mathbf{N}_p(S)$,则式(8-1)中的 $S \text{ on } G$ 可分为两种情况:

$$S \text{ on } G = \{S \text{ shared } (bG) , S \text{ shared}(-bG) \}$$

其中:

$$S \text{ shared } (bG) = \{P \mid P \in S, P \in bG, \mathbf{N}_p(S) = \mathbf{N}_p(bG)\}$$
$$S \text{ shared } (-bG) = \{P \mid P \in S, P \in bG, \mathbf{N}_p(S) = -\mathbf{N}_p(bG)\}$$

于是 S 相对于 G 的分类函数 $C(S,G)$ 可写成:

$$C(S,G) = \{S \text{ in } G, S \text{ out } G, S \text{ shared } (bG), S \text{ shared } (-bG)\}$$

由此,正则集合运算定义的形体边界可表达为:

$$b(A \bigcup^* B) = \{bA \text{ out } B, bB \text{ out } A, bA \text{ shared } (bB)\}$$
$$b(A \bigcap^* B) = \{bA \text{ in } B, bB \text{ in } A, bA \text{ shared } (bB)\}$$
$$b(A -^* B) = \{bA \text{ out } B, -(bB \text{ in } A), bA \text{ shared } (-bB)\}$$

图 8-5 是两几何形体通过交、并、差运算构造的新实体。

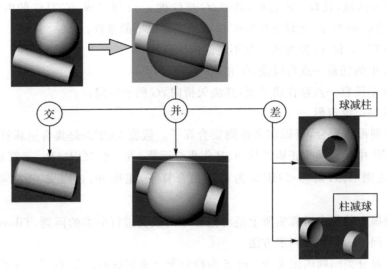

图 8-5　几何形体的交并差运算

8.2.3　物体的 CSG 树表示

在许多情况下,一个复杂物体可由一些比较简单、规则的物体经过布尔运算而得到。因而,这个复杂的物体可描述为一棵树。这棵树的终端结点为基本体素(如立方体、圆柱、圆锥),而中间结点为正则集合运算结点。这棵树叫做 CSG 树,如图 8-6所示。

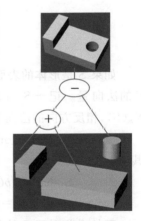

CSG 树只定义了它所表示物体的构造方式,既不反映物体的面、边、顶点等有关边界信息,也不显式说明三维点集与所表示的物体在实际空间的一一对应关系。因此,这种表示又被称为物体的隐式模型或过程模型。用 CSG 树表示一个复杂形体十分简洁,但 CSG 树不能显式地表示形体的边界,无法直接显示 CSG 树表示的形体,但采用光线投射算法能够对物体进行快速的光栅处理。

图 8-6　形体的 CSG 表示

8.3　边界表示法

8.3.1　物体的边界表示法

三维物体可以通过描述它的边界来表示,如此表示三维物体的方法称为边界表示法。

所谓边界就是物体内部点与外部点的分界面。显然,定义了物体的边界,该物体也就被惟一地定义了。图 8-7 为边界表示法的一个例子。

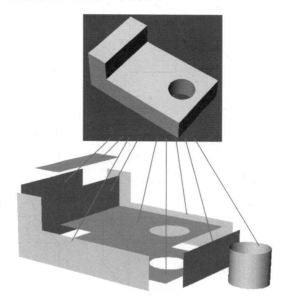

图 8-7　物体的边界表示

　　要用实体的边界信息表示一个实体,必须同时表示出实体边界的拓扑和几何信息。物体的拓扑信息指物体上所有的顶点、棱边、表面间是怎样连接的。就多面体而言,其顶点、棱边、表面之间的连接关系可以用 9 种不同的形式予以描述。如图 8-8 所示。其中,每一种关系都可由其他一种关系经过适当的运算导出。究竟采用哪种关系或哪几种关系取决于边界表示所支持的各种运算,以及存储空间的限制。例如,若边界表示要支持从边查找共享该边的多边形的运算,则数据结构中最好包括拓扑关系 $e \rightarrow \{f\}$。数据结构中保存的拓扑关系越多,对多面体的操作越方便,但是占用的存储空间也就越大。因此要根据实际情况选择拓扑关系,以提高系统的整体效率。

　　边界表示法中最为典型的数据结构是翼边结构。翼边结构是美国斯坦福大学的 B. G. Baugart 等人于 1972 年提出来的,它是一个多面体表达模式。在表面、棱边、顶点组成的形体三要素中,翼边结构以边为核心来组织数据,如图 8-9 所示。棱边的数据结构中包含 2 个点指针,分别指向该边的起点和终点,棱边被看作一个有向线段。当一个形体正好是多面体时,其棱边为直线段,由它的起点和终点惟一确定;当形体为曲面体时,其棱边可能为一曲线段,这时,必须增添一指针指向所在的曲线的数据。在翼边结构中还设有 2 个指针,分别指向棱边所邻接的两个表面上的环。由这种边环关系就能确定棱边与相邻面之间的拓扑关系。为了能从棱边出发搜索到它所在的任一闭环上的其他棱边,数据结

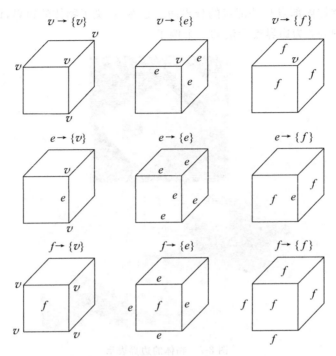

图 8-8　顶点、棱边、表面之间的拓扑关系

构中又增设了 4 个指向下边。其中右下边表示该棱边在右面环中沿逆时针方向所连接的下一条棱边，而左上边则为棱边在右面环中沿逆时针方向所连接的下一条棱边，右上边和左下边同样如此。

边界表示的另一种比较典型的数据结构是半边数据结构。它是作为一种多面体的表示方法在 20 世纪 80 年代提出来的。在构成多面体的三要素（顶点、边、体）中，半边数据结构以边为核心。为了方便表达拓扑关系，它将一条边表示成拓扑意义上的方向相反的两条"半边"，所以称为半边数据结构，如图 8-10 所示。半边数据结构在拓扑上分为 5 个层次，即体—面—环—半边—顶点，每层拓扑元素所包含的主要属性如图 8-11 所示。

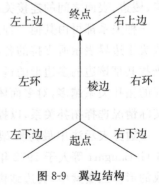

图 8-9　翼边结构

8.3.2　非流形结构的边界表示法

在几何造型系统中，一般要求实体是正则几何形体。但在实际使用中，常常会遇到非流形结构的实体，如一个锥与另一表面单点接触，两个或

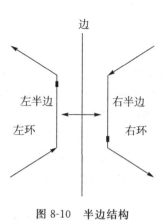

图 8-10　半边结构

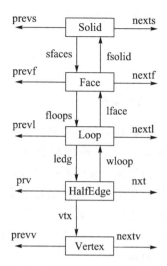

图 8-11　半边数据结构的层次关系

两个以上的面交于同一条边,具有悬挂边或悬挂面实体等,这些都不能在一个二维流形建模系统中加以处理。

为了表示这些非流形结构的实体,1986 年 Weiler 提出了辐射边(radial edge)数据结构,如图 8-12 所示。辐射边结构的形体模型由几何信息(geometry)和拓扑信息(topology)两部分组成。

几何信息有面(face)、环(loop)、边(edge)和点(vertex);

拓扑信息有模型(model)、区域(region)、外壳(shell)、面引用(face use)、环引用(loop use)、边引用(edge use)和点引用(vertex use)。

这里点是三维空间的一个位置,边可以是直线边或曲线边,边的端点可以重合。环是由首尾相接的一些边组成,而且最后一条边的终点与第一条边的起点重合;环也可以是一个孤立点。外壳是一些点、边、环、面的集合;外壳所含的面集有可能围成封闭的三维区域,从而构成一个实体;外壳还可以表示

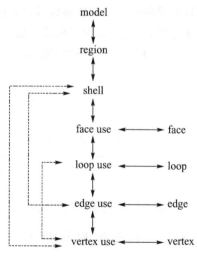

图 8-12　辐射边数据结构

任意的一张曲面或若干个曲面构成的面组;外壳还可以是一条边或一个孤立点。外壳中的环和边有时被称为"线框环"和"线框边",这是因为它们可以用于表示形体的线框图。

区域由一组外壳组成,而模型由区域组成。

8.4 其他表示方法

8.4.1 扫描法

扫描法的基本思想非常简单:一个在空间移动的几何集合,可扫描出一个实体。扫描法可表示为"运动的物体"加上"轨迹"。仅仅当二维的几何集合体表示正确时,才能得到正确的扫描体。常用的扫描方式有:平移式、旋转式和广义式。

平移扫描法——若扫描是沿垂直于二维的集合进行的,即为平移扫描。

旋转扫描法——若扫描是绕某一轴线旋转某一角度,即为旋转扫描。

广义扫描法——如果使二维几何集合沿一条空间曲线的集合扫描,则可以形成一个复杂的几何体。

平移式的扫描将一平面区域沿某矢量方向移动一给定的距离,产生一个柱体,如图8-13所示。常用的立方体和圆柱体等基本体即可以用此法生成。但是它的适用范围只限于具有"平移对称性"的一些实体。旋转式的扫描将一平面区域绕一轴线旋转,产生一个旋转体,一个矩形如以它的一边为轴旋转后产生一个圆柱体。类似地,可以产生圆锥、圆台、球、圆环等,如图8-14所示。它只限于具有"旋转对称性"的实体。广义扫描将一平面区域沿任意的空间轨迹线移动,生成一个三维物体,如图8-15所示。广义的扫描的造型能力很强,完全包含平移式和旋转式扫描。但是由于广义扫描的几何造型算法十分复杂,因此平移式和旋转式扫描仍然从广义扫描中独立出来,单独处理。

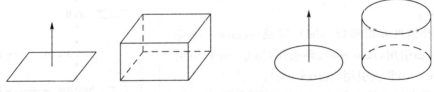

图8-13 平移式扫描

扫描法简单可靠,使用方便,是实体造型系统常用的建模方法。

8.4.2 立方体网格模型

立方体网格模型是将包含实体的空间分割成均匀的小立方体,建立一个三维数组,使数组中的每一个元素 $p[i][j][k]$ 与 (i,j,k) 的小立方体相对应。当该立方体被物体所占据时,$p[i][j][k]$ 的值为1,否则为0。这样数组就惟一地表示了包含于立方体之内的所有物体。

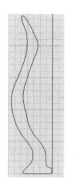

图 8-14　旋转式扫描

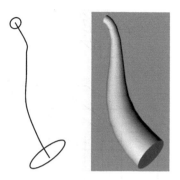

图 8-15　广义式扫描

采用这种模型,可以表示任何实体,而且很容易实现实体的集合运算以及体积计算。但是这种方法不是一种精确的表示法,其近似程度完全取决于分割的精度,与几何体的复杂程度无关。另外,更重要的是要存储全部的有关信息需要大量的存储空间。

8.4.3　八叉树模型

八叉树表示是一种层次结构,首先在空间中定义一个能够包含所表示物体的立方体。立方体的 3 条棱边分别与 x,y,z 轴平行,边长为 2^n。若立方体内空间完全由所表示的物体所占据,则物体可用这个立方体予以表示,否则将立方体等分为 8 个小块,每块仍为一个小立方体,其边长为原边长的 1/2。将这 8 个立方体依次编号为 $0,1,2,\cdots,7$,如图 8-16 所示。如果子立方体单元已经一致,即为满(该立方体充满形体,则标识为"FULL")或为空(没有形体在其中,则标识为"EMPTY"),则该子立方体停止分解;否则,该立方体进一步分解。依此方式,物体在计算机内可表示为一棵八叉树。凡是标识为"FULL"或"EMPTY"的立方体均为终端结点,而标识为"PARTIAL"的立方体为非终端结点。最后,分割生成的每一小立方体的边长为 1 个单位时,分割即终止。此时应将每一标识为"PARTIAL"的小立方体重新标识为"FULL"。三维物体的八叉树表示如图 8-16 所示。

物体之间的集合运算在八叉树表示中具有十分简单的形式。由定义可知,两物体的并就是这两个物体一共占有的空间,而物体之间的交即它们共同占有的空间。由于物体的八叉树表示就是它内部所有的大大小小的立方体组成,因此对物体执行并、交、差运算时,只需要同时遍历参加集合运算的两物体相应的八叉树,就可以获得拼合体的八叉树,而无需进行复杂的求交运算。

用八叉树表示的实体,很容易计算实体的整体性质,如质量、体积等。八叉树中每一层节点的体积都是已知的,只要遍历一次即可获得整个实体的体积。

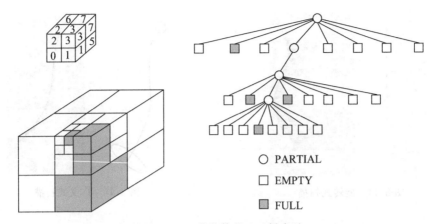

图 8-16　三维物体的八叉树表示

　　容易实现隐藏线和隐藏面的消除。消隐算法的关键是按其距离视点的远近排序,而在八叉树表示中,各节点之间的排序的关系是简单且固定的,使得计算比较容易。

　　采用八叉树表示的实体,通常是不能精确地表示一个实体的,并且对八叉树表示的实体做任意的几何变换也比较困难。采用八叉树表示的最大缺点是所需要的存储容量较大。

8.4.4　四面体网格模型

　　四面体网格模型是将包含实体的空间分割成四面体单元的集合,与六面体网格模型相比,四面体网格模型可以以边界面片为四面体的一个面,模型精度高,能够构建复杂形体的网格模型,在复杂对象的科学计算和工程分析中具有重要的应用。但四面体网格模型数据结构复杂,实现复杂空间域边界一致的四面体剖分是近年来的研究热点,相关理论和算法正日渐成熟。如图 8-17 和图 8-18 是四面体网格剖分的实例。

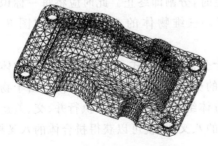

图 8-17　零件的表面网格图

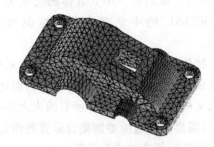

图 8-18　零件的实体网格消隐图

8.5　几何建模方法的应用与发展

　　不同的几何建模方法可以满足不同的应用需求,对计算机软硬件的要求也不同。在计算机图形学发展的早期,计算机软硬件加速性能有限,只能采用线框模型表达不太复杂的对象,计算机图形学的应用也处于初级阶段。随着计算机软硬件的快速发展,计算机的运算速度、内存容量以及图形运算的软硬件加速,为复杂对象的计算机表达创造了条件,即使如此,目前计算机软硬件条件要实现三维实体的真实感实时动态显示仍有一定的困难,所以在计算机图形学的应用过程中要根据实际需求采用合适的几何模型,如复杂物体动态真实感显示有困难,可在旋转、平移或缩放过程中显示线框模型,选定参数后可用静态的真实感图片表示设计结果。目前常用的 CAD 软件一般都包含线框模型、面模型、体模型,根据需要,可灵活使用。近年来,参数化设计与基于特征的造型方法不断发展,并在 UG、ProE 等大型 CAD 软件中得到实用。此外,基于体元的体绘制方法是计算机图形学最新的发展分支,在 CT、核磁共振等规则数据的处理中获得了应用。体绘制的方法简化了物体的建模过程,它的出现大大丰富了传统计算机图形学的研究内容,未来会在更多的领域获得应用。

习　　题

8.1　试比较线框模型和实体模型的优缺点。

8.2　叙述自然对象和人造对象在计算机中表达的难易程度。

8.3　给出在翼边结构中遍历环中所有边的算法。

8.4　结合应用专业方向,叙述实际应用中对三维建模的要求。

8.5　思考如何利用 OpenGL 的颜色缓冲、深度缓冲模板实现两个几何体的交、并与差的结果显示。

8.6　设计一个利用 OpenGL 交互式地生成球、长方体等简单集合体的程序,通过定义简单几何体之间交、并与差的关系,将其集合运算结果用 8.5 中的方式显示出来,实现一个简单的 CSG 树三维建模软件。

8.7　设计一个利用 OpenGL 交互式地在空间面上生成曲线,实现用平移、旋转等扫描转换方法生成曲面的功能。

8.8　设计一个多面体边界表示法的数据结构,实现一个交互式地在长方体表面增加方孔的程序。

第9章

计算机图形学相关的研究领域

"图是工程师的语言"。计算机图形学自诞生后在众多领域得到了应用,尤其是随着计算机软硬件技术的快速发展,计算机图形学的应用范围不断拓宽,应用水平不断提高。计算机图形学在应用过程中与专业知识相结合,衍生出很多新的学科,如计算机动画、CAD/CAE/CAPP/CAM/CIMS、仿真、可视化、虚拟现实以及逆向工程等,这些基于计算机图形学的应用学科在现代社会中发挥着重要作用,很多学科还在快速发展之中。本章介绍其中部分学科。

9.1 计算机辅助设计与制造

9.1.1 概述

计算机辅助设计(computer aided design,CAD)和计算机辅助制造(computer aided manufacturing,CAM),是指以计算机为主要技术手段来生成和运用各种数字信息与图形信息,以进行产品设计和制造。计算机辅助设计包括的内容很多,如概念设计、优化设计、有限元分析、计算机仿真、计算机辅助绘图和计算机辅助设计过程管理等。计算机辅助制造(CAM)是指计算机在产品制造方面有关应用的总称。CAM有广义和狭义之分,广义CAM一般是指计算机辅助进行的从毛坯到产品制造过程中的间接和直接的所有活动,包括工艺准备、生产作业计划和物料作业计划的运行控制、生产控制及质量控制等。狭义CAM通常仅指数控程序的编制。数控编程是对所有采用数控的设备,如数控机床、数控检测仪器和数控机器人等进行程序设计,包括刀具路径的规划、刀位文件的生成、刀具轨迹仿真以及数控代码(又称NC代码)的生成等。一般来说,狭义的概念采用得比较广泛。

CAD/CAM最早源于航空工业和汽车工业,20世纪80年代伴随计算机软硬件技术水平的提高,CAD/CAM快速发展。进入20世纪90年代,由于数据库和网络技术的发展,CAD/CAM已发展成为集市场信息、设计、加工、原材料、质量保证和销售服务于一体的计算机集成制造系统(computer integrated manufacture system,CIMS)。

在工业化国家如美国、日本和欧洲，CAD/CAM 已广泛应用于设计与制造的各个领域，如飞机、航空航天、汽车、船舶、建筑和集成电路中，很多产品实现了 100％的计算机绘图。CAD 系统的销售额每年以 30％～40％的速度递增，各种 CAD/CAM 软件的功能越来越完善，越来越强大。国内于 20 世纪 70 年代末开始 CAD/CAM 技术的大力推广应用工作，并且已经取得了可喜的成绩。CAD/CAM 技术在我国的应用方兴未艾。

9.1.2　CAD/CAM 系统的组成与功能

CAD/CAM 系统由硬件和软件两部分组成。硬件由计算机及其外围设备和网络组成。计算机分为大型机、中/小型机、工作站和微机四大类。目前应用较多的是 CAD 工作站，国内主要是微机和工作站。外围设备包括鼠标、键盘、扫描仪、显示器、打印机、绘图仪、拷贝机和数控加工中心等设备。网络可以实现资源共享，先进的 CAD/CAM 系统都是以网络的形式出现的，特别是在并行工程环境中，为了进行产品的并行设计，网络更是必不可少的。CAD/CAM 系统的软件分为两大类：支撑软件和应用软件。支撑软件包括操作系统、程序设计语言及其编辑系统、数据库管理系统(对数据的输入、输出、分类、存储、检索进行管理)和图形支撑软件。应用软件是指用户针对本领域任务设计的程序包，包括图形处理、几何造型、有限元分析、优化设计、动态仿真、数控加工、检测与质量控制等软件。

CAD/CAM 系统应具备几何造型、物性计算、有限元分析、优化设计、图形显示与处理、运动分析与仿真、数控加工和信息管理等功能。

9.1.3　CAD/CAM 技术的研究热点

1. 参数化设计

用 CAD 方法开发产品时，建模速度是决定整个产品开发效率的关键。产品开发初期，零件形状和尺寸有一定模糊性，要在装配验证、性能分析和数控编程之后才能确定。这就希望零件模型具有易于修改的柔性。参数化设计方法就是将模型中的定量信息变量化，使之成为可以调整的参数。对于变量化参数赋予不同数值，就可得到不同大小和形状的零件模型。

在 CAD 中要实现参数化设计，参数化模型的建立是关键。参数化模型表示了零件图形的几何约束和工程约束。几何约束包括结构约束和尺寸约束。结构约束是指几何元素之间的拓扑约束关系，如平行、垂直、相切、对称等；尺寸约束则是通过尺寸标注表示的约束，如距离尺寸、角度尺寸、半径尺寸等。工程约束是指尺寸之间的约束关系，通过定义尺寸变量及它们之间在数值上和逻辑上的关系来表示。

参数化设计可以大大提高模型的生成和修改的速度，在产品的系列设计、相似设计及专用 CAD 系统开发方面都具有较大的应用价值。目前，参数化设计中的参数化建模方法主要有变量几何法和基于结构生成历程的方法,前者主要用于平面模型的建立,而后者更适合于三维实体或曲面模型。

2. 智能 CAD

智能 CAD 是指通过运用专家系统、人工神经网络等技术使作业过程具有某种程度人工智能的 CAD 系统。

专家系统是能在某个特定领域内,用人类专家的知识、经验和能力去解决该领域中复杂困难问题的计算机程序系统。专家系统在 CAD 作业中适时给出智能化提示,告诉设计人员下一步该做什么,当前设计存在的问题,建议解决问题的几何途径;或模拟人的智慧,根据出现的问题提出合理的解决方案。专家系统是基于知识的系统,知识工程是专家系统技术的基础。专家系统通常由知识库、推理机、知识获取系统、解释机构和一些界面组成。

人工神经网络在工程设计中的应用正在不断地发展,基于神经网络的专家系统在知识获取、并行推理、适应性学习、联想推理以及容错能力方面明显优于传统的专家系统。

3. 基于特征的设计

特征设计是用易于识别的、包含加工信息的几何单元,如孔、槽、倒角等,来取代以往设计中所用的纯几何描述,如直线、圆弧等。特征是构造零件的最基本的单元要素,它既反映零件的几何信息,又反映零件的加工工艺特征信息。对基于特征的设计系统,孔是一个特征,具有直径、长度、公差、表面粗糙度和位置等属性,并包括它在装配图中的情况。每一个特征基本上对应一组加工制造方法。特征的“语义”,使设计人员和工艺人员对同一特征有相同的理解,并且特征定义显式地包含了所有几何和非几何信息。因此,基于特征的设计更适合于 CAD/CAM 的集成和 CIMS 中的建模需要。

4. 相关性设计

相关性设计为设计工作提供了极大的方便。用户无论是在什么地方进行修改,系统会自动地更新与修改有关的内容。例如,当用户在左视图上对某个尺寸进行修改,主视图、俯视图和三维模型中相应的尺寸和形状会随之改变。反之,在三维模型设计中的修改,同样会在三视图中得到改变。

5. NURBS 几何构型技术

采用非均匀有理 B 样条(NURBS)技术可以使系统在描述自由曲线、曲面以及精确的二次曲线、曲面时,能够采用统一的算法和表示方法。用 NURBS 技术构造的曲面易于生成、修改和存储,为系统提高对曲面的构造能力和编辑修改能力打下了基础。

6. 装配设计和管理

装配设计是指系统能够同时完成产品或装配部件的设计,而不是个别零件的设计。

由于涉及到许多零件的装配关系,装配设计需要考虑的因素复杂,具有装配设计功能的系统需要采用的技术和手段也较多,如前面提及的特征设计、参数化设计、相关性设计等。对于具有装配设计功能的系统还应能够提供有关装配方面的管理能力,如装配零件逻辑关系、装配件干涉检查、生成装配材料明细表、零件装配关系展开图、测算装配件的运动学及动力学特性等。

7. CAD/CAM 系统的网络化与集成化

网络技术是计算机技术和通信技术相互渗透、密切结合的产物,在计算机应用和信息传输中起着越来越重要的作用。通过网络可以实现资源共享和协调合作,发挥更大的效能。CAD/CAM 系统中所需的所有公共信息,如图形、数据、零件及编码等可存储在服务器的公共数据库中,而各工作站可以通过网络共享其中的数据,进行各自的设计工作。工作站之间也可以通过网络交换相互所需的中间和最后处理结果。

基于数据库、网络技术,企业可将 CAD/CAM 系统与市场信息、原材料、产品数据管理及市场销售等管理信息系统集成在一起形成 CIMS 系统,共享信息和资源,达到经济上最合理、技术上最先进的最优化方案。

8. 面向对象的设计方法

面向对象方法是分析问题和解决问题的新方法。其基本出发点就是尽可能按照人类认识世界的方法和思维方式来分析和解决问题。在 CAD/CAM 系统中,所定义的对象可以是用来描述几何模型,如点、线、圆、平面、折线、曲线、曲面和体素等,也可以是用来描述加工过程的零件模型、加工特征、刀具类型和刀位指令等。

9.1.4 应用实例

图 9-1 和图 9-2 是桥梁和汽车的计算机辅助设计的效果图。

图 9-1　杭州湾大桥海中平台

图 9-2　汽车设计模型

9.2　计算机动画

9.2.1　概述

动画是运动中的艺术,是一系列图形图像的顺序显示所产生的视觉效果。计算机动画是指用绘制程序生成一系列的景物画面,通过足够快的速度显示一系列的单个帧以产生活动的感觉。一般来说,动画播放速度要在 15 帧/s 以上,电影业的标准是 24 帧/s,欧洲 PAL 制式视频标准是 25 帧/s,而美国的 NTSC 制式是 30 帧/s。

计算机动画技术最初是应影视业发展的要求而产生的。在计算机动画产生之前,法国人 Emile Cohl 于 1908 年开创了电影动画卡通(cartoon)。1928 年 Walt Disney 电影制片厂开始制作动画片,塑造了米老鼠、唐老鸭等家喻户晓的卡通形象。卡通动画制作的过程是:设计故事情节,写出文学剧本和画面剧本,进行任务造型和景物创作,规划设计对白与音响,设计关键帧,画出中间帧,手稿图动作测试,描线和上色,检查和拍摄以及后期制作等。动画每秒要播放 24 张。一部 10min 的美术电影,要画数以千万张原画,而且每幅要反复 3～5 次工序才能完成。然后描线上色、检查、摄制,约需要 4 个月的时间,如果是精品,需要 1 年的时间才能完成。动画制作工艺繁多,劳动强度大,制作周期长。

计算机动画是计算机和艺术的结合。它综合运用计算机图形学、物理学、机械学、心理学、美学、生命科学及人工智能等学科或领域的知识来研究客观存在或高度抽象的物体的运动表现形式。随着计算机图形学和硬件技术的快速发展,人们已经可以用计算机生成高质量的图像,计算机动画不再是陌生的名词。它已渗透到人们生活的各个角落。在《侏罗纪公园》和《终结者》等优秀电影中,人们可充分体会到计算机动画技术的魅力。计算机动画不仅可应用于商业广告、电视片头、影视特技、动画片和游艺场所,还可用于教育、军事、飞行模拟和科研。

计算机动画可分为"计算机辅助动画"和"计算机生成动画",也就是通常说的"二维动画"和"三维动画"。1963 年 Bell 实验室的 Edward E. Zajac 制作了一个有关地球卫星在太空运行的线框图形的动画,被认为是第一部数字计算机动画作品。计算机三维彩色逼真动画是从 20 世纪 70 年代中期开始的,并首先用于军事,如飞行模拟。Evans Sutherland 的飞行模拟器有助于训练飞机驾驶员,使他们不用离开地面就能进行起飞和着陆的练习,其中显示屏上的跑道、地平线、建筑物以及空中其他飞过的飞机形象都是由计算机动画实现的。从这个时候开始,制作计算机动画的公司纷纷出现,大量的电视节目片头和电视广告采用这个新技术。好莱坞制作的《星球大战》,迪斯尼制作的《TRON》中使用了由计算机生成的动画画面,代替了实际模型制作和拍摄。反映当代计算机动画最高水平的代表作是《终结者Ⅱ》和《侏罗纪公园》,超现实而又十分逼真的视觉形象使人们获得梦幻般的极大享受,创造了较高的票房收入。

《侏罗纪公园》将 1 亿 4000 万年前的恐龙和现代人的生活情景糅合在一起,电影中最激动人心的 6min 动画使用了 75 台 SGI 工作站,利用 Alias 软件建立恐龙线框模型,利用 Softimage 软件将恐龙的线框模型以适当的姿势和动作运动起来,再用 Colorbrust 和 RenderMan 为恐龙的线框模型蒙皮、上色、打灯光、生成阴影,并插入影片的实拍镜头之中。

计算机动画可创造出五彩缤纷的三维世界,色、光、影、纹理、质感都十分逼真,可以产生不同材料的质感或特殊的表面效果,如金属、木纹、大理石以及透明的质感。在加速、匀速、减速方面可以计算得很准确,超过手工动画。丰富创作手段,突出反映主题。

计算机动画所生成的是一个虚拟的世界,画面中的物体并不需真正去建造,物体、虚拟摄像机的运动也不会受到什么限制,动画师几乎可以随心所欲地编织他的虚幻世界。《狮子王》、《玩具总动员》是优秀的计算机动画影片,其中《玩具总动员》是纯三维动画影片。

将三维动画与实景合成是最新的三维动画特技。《终结者》、《侏罗纪公园》、《真实的谎言》、《龙卷风》、《独立日》及《泰坦尼克》等都采用这种技术,是好莱坞近年来卖座片模式中的经典。

在国内,1990 年第 11 届亚运会影视节目的片头是计算机动画。1992 年 4 月,北京科教电影制片厂与北方工业大学合作,摄制了一部计算机二维、三维结合的科普美术品《相似》(长 10min),是我国第一部计算机动画影片。

计算机动画已有三十多年的历史,其中经历了从二维到三维,从线框图到逼真感图像,从逐帧动画到实时动画的发展过程,一年一度的 SIGGRAPH 每年展出很多计算机动画作品。目前的三维动画,由于受计算机运算速度、图形处理功能以及图形计算方法的限制,还未实现高度逼真感、高分辨率的三维实时动画。三维动画中的景物造型、动作控制与调试还是一件相当麻烦的事情,人体动作模仿、脸部表情还不太成功。

目前,计算机动画已进入实用阶段,国际上涌现了许多优秀的动画软件。用于图形工作站上成熟的商品化动画软件主要有美国的 WaveFront、加拿大的 SoftImage 和 Alias、法国的 Tdi 等;用于微机上的有 3DStudio。一些动画领域新的研究成果得到了迅速的应用,如粒子系统、群体运动、FFD 变形技术、动力学模型、关节运动及二维 morphing 技术等都可从这些优秀软件中见到。这些动画软件由于各自的特色和优势,都拥有广阔的市场,并都在不断推陈出新,逐步完善和改进。

9.2.2 分类

计算机动画的分类方法很多,按不同的动画生成技术可以将计算机动画分为:关键帧动画、变形物体的动画、过程动画、关节动画和人体动画,以及基于物理的动画等。

1. 关键帧动画

关键帧的概念源于传统的卡通动画。在早期的卡通动画的制作步骤中,熟练的动画设计师设计卡通片的关键画面,即关键帧。然后由一般的动画设计师设计中间帧。对于计算机动画,中间帧是由计算机通过插值计算的方法来完成的。

2. 变形物体的动画

变形动画把一种形状或物体变成另一种不同的形状或物体,而中间过程则通过形状或物体的起始状态和结束状态进行插值计算。电影《终结者》中机械杀手 T-1000 由液体变为金属人,由金属人变为影片中的其他角色。大部分变形方法与物体的表示有密切的关系,如通过移动物体的顶点或控制顶点来对物体进行变形。为了使变形方法能很好地结合到造型和动画系统中,近 10 年来,人们提出了许多与物体表示无关的变形方法。对于多边形表示的物体,物体的变形可通过移动其多边形顶点来达到。但是,多边形的顶点以某种内在的连接关系相关联,不恰当地移动很容易导致三维走样问题,比如原来共面的多边形变成了不共面的。参数曲面表示的物体可较好地克服上述问题。移动控制顶点仅仅改变了基函数的系数,曲面仍然是光滑的,所以参数曲面表示的物体可处理任意复杂的变形。多边形和参数曲面表示各有其优缺点。

3. 过程动画

过程动画指的是用一个过程去控制物体的动画。过程动画经常牵涉到物体的变形,但与前面所讨论的柔性物体的动画不一样。在柔性物体的动画中,物体的变形是任意的,可由动画师任意控制的;在过程动画中,物体的变形则基于一定的数学模型或物理规律。Reeves 的粒子系统是过程动画的较早工作,粒子系统已经成功地模拟了电影《Star Trek: The Wrath of Khan》中的一系列特技镜头。如草叶随风的飘动。粒子系统还可用来模拟由风引起的泡沫和溅水的动画。Reed 等人用粒子系统成功地模拟了闪电。在生物界,许多动物,如鸟、鱼等以某种群体的方式运动。这种运动既有随机性,又有一定的规律性。最近,布料动画成了人们感兴趣的研究课题。布料动画的一个特殊应用领域为时装设计,近几年,研究者们更多地用基于物理的方法去模拟。基于弹性理论,Terzopoulos 等人提出了一种控制变形曲面运动的方法,并用来模拟旗帜的飘动和地毯的坠落过程。

4. 关节动画和人体动画

关节动画能够模拟运动的传递关系,解决一般机械传动系统运动的演示问题。基于人体的动画是最复杂的动画,人体具有 200 个以上的自由度和非常复杂的运动,人的形状不规则,人的肌肉随着人体的运动而变形,人体的运动不是简单的刚体运动,人的个性、表情等千变万化,受生理和心理等多方面因素的影响。可以说,人体动画是计算机动画中最富挑战性的课题之一。

正向或逆向运动学是设置关节动画的有效方法。通过对关节旋转角设置关键帧,得到关联各个肢体的位置,这种方法一般称为正向运动学方法。对于一个具有多年经验的专家级动画师,能够用正向运动学方法生成非常逼真的运动。但对于一个普通的动画师来说,通过设置各个关节的关键帧来产生逼真的运动是非常困难的。一种实用的解决方法是通过实时输入设备记录真人各关节的空间运动数据。由于生成的运动基本上是真人运动的复制品,因而效果非常逼真,且能生成许多复杂的运动。

逆运动学方法在一定程度上减轻了正运动学方法的繁琐工作,用户指定末端关节的位置,计算机自动计算出各中间关节的位置。

把运动学和动力学相结合能够产生更加逼真的动画。与运动学相比,动力学方法能生成更复杂和逼真的运动,并且需指定的参数相对较少。但动力学方法的计算量相当大,且很难控制。动力学方法中另一重要问题是运动的控制,在动作设计中,用动作传感器将演示的每个动作姿势通过传感器传送到计算机上的图像中,来实现理想的动作姿势,也可以用关键帧方法或任务骨骼造型动画法来实现一连串的动作。

在脸部表情的动画模拟方面,较早的方法有用数字化仪将人脸的各种表情输入到计算机中,然后用这些表情的线性组合来产生新的脸部表情。该方法的缺点是缺乏灵活性,不能模拟表情的细微变化,并且与表情库有很大关系。1987 年,Waters 提出了一个脸部表情动画模拟方法。该方法由一个参数肌肉模型组成,人的脸用多边形网格来表示,并用肌肉向量来控制人脸的变形。

5. 基于物理模型的动画技术

基于物理的动画称为运动动画,其运动对象要符合物理规律。基于物理的动画一般采用实时动画绘制技术,即当前显示的画面是实时计算并绘制的。一般运动动画(即刚体运动动画)要符合运动学和动力学规律,并满足几何约束、运动约束和力约束等条件。运动动画的一个重要部分是碰撞检测,目前已有很多碰撞检测方法,如半径法、包围盒法和标准平面方程法等。

基于物理模型的动画技术是 20 世纪 80 年代后期发展起来的一种新技术。尽管该技术比传统动画技术的计算复杂度要高得多,但它能逼真地模拟各种自然物理现象,这是基于几何的传统动画生成技术所无法比拟的。基于物理模型的动画技术考虑了物体在真实世界中的属性,如质量、转动惯矩、弹性和摩擦力等,并采用动力学原理来自动产生物体的运动。当场景中的物体受到外力作用时,牛顿力学可用来自动生成物体在各个时间点的位置、方向及其形状。此时,动画师不必关心物体运动过程的细节,只需确定物体运动所需的一些物理属性及一些约束关系,如质量、外力等。在刚体运动模拟方面,研究重点主要集中在采用牛顿动力学的各种方程来模拟刚体系统的运动。由于在真实的刚体运动中任意两个刚体不会相互贯穿,因而在运动过程模拟时,必须进行碰撞检测和碰撞响应。

在真实物理世界中,许多物体并非完全是刚体,它们在运动过程中会产生一定的形变。由于基于几何的变形是人为给定的,因而变形过程缺乏真实性。1986 年,Weil 首次将基于物理模型的柔性物体引入到计算机动画中。Miller 用质点-弹簧系统模拟了蛇和虫子这类无腿动物的蠕动动画。Tu 等人提出了一种模拟鱼的行为的动画。玻璃和陶瓷类物体的破裂模拟是动画中的一个复杂问题。Norton 等人提出了一个基于三维质点表示的破裂动画模拟方法。由于求解物理模型采用数值计算,因而计算量非常大。

9.2.3 双缓存实现帧动画

实现动画时一般至少需要一个帧缓存器,并在缓存器中存储和操作像素数据。帧缓存是由缓存组成的逻辑集,这些缓存包括颜色缓存、深度缓存、累积缓存和模板缓存。为了实现平滑动画以及消除画面的闪烁感,可以采用双缓存技术。这种技术的原理是:程序把帧存看成是两个视频缓存,在任意时刻,只有两者中的一个内容才能被显示出来。当前可见视频缓存称为前台视频缓存,不可见的正在画的视频缓存称为后台视频缓存。当后台视频缓存中的内容被要求显示时,视频交换机制就会将它复制至前台视频缓存。显示硬件则不断读出视频缓存中的内容,并把结果显示在屏幕上。

双缓存技术可以生成平滑的动画,最好把一幅完全画好的图像显示一定的时间,然后提供下一幅画面,视频图像按此方式交替出现,从一幅图像变化到下一幅图像,由于时间极短,人眼不会感觉到这种变化。

通过关键帧技术设计流畅的动画,帧与帧之间画面过渡不要太大,否则就会引起画面跳跃,出现不连续的现象。

9.3 可 视 化

9.3.1 可视化发展历程

随着计算机科学与技术的迅猛发展,科学计算与工程分析中处理的数据量越来越大。仅超级计算机在近十年中从十亿次到千亿次、万亿次的计算机也已诞生,其产生数据的能力提高了 3 个数量级以上。地球卫星、宇宙飞船、天文望远镜、CT 扫描仪及核磁共振仪等先进仪器所产生的数据与日俱增。与产生数据的手段及速度相比,人类理解数据的手段、速度滞后很多,大量数据被积压,许多时效性很强的数据因未得到及时处理而浪费,造成很大损失。由于数据理解手段的落后,数据处理过程中很多信息被丢失,数据中蕴涵的特性未能被准确、充分地显示出来。为了解决这一问题,1986 年 2 月,美国国家科学基金会(NSF)的高级科学计算部门召开了关于"图形、图像处理和工作站"的讨论会,与会成员一致认为:要把先进的图形图像软、硬技术应用于大型科学与工程计算,将数据转换为图形(像),利用人类的视觉功能提高数据处理速度和准确度。1987 年 2 月,美国国家科学基金会正式组织召开了"科学计算可视化"(Visualization in Scientific Computation)专题讨论会,与会人员包括学术界、企业界和政府代表,年底发表了讨论会的总结报告,标志着科学计算可视化作为一门新兴学科宣告诞生。B. H. McCormick 等人在报告中认为:"科学计算可视化对科学生产力和重大科学突破将产生巨大影响,这种影响可与巨型机的影响相比拟"。因此科学计算可视化诞生后很快成为科学技术研究的有力工具,在众多领域引起了广泛的研究。

视觉信息是人类最主要的信息来源。医学和心理学研究表明,人类日常生活中接受的信息 80% 来自视觉,而 50% 的脑神经细胞与视觉相连。可视化技术的本质是将数据转换为图形或图像,利用人类视觉功能提高人类理解数据的能力。

事实上,人类很早就开始用图来表达信息,只是在计算机图形学诞生之前是人工绘图,表达的是外表信息或简单的统计数据。计算机发明后首先用于科学计算和工程分析,计算机图形图像技术是 20 世纪 60、70 年代才发展起来的计算机技术,早期计算机图形学主要用于形状表达,随着其应用和研究水平的提高,计算机图形学可以对物体内部深层次进行表达,在流场、温度场、应力场、电磁场、声场等不可见数据场的分析与显示方面得到应用,进入"可视不可视"(see the unseen)阶段,实现了计算机计算和显示功能的结合,这种功能组合为科学计算可视化技术的诞生奠定了基础。

科学计算可视化(visualization in scientific computation)综合利用计算机图形学、图像处理、计算机视觉、计算机辅助设计等多门学科,将数据转换成图形及图像并进行交互处理,利用人的视觉功能提高人的理解数据的能力。

进入 20 世纪 90 年代,世界各国投入了大量的人力、物力、财力,有计划有组织地开展了可视化技术的研究。可视化技术在计算流体力学、有限元分析、生物医学、分子模型构造、地学、空间科学、天体物理及气象预报等众多领域获得了成功应用,促进了数学、物理、化学等基础科学的发展,在生命信息、社会信息的研究中亦发挥了重要作用。由于涉及领域很宽,出现了数据可视化(data visualization)、信息可视化(information visualization)等术语,信息可视化丰富了可视化的研究内容,表明可视化技术已从空间数据向非空间数据拓展。现在大多用可视化(visualization)来涵盖这一领域的理论和应用研究。

可视化技术利用人类的视觉功能提高人类处理数据的能力,拓宽了人类理解数据、认识世界的思路,促进了各种表达手段的发展。随着多媒体技术、虚拟现实(VR)技术的发展,人类将综合利用视觉、听觉、触觉、嗅觉来提高数据处理的速度和准确度。

9.3.2 可视化的研究内容

可视化的研究内容包括可视化工具和应用两方面,汇总如表 9-1。可视化技术的应用研究领域很宽,随着可视化研究和应用水平的提高,其应用范围将发生变化,事实上目前可视化技术在社会科学、生命科学中已有应用。

表 9-1　可视化研究内容

可视化研究内容	可视化工具研究	硬件平台研究
		可视化计算机体系结构
		可视化输入/输出设备
		(包括人-机交互设备)
		高速网络应用
	参考模型研究	数据处理模块
		映射模块
		绘制模块
		显示模块
	软件系统研究	可视化软件系统结构
		函数库与标准化
		人-机交互功能
		远程可视化支撑软件
	可视化应用研究	自然科学领域
		分子构模、医学图像、脑结构与功能、空间探索、天体物理、地球科学等
		工程技术领域
		计算流体力学、有限元分析、CAD/CAM 等

根据科学计算处理的对象,可视化可分为标量、矢量及张量等不同类别数据场的可视化以及多维标量数据的信息可视化。

可视化过程一般分为数据预处理、映射、绘制和显示 4 步。

1. 数据预处理

原始数据预处理部分涉及的操作:数据格式及其标准化、数据变换技术、数据压缩和解压缩。针对不同的可视化方法和内容,需要对原始数据做变换处理,以满足可视化要求。对原始数据进行变换处理的操作主要包括:数据规范化处理、滤波处理、平滑处理、网格重新划分、几何变换、分割与边缘检测、特征检测、增强和提取、查色表操纵和特征映射,等等。

2. 映射

映射模块是完成将数值数据转变成几何数据的功能,因此映射功能实质上完成的是数据建模功能,是可视化技术的核心。可视化处理的数据类型随着应用领域的不同而不同,因此对不同类型的应用数据应采用不同的映射技术。

3. 绘制

绘制功能完成将几何数据转换成图像的过程,计算机图形学中真实感成像包括两部分:物体的精确图形表示和场景中光照效果的适当物理描述。物体的精确图形表示包括几何体建模技术、扫描转换技术、反走样技术和隐藏面消除技术。一个完整精确的图形描述通常需要综合应用这些技术,同时,还要考虑用户对图形表示的需要,不能把图形模型建得过于简单,也不能过于复杂。光照效果包括光的反射、透明性、表面纹理和阴影。光照效果由描述物体表面各点光强的光照模型来表示。为可见物体建立光照效果模型是一个非常复杂的过程,大多数软件都采用由物体表面光强度的物理公式推导出来的简化光照模型。

4. 显示

显示模块的功能是将绘制模块生成的图像数据,按用户指定的要求进行输出。显示模块除了完成图像信息输出功能外,用户的反馈信息也是通过显示模块传送到其他软件层中,以实现人机交互。人机交互是可视化的一项重要指标,许多可视化要求实现动态调整映射关系,通过改变视图遍历数据,视图缩放等操作。

9.3.3 可视化方法

三维数据场的可视化方法主要有面绘制和体绘制两类。面绘制(surface based method)是指体表面的重建,也即由三维数据中抽取出等值面,然后再由传统的图形学技术实现表面绘制。除了等值面,基于传统图形学的可视化方法还可以采用等值线或流线表示二维数据场或三维数据场的截面,面绘制可以有效地绘制三维体的表面,但缺乏内部信息的表达。体绘制(volume rendering)以体素作为基本单元,直接由切片数据集生成三维体的图像,也称直接体绘制,能够表示对象体的内部信息,但计算量大,包括数据的采样、重构、重采样、组合、绘制等操作。

体绘制主要是针对体数据的可视化方法。体数据是对有限空间的一组离散采样,每个采样点上的采样值可以是一种或多种,其结果是以有限个采样来描述场空间。体数据是真正的三维实体,它含有物体内部信息。体视化的任务就是要揭示物体内部复杂的结构,与传统计算机图形学的主要差异在于对象的表示模型不同,一个是有限个离散采样,一个是连续的几何描述,由此导致对物体的处理、操作、变换、分析和显示方法的截然不同。体数据的来源最早源于 X 射线透视设备。1973 年英国 EMI 公司推出的商品化 CT (computer tomography)机及后来出现的超声扫描、核磁共振等设备为体视化的研究和发展提供了必要的物质基础。

20 世纪 70 年代 CT 切片厚度即切片之间间距比较大,主要采用轮廓连接或从平面轮廓重构形体,Keppel 在 1975 年提出用三角片拟合物体表面,该方法需要解决断层图像轮廓提取、层之间轮廓对应和物体表面的拟合等问题。1979 年,Herman 和 Liu 提出了立方块方法,用物体边界处体素的表面拼接起来代表物体表面,体视化(volume visualization)的基本思想已经初步建成。体绘制首先对每个体素赋以透明度和颜色值,再根据各体素所在点的灰度梯度及光照模型计算出相应体素的光照强度,最后计算出全部采样点对屏幕像素的贡献,即像素的光照强度,生成结果图像。体素主要有两种模型,一种定义为采样点的中心,就是体素的中心的一个立方体,另一种定义成由相邻的 8 个三维采样点所围成的立方体。体光照模型来源于物理光学模型。体光照模型可分成吸收、发射、单多散射和混合等多种模型。实际应用的体光照模型是由一种或多种光照模型组成的。体绘制主要有基于图像空间、对象空间、频域空间 3 种方法。

体视化孕育着计算机图形学的一场革命。正如 20 世纪 70 年代光栅图形取代矢量图形有效地解决了二维面片的显示问题,当前体视化正在逐渐代替传统图形学更好地解决三维物体或数据场内部的显示问题。从硬件上看,设计和制造大容量存储器已经不是一件困难的事情,用于体数据操作显示的体视化专用并行处理硬件也在发展之中。

9.3.4　可视化应用

可视化能够帮助研究人员理解计算与实验中获得的大量数据,是继计算、模型、实验之后的又一强有力的科研工具,其应用范围几乎涉及现代科学与工程技术的所有领域,不仅在物理、化学、数学、地学、材料科学等自然科学,而且在生命科学、社会科学以及计算流体力学、有限元分析、CAD/CAM 等工程技术中获得了广泛的应用,要完整列举可视化的应用领域是很困难的,下面列举可视化在几种典型数据场分析中的应用。

1. 流场可视化

流场可视化是可视化的重要应用领域,在航空航天飞行器、汽车、船舶的设计以及气象预报、海洋研究中发挥了重要作用。计算流体力学是对流体运动的仿真,描述流场中的各种物理量的分布情况,如压力、密度等标量和速度等矢量,并用不同颜色的等值线(面)或不同深浅的同种颜色填充网格来表示标量的数值差别,以带箭头的线段来描绘矢量的方向,对冲击波、涡流、驻点等各种流场结构,可视化技术实时交互地变化画面大小并提供动态显示,以使分析者看清流场中各种现象的细节并作进一步分析。

在飞行器、汽车、船舶等产品的设计过程中,流场可视化侧重于研究物体在流场中的各种性能;在气象、海洋等领域,流场可视化侧重于揭示流体自身的运动规律。以气象观测数据为例,一方面,可视化可将大量的数据转换为图像,在屏幕上显示出某一时刻的等压面、等温面、漩涡、云层的位置及运动、暴雨区的位置及其强度、风力的大小及方向等,使预报人员能对未来的天气作出准确的分析和预测。另一方面,根据全球的气象监测数据和计算结果,可将不同时期全球的气温分布、气压分布、雨量分布及风力风向等以图像形式表示出来,从而对全球的气象情况及其变化趋势进行研究和预测。

2. 温度场可视化

温度场是常见的数据场之一。温度场可视化在气象、飞机座舱设计、金属凝固模拟等领域中应用较多。其中金属凝固模拟是材料科学中的一个新兴研究方向,通过温度场的可视化,可以了解铸件的凝固状态、晶体组织、残留应力以及缩孔等,这在大型铸件和连铸钢坯中尤为重要。

3. 应力场可视化

应力场是 CAD/CAM 领域中涉及最多的数据场。应力场可视化在机械产品设计、建筑结构和地基分析、水利工程中的大坝计算以及地壳演变模拟等方面发挥了重要的作用。

4. 电磁场可视化

电磁场可视化在雷达、飞机隐身与反隐身以及电器设计中具有很高的应用价值。隐形飞机在现代战争中具有重要的地位,综合考虑材料、外形等因素,应用可视化技术,可以显示出隐形飞机对电磁波的反射情况,这对飞机的隐身与反隐身至关重要。图 9-3 是电磁场可视化应用实例。

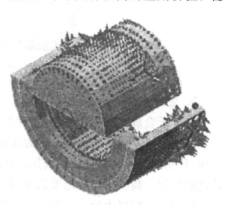

5. 声场可视化

声场对日常生活影响较大,声场可视化主要应用于音响效果设计、噪声控制等。

可视化技术在上述肉眼不可见数据场中的应用集中体现了可视化"可视不可见"(see the unseen)的特长。除此,可视化在虚拟现实(VR)、医学图像处理、地理信息系统等新兴领域中亦有重要的应用。

图 9-3　电磁场可视化实例

6. 医学应用

掌握人体内部的结构是医学中最基本的要求。目前广泛应用的计算机断层扫描与核磁共振技术,只能提供人体内部的二维图像,不能"构思"病灶的立体形象,从而给治疗带来了困难。美国国家医学图书馆 1991 年采用可视化技术,将人体每隔 0.33～1mm 进行扫描切片(剖面),然后将获得的一系列二维图像在计算机上重构出人体的三维形体。在此基础上医生可在计算机上从各个不同角度或任意截取某一部位放大,进行观察,以便选择最佳的实施方案,从而大大提高手术的质量。同时还可以方便地在计算机上预先实现矫形手术、放射治疗等计算机模拟及手术规划。我国也开展了相应的研究工作。图 9-4 是医学 CT 数据的可视化图例。

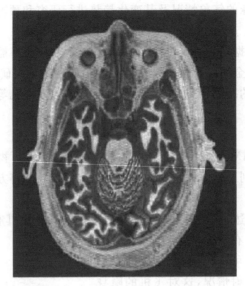

图 9-4　可视化在医学中的应用实例

7. 生物高分子

高分子合成可产生新的物质,这是计算化学和生物工程中的重要研究课题。可视化技术可使研究者通过直观的交互方法增添或删除某类分子或分子个数以控制合成物质的性质,从而缩短设计新物质的周期。在高技术研究中数值模拟与可视化技术更具有不可替代的作用。高技术研究需要试验,但试验需要花费大量的人力物力,且要受到很多客观条件的制约。所以大量的试验是在计算机上通过数据模拟进行的。少量的、必要的实际试验只在为校正数值模拟使用参数和检验数据模拟的方法而进行。

8. 地质矿产资源的可视化

油气资源、地下水及其他重要矿产资源是国家经济发展的基础。由于地质勘探数据量大、分布不规则且数据域内包含复杂断层的特点,早在 20 世纪 70 年代就开始大量应用计算机技术。以油气资源勘探为例,石油勘探开发数据的处理是制定油气开发方案、预测油气资源的基础。在石油勘探开发过程中获得数据的重要手段是地震和测井,一个区块的地震数据一般有几十兆,区块中每口井的测井数据多达十万个点,每个点有孔隙度、渗透率、饱和度等多达 150 种参数,且有时上千口井需一起计算,数据量极大,数据分布又极不均衡,且地下的地质构造极为复杂,因此石油勘探开发数据的处理复杂度高、运算量大。为了提高分析和判断的准确性,迫切需要将计算机的数值计算和图形显示技术应用于石油勘探领域。可视化技术可以显示各种方法获得的地质数据,并以此来推断地下的地质构造及地质属性的分布状况,从而确定石油富集区的位置、形态及石油的储量。图 9-5 是地质构造及井迹的可视化显示。

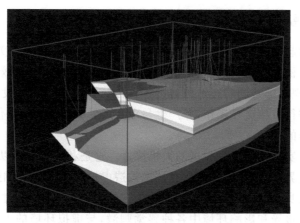

图 9-5　地质构造及井迹的可视化

9.4　虚　拟　现　实

9.4.1　概论

虚拟现实(virtual reality, VR),又称虚拟环境、同步环境、人造空间、人工现实、模拟器技术,是计算机软硬件技术、传感技术、机器人技术、人工智能及心理学等高速发展的结晶,是一种计算机和电子技术创造的新世界,是一个看似真实的模拟环境。1965 年 Ivan Sutherland 博士在一篇题为"最终显示器(The Ultimate Display)"的文章中首次提出了虚拟现实的基本思想,提到了一个头盔显示系统,并提到这种虚拟环境应使用户感受到视觉、听觉、触觉。1968 年开发出第一个计算机图形驱动的头盔显示器(helmet mounted display, HMD)及与之匹配的头部位置跟踪系统。在一个完整的头盔显示系统中,用户不仅可以看到三维物体的线框图,还可以确定三维物体在空间的位置。并能通过头部运动从不同视觉观察三维场景的线框图。在当时的计算机图形技术水平下,Ivan Sutherland 取得的成就是非凡的。目前在大多数虚拟现实系统中都能看到 HMD。因而,许多人认为 Ivan Sutherland 不仅是"计算机图形学之父",而且还是"虚拟现实技术之父"。

虚拟现实是一门涉及众多学科的新技术。它集先进的计算机、传感与测量、仿真和微电子技术于一体。在计算机技术中,又特别依赖于计算机图形学、人工智能、网络技术、人机接口技术及计算机仿真技术。而这些技术的发展带动了虚拟现实技术的进步,也推动了其在教育、医疗、娱乐、科技、工业制造、建筑和商业等领域中的广泛应用。

9.4.2　虚拟现实技术的原理与特征

虚拟现实技术起源于可视化,是多媒体技术的延伸,反映了人机关系的演化过程,是一种多维信息的人机界面。它在计算机中构造出一种具有三维世界效果的模拟环境(如飞机驾驶舱、操作现场等),同时还可以通过各种传感设备,使用户"投入"到该环境中,实现用户与该环境进行直接交互操作,并产生与现实世界中相同的反馈信息,使人们得到与在现实世界中同样的感受。

虚拟现实系统实际上是一种先进的人机接口。它是利用计算机以及专用硬件和软件去仿真各种现实境界,通过计算机和信息技术构造虚拟自然环境,将用户和计算机结合成一个整体。用户置身于模仿真实世界而创建的三维电子环境中,通过各种技术模拟直接进入到虚拟环境去接受和影响环境中各种感觉刺激,与虚拟环境的人及事物进行思想和行为的交流。用户可以利用人类本能的方式与计算机信息交流,人的语言、眼神、手势都可以为计算机所识别,而人则可以用听觉、视觉、触觉来感受计算机信息,如同现实环境中人与人交流一样的感受和交互对话,达到与计算机进行直观、自然的交互。

虚拟现实系统是相当逼真的三维视听、触摸和感觉的虚拟空间环境,虚拟三维可以随需要而变换,交替更迭。用户不再是被动性地观看,而是融合在其中,交互性地体验和感受虚拟现实世界中广泛的三维多媒体内容。作为一门具有多媒体交互共享模式的新兴技术,虚拟现实技术以其独特的优势,在各个领域的应用越来越广。

当人们需要构造当前不存在的环境和人类不可能到达的环境或构造虚拟环境以代替耗资巨大的现实环境时,虚拟现实技术是必不可少的。虚拟现实技术具有以下 4 个重要特征:

(1) 多感知性(multi-sensory):就是说,除了一般计算机技术所具有的视觉感知外,还有听觉感知、力觉感知、触觉感知、运动感知,将来甚至还会包括味觉感知、嗅觉感知;

(2) 存在感(presence)又称临场感(immersion):是指用户感到作为主角存在于模拟环境中的真实程度;

(3) 交互性(interaction):指用户对模拟环境内物体的可操作程度和从环境中得到反馈信息的自然程度(包括实时性);

(4) 自主性(autonomy):指虚拟环境中的物体依据物理定律动作的程度。

根据虚拟现实的概念和技术上的特征,可以用系统的存在感、交互性和自主性来评价虚拟现实系统的性能。

9.4.3　虚拟现实系统的组成

VR 是一个十分复杂的系统,涉及的技术包括图形图像处理、语音处理与音响、模式识别、人工智能、智能接口、传感器、实时分布系统、数据库、并行处理、系统建模与仿真、系

统集成及跟踪定位等。VR 的技术组成如图 9-6 所示。从图中可以看出,典型的虚拟现实系统的基本组成包括:

(1) 效果产生器:完成人与虚拟环境交互的硬件接口装置;

(2) 实景仿真器:系统的核心部分,由计算机软件系统、软件开发工具等组成;

(3) 应用系统:面向具体问题的软件部分,描述仿真的具体内容;

(4) 几何构造系统:提供描述仿真对象的物理特性的信息。

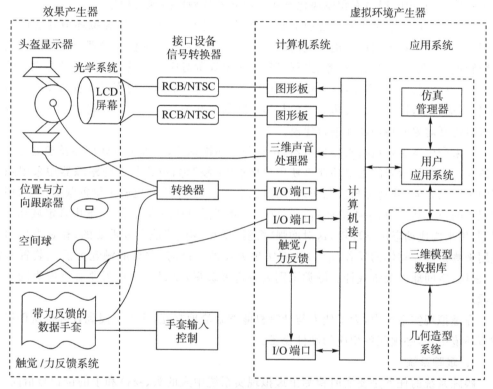

图 9-6　VR 系统的组成

通常虚拟现实系统分为:桌面、投入、增强现实、临境、逆向和分布式等几种类型。桌面虚拟现实系统是利用个人计算机或工作站进行仿真,以计算机屏幕作为观察虚拟境界的一个窗口,成本较低,但投入性差。投入系统是通过各种硬件和软件,把周围的现实环境屏蔽掉,完全被虚拟境界包围。

一个典型的 VR 系统有一个微型计算机或工作站,带有图形加速器,对虚拟环境的模型及图形进行实时分析和处理。HMD 由两个小型的液晶显视(liquid crystal display,LCD)TV 屏幕和立体声耳机组成,给用户以视觉和听觉感受,实际是用户浸入虚拟环境的视觉与听觉接口。追踪控制器对操作者的头和手进行定位定向。用户旋转时,视景也跟着旋转。三维音响可从耳机里听到。用户戴上数据手套或三维鼠标可以与 VR 世界进行交流,这实际上是一个与三维视景进行相互作用的接口。

虚拟现实的硬件系统包括:高性能计算机、虚拟现实发生器、声音合成器、3D 声音定域器、语音识别器、数据手套、鼠标器、跟踪球、操纵杆、头盔式显示器、护目镜及数据服等。

软件系统一般包括虚拟现实环境构造程序和有关数据库等。构造程序用来设计虚拟境界的景和物,提供建模功能。虚拟现实工具包可将三维物体与虚拟境界组合起来,并赋予某些特性,其中的程序库和模块化方法可以开发各种虚拟现实程序。

虚拟环境产生器是 VR 系统的主要部分,其目的是为用户产生虚拟环境并实现运行管理。它由应用系统和计算机系统两部分构成。应用系统中的仿真管理器负责虚拟现实系统管理,实现仿真过程的任务、进程、资源、对象等所对应的场景、事件、运动等之间的协调,使用户如同进入真实环境中;用户应用系统用于定义对虚拟现实系统进行操作的内容(如仿真动态逻辑、结构以及仿真对象与用户间的交互关系);三维几何造型系统按照应用要求对仿真对象的物理属性进行建模。

效果产生器主要包括头盔显示器、位置与方向跟踪器、三维声音处理器及触觉力反馈装置等。头盔显示器的主要功能是使用户增加"沉浸"感;位置与方向跟踪器用来跟踪头部的位置及方向,并将感知信息送入计算机(事实上,数据手套也属于位置跟踪设备,用来监视手的位置和方向、手指的曲折);三维声音处理器包括声音合成、三维声音定域和语音识别,用来构成动态声学环境,这对增强"沉浸"感和"构想"是十分重要的;触觉力反馈装置用来测量虚拟物体的反作用力,从而实现力反馈。目前,常见的触觉力反馈装置有键盘、鼠标、空间球以及游戏杆。触觉识别装置进展缓慢,是目前 VR 需要着重解决的一个难题。

在虚拟现实系统中,为了使人与计算机能够融洽地交互,让人沉浸到计算机所创造的虚拟环境中去,必须配备相应的硬件设备。

1. 跟踪系统

跟踪系统的任务是要实时检测出虚拟现实系统中人的头、身体和手的位置与指向,以便把这些数据反馈给控制系统,生成随视线变化的图像。

(1)电磁跟踪系统:电磁跟踪系统由励磁源、磁接收器和计算模块组成。励磁源由 3 个磁场方向相互垂直的交流电流产生的双极磁源构成,磁接收器由 3 套分别测试 3 个励磁源的方向上相互垂直的线圈组成,经 3 次测量,可以测得 9 个数据,由此可确定被测目标的 6 个参数,即空间坐标 x、y、z 和旋转角 α、β、γ。

(2)声学跟踪系统:利用不同声源的声音到达某一特定地点的时间差、相位差及声压差,可以进行定位与跟踪。与电磁跟踪法相似,超声波式传感器也有发射器、接收器和电子部件组成。实现声音的位置跟踪,可以采用声波飞行时间测量法和相位相干测量法。

(3)光学跟踪系统:光学跟踪系统使用从普通的视频摄像机到 $x-y$ 平面光敏二极

管的阵列,利用周围光或者由位置器控制的光源发出的光在图像投影平面不同时刻或不同位置上的投影,计算得到被跟踪对象的方位。光学跟踪系统可以被描述为固定的传感器或者图像处理器。

2. 触觉系统

触觉系统在虚拟现实系统中,产生"沉浸"效果的关键因素是用户能用手或身体的其他能动部分去操作虚拟物体,并在操作同时能够感觉到虚拟物体的反作用力。力学反馈手套是最常用的触觉系统,它使用 2 只手套,在第一只手套的下部安装 20 个压敏元件,当戴上手套时,用户感觉到压敏元件随着手的用力产生的阻力,压敏元件输出经模数转换后,传送给主机处理。第二只手套有 20 个空气室,由 20 个空气泵来控制膨胀和收缩,从而对用户施加力感。

3. 音频系统

听觉环境系统由语音与音响合成设备、识别设备和声源定位设备所构成,通过听觉通道提供的辅助信息可以加强用户对环境的感知。为了能产生逼真的环境音,人们已开始尝试使用 4 声道系统,采用空间声音合成方法,通过由不同方向到达左、右耳道的声音测试得到响应。

4. 图像生成和显示系统

在 VR 环境中,图像生成和显示技术显得特别重要。由计算机生成视景的工作主要包括:

(1) 计算生成真实感的图形,其图形具有颜色、光照、立体感和运动感;

(2) 计算生成或直接从图像库中取得已经压缩且有真实感的背景图像;

(3) 经过扫描变换将图形和背景图像统一安排在同一坐标系中。

5. 可视化显示设备

为了生成一个具有沉浸感的虚拟现实环境,必须集成上述 4 种技术。头盔式显示器 HMD 是该项技术的结晶,它不仅综合了上述技术的精华,而且还结合人类对视觉感知的生理特点。其显示屏幕被设置在一个特制头盔的前部,把计算机生成的图像分别送到头盔显示器的 2 个屏幕,以产生一幅立体图像,当人的头或身体转动时,计算机图像生成系统送出的相应图像也跟着发生变化。

9.4.4 仿真、多媒体与虚拟现实之间的关系

从 VR 系统的组成可以看出,VR 系统也是一类仿真系统,而且与多媒体紧密相关。仅由视觉和听觉媒体组合而成的媒体称为狭义多媒体,常见的形式有文字、图形、图像、声音、动画和视频等;而把视觉、听觉、触觉、嗅觉、味觉等全部组合称为广义多媒体。按此定义,一般应用软件中所说的多媒体都是狭义多媒体。

一般意义上的仿真是指通过对给定模型进行计算,最后给出一系列的数据,这就是数

字仿真；为数字仿真过程及结果增加文本提示、图形、图像、动画表现，使仿真过程更加直观，结果更容易理解，并能验证仿真过程是否正确，这便是可视化仿真；在可视化仿真的基础上再加入声音，就可以得到视觉和听觉媒体组合，便成为多媒体仿真。多媒体仿真不仅包括了数字仿真和可视化仿真的全部功能，而且还具有视听功能。然而，系统中并未强调三维动画、交互功能，不支持触觉、嗅觉、味觉。如果在多媒体仿真的基础上再加上这些功能，就得到了 VR 仿真系统，它们的关系如图 9-7 所示。由图可见，VR 系统是一个综合系统。

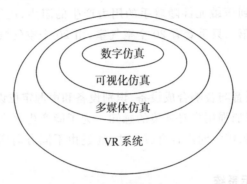

图 9-7　数字、可视化和多媒体仿真与 VR 的关系图

VR 是一种可以创建和体验虚拟世界的计算机系统，虚拟世界是全体虚拟环境或给定仿真对象的全体，而虚拟环境是由计算机和电子技术生成的。通过视觉、听觉、触觉等作用于用户，使之产生身临其境的感觉。因此，可将虚拟现实技术视为交互式仿真技术的高级形式。它与传统的一般交互式仿真的主要区别如下：

- 人机交互的自然性：传统的仿真环境一直是以计算机为中心，用户借助于键盘、鼠标或专用设备发出操作信息，其交互特征是"人适应计算机"。VR 强调的是"计算机适应人"，形成和谐的人机环境。它是通过计算机识别人的位姿、手势甚至可以人机"会话"。在 VR 技术中，头盔、数据手套、数据衣等成为人机交互的基本手段。
- 信息处理的多维性：VR 基于多维信息，包括声音、图形、图像、位姿、力反馈、触觉等，而不是仅仅基于数字信息。
- 虚拟环境的真实性：理想的 VR 应达到人在虚拟环境中如同在真实环境中的感觉，即除了三维视景感觉外，还具有自动定位的听觉、触觉、力觉、运动等感知，甚至具有味觉、嗅觉等。
- 智能性：在 VR 中计算机系统除了计算功能外，还能表现出具有知识、智能等功能。
- 应用领域：仿真的目的一般归结为决策问题，而决策分为宏观决策和微观决策。

目前,VR 系统的应用均属于微观决策问题。大多数学者认为 VR 系统不适用宏观决策问题,虽然有些 VR 系统规模很大,但所涉及的都是局部决策,因此也属于微观决策问题一类。仿真技术最先应用于控制系统中。在信息技术和计算机技术为先导的态势下,仿真技术已渗透到多个领域,并已取得明显的经济效益和社会效益。但 VR 技术目前应用最多的是娱乐方面,尽管人们预言 VR 将在不少领域得到应用,但大多数 VR 系统只有视觉和听觉的感受,极少涉及嗅觉、味觉、触觉,实际应用还不多。

9.4.5 虚拟现实技术应用

VR 技术在教育、医疗、娱乐、科技、工业制造、建筑和商业等领域中具有广阔的应用前景,但目前尚处于初级阶段,表 9-2 列举了当前虚拟现实技术的一些应用领域。

表 9-2 虚拟现实的应用

领　域	用　　途
医学	外科手术、远程遥控手术、身体复健、虚拟超音波影像、药物合成
教育	虚拟天文馆、远距离教学
艺术	虚拟博物馆、音乐
商业	电传会议、电话网络管理、空中交通管制
景观模拟	建筑设计、室内设计、地形地图
科学视觉化	数学、物理、化学、生物、考古、天文,虚拟风洞试验,分子结构分析
军事	飞行模拟、军事演习、武器操控
太空	太空训练、太空载具驾驶模拟
机械人	机械人辅助设计、机械人操作模拟、远程操控
工业	电脑辅助设计
娱乐	电脑游戏

虚拟现实技术应用于产品设计中,可为设计人员提供形象、直观的设计环境,提高设计人员的设计效率和质量,属于一种可控制的、无破坏性的、耗费小的、并允许多次重复的试验手段,能降低风险,及早发现设计缺陷。汽车、飞机的风洞试验是汽车、飞机设计的关键环节,采用虚拟技术建立虚拟风洞,可以降低汽车、飞机的设计和调试成本,缩短设计周期。图 9-8 和图 9-9 是汽车的风洞试验及美国航空与航天局(NASA)的虚拟风洞。

图 9-8　汽车风洞试验　　　　　图 9-9　美国 NASA AMES 研究中心的虚拟风洞

9.5　逆　向　工　程

9.5.1　概述

逆向工程(reverse engineering,RE),也称为反求工程或反向工程,是一个相对概念,它是相对于"由设计思路→产品"的一般产品开发过程而言的。逆向工程是"由已有产品回溯产品设计思路"的过程。根据产品对象的不同,逆向工程的理论和方法也不尽相同。

在软件行业中,逆向工程是指利用反汇编、反编译等工具将已有软件的目标代码还原为汇编代码(源代码程序),其过程与一般由高级语言源代码→汇编源代码→目标代码的软件开发顺序正好相反。

在制造领域中,逆向工程是在没有设计图纸或者设计图纸不完整以及没有 CAD 模型的情况下,利用各种数字化技术、CG/CAD 技术,根据实物测量数据重构其计算机模型,运用现代设计理论、方法对模型进行再设计,并与现代快速制造技术有机结合,最终制造出产品的过程。如图 9-10 是传统的正向设计和现代逆向设计过程的比较。逆向工程技术是对传统设计、制造技术的拓宽和丰富。

制造领域的逆向工程是以三维测量、表面重构为核心,集光电测量、计算机图像/图形处理、计算机辅助设计/制造、快速原型/模具、数控等技术为一体的高新技术,是现代产品设计与开发的先进手段,在占国民生产总值 50% 以上的制造业中具有重要的作用。

20 世纪 80 年代初美国 3M 公司、UVP 公司以及日本名古屋工业研究所开始研发逆向工程技术和设备。目前美国、英国、德国、日本、以色列、法国、意大利、韩国、中国台湾等国家和地区已有商品化的逆向工程设备和软件系统。美国在其国内建立了集测量、设计、快速成型、快速模具、数控加工于一体的逆向工程系统应用中心,为中小企业提供技术服

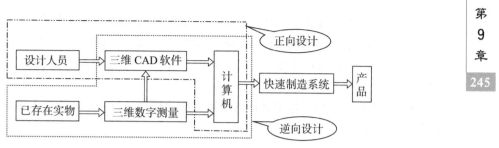

图 9-10　正向设计与逆向设计工程系统图

务,有效地提高了中小企业的竞争力,促进了生产力的发展。

逆向工程作为一种现代产品开发手段,能够大幅度缩短产品的开发周期,使企业适应小批量、多品种的生产要求,在激烈的市场竞争中占据抢先投放市场的优势。在现代工业中,从航空航天、汽车、船舶到家电、服装和玩具等各行各业,逆向工程技术广泛应用于复杂造型的叶片、壳体设计、实物仿形、服装加工、模特制造、医学诊断、假肢制造、机器人视觉、在线检测和质量控制。中国是最大的发展中国家,消化、吸收国外先进产品技术并进行改进是主要的产品设计手段,逆向工程技术为产品的仿制和改进提供了方便、快捷的工具,在国家科技部的支持与倡导下于深圳、武汉、天津、宁波、西北建立了 5 个 RP&M 生产力促进中心,各级地方政府及一些企业、高校、科研院所也成立了同样的服务机构,为中小企业提供产品设计和快速原型/模具制造等技术服务,对缩短与发达国家的差距具有特殊的意义。

逆向工程发展的源动力是基于已有产品设计新产品,从而达到缩短开发周期的目的。产品的开发很少是全新设计,借鉴已有产品是快捷、实用的方法,也是很早就产生的自然想法。

制造业逆向工程是一个产品开发集成系统,其核心是三维形状的数字化和表面重构。随着计算机及计算机科学的诞生和发展,文字、声音、二维图像相继实现了数字化,信息社会的数字化特征越来越明显,三维形状数字化能够在计算机中更客观更自然地表达三维实体,但由于三维形状数字化涉及的相关技术难度较大,一直到 20 世纪 90 年代快速测量、三维打印、快速成型等技术和设备日渐成熟,逆向工程作为三维形状数字化产业的一部分才初步形成。

9.5.2　逆向工程的核心

三维测量和表面重构是逆向工程技术的核心。测量设备是逆向工程的核心硬件。按测量方式分类,测量设备分为接触式和非接触式两种。接触式是传统的测量方式,测量过程中探头与模型表面接触,其典型代表是机械三坐标测量仪(CMM)。这种测量技术已发展得比较成熟,其突出优点是精度高(可达 $\pm 0.5 \mu m$),但由于机械式测量结构存在的固有缺陷,难以实现快速测量。随着机器视觉技术和光电技术的发展,非接触式的光电测量技术发展迅速,这种测量方法测量速度快,自动化程度高,常见的方法有激光三角测量法、莫尔条纹技术、断层扫描技术等。设备有三维激光数字化仪、自动断层扫描仪、工业 CT 和 MRI 等。

表 9-3 列出了逆向工程中常用的测量方法的原理及特点。表 9-4 大致列举了各种测量设备特性的比较。

表 9-3 常用测量方法的原理与特点

种　　类		原　　理	特　　点
接触式	三坐标测量机（CMM）	采用触发式接触测量头,一次采样只能获取一个点的三维坐标值	测量精度高,可达微米级,但效率低,对一些软质表面无法进行测量,价格较高
	层析法	将零件原型填充后,采用逐层铣削和逐层扫描相结合的方法获取原型不同位置截面的内外轮廓数据	能测量任意复杂零件的内外轮廓,测量速度、精度中等,价格中等,破坏被测件
非接触式（光学测量超声波测量和电磁测量等）	基于光学三角形原理的激光扫描法	根据光学三角形测量原理,以激光作为光源,其结构模式可以分为点、线,将其投射到被测物体表面,采用 CCD 接收反射光,根据光点或光刀成像的偏移,通过被测物体基平面、像点、像距等之间的关系计算物体的深度信息	测量速度较快,可达 10000 点/s 以上,精度中等,价格低。倾斜度大的面、棱边处测量误差大,反光特性不合适的材料表面需喷涂
	基于相位偏移测量原理的莫尔条纹法	将光栅条纹投射到被测物体表面,光栅条纹受物体表面形状的调制,其条纹间的相位关系会发生变化,数字图像处理的方法解析出光栅条纹图像的相位变化量来获取被测物体表面的三维信息	基于投影面获取数据,比基于点、线获取数据的速度快,一般测量精度达几十微米,要小于 $10\mu m$,光栅制作有难度
	基于工业 CT 断层扫描图像法	对被测物体进行断层截面扫描,以 X 射线的衰减系数为依据,经处理重建断层截面图像,根据不同位置的断层图像可建立物体的三维信息	类似于医学 CT,可以测量物体的内部结构和形状,属无损测量,但造价高,目前实用设备的精度约为 0.1mm

表 9-4 各种测量设备的比较

机械三坐标测量仪	接触式	外表面形状	精度高	软体难以测量	手动成本低,自动成本高
MRI / CT	非接触式	内外表面	精度低	材料有限制	成本高
三维激光数字化仪	非接触式	外表面形状	精度高	材料不限	成本中等
层析数字化测量机	破坏式	内外表面	精度高	材料不限	成本中等

经过测量,物体表面形状离散为数据点集,有关线、面的特征全部消失,由离散数据点重构物体的 CAD 模型需经过离散点网格化、特征提取、表面分片、曲面生成等步骤。网格化是为了建立离散点之间的拓扑关系,但由离散点拼合物体表面网格时存在多义性,要设计全自动的算法存在难度,由设计人员根据被测实物进行交互拼接是目前比较实用的方法;有了物体表面的网格模型,根据应用需要,选用合适的曲面生成算法构建物体的曲面模型,并通过数据接口导入 ProE、UG 等常用的 CAD 软件进行后续的处理。

9.5.3　逆向工程的应用

1. 应用对象和范围

广义地讲,自然界中的一切自然对象都是逆向工程的应用对象。人类利用一切手段研究、揭示自然规律是一项浩大的逆向工程。逆向工程方法和思想在产品设计中早有应用,近年来随着数字化快速测量和快速制造设备的发展,逆向工程在现代产品设计中的作用越来越大。表 9-5 大致列举了逆向工程目前的应用对象和范围。

表 9-5　逆向工程的应用对象和范围

应用对象			应用内容
人工对象	有图纸	委托加工的模具或产品原型	用测量数据和数据处理软件检测模具或产品原型
	无图纸	未提供图纸的外部引进产品	修复损坏部件,基于外部产品进行仿制或改进设计
		以往产品图纸丢失	基于以往产品进行改进设计
		手工制作原型	陶瓷、玻璃器皿、雕塑等多为手工制作原型,通过测量,可在计算机中建立 CAD 模型,进行批量生产;文物、工艺品、珠宝的复制和修复
自然对象	天然无图纸	人体	服装/鞋帽 CAD 设计; 人造肢关节、镶牙、法医鉴定等; 用于医学研究的人体模型,如美国测量的夏娃/亚当
		地貌	构建地貌模型,用于建筑、水利、交通、军事、矿藏勘探
		化石	古代生物的外形恢复
		鱼	构建 CAD 模型,研究其规律,用于船舰的设计仿真
		鸟、蜻蜓等	构建 CAD 模型,研究其规律,用于飞行物的设计仿真

由表 9-5 中可以看出,逆向工程分原形复制(copy)、再设计(redesign)、仿真(simulation)3 个应用层次。复制和再设计都基于原型的形状,复制是逆向工程应用的原始境界,而基于现有产品进行再设计是目前逆向工程在产品设计中的主要应用。服装 CAD、人造肢关节和镶牙等是逆向工程在自然对象中的应用,与人造对象不同,自然物

"天生"没有图纸和 CAD 模型,将自然物表达于计算机有两类应用,一类是基于形状的,如服装/鞋帽 CAD、人造假肢等;另一类是脱离形状的仿真研究,如将鱼和鸟表达于计算机,通过研究鱼和鸟的运动规律,可以为船舶和飞机的设计提供帮助,这一类的应用是逆向工程的高级境界,也可以说是最高境界,因此揭示自然世界的规律并利用自然规律为人类服务是一项浩大的逆向工程,从这一角度看,逆向工程不仅是一种现代产品开发的手段,而且是人类科学研究活动的目的。

2. 逆向产品开发过程

产品设计一般有全新设计和基于已有产品设计两大类。全新设计即正向设计,是由"设计思路→产品"的过程,全新设计在产品设计中所占比例很少。基于已有产品进行产品设计在产品设计中占很大比例,设计师在进行产品设计时都或多或少地借鉴了原型,这种原型可以是同类产品,也可以是自然对象。即使在全新设计过程中也存在利用原型的做法,因为新产品设计很难一次成功,设计师会根据初步设计的原型反复修改,修改的过程即是基于原型进行的。由此可见,研究基于已有产品进行产品设计的方法和技术具有重要的意义。

近年来随着数字化测量和制造设备的发展,逆向产品开发能够越来越来多地利用原型中的数据和特征,产品设计和原型制作的周期越来越短,在降低设计成本的同时,提高了产品投放市场的速度,适应时新多变的市场,有力地增强企业的竞争力。

3. 应用实例

逆向产品开发过程包括测量、表面重构、再设计、产品原型/模具制造等主要步骤。

图 9-11 中风扇叶片的数据是激光线扫描仪测量的,共 49242 点。数据点经重构表面,通过标准 CAD 数据接口将测量的数据点云和重构表面输入到 UG 中,在 UG 中完成规则形体、倒角、加强筋、分型面的构造,最后生成风扇叶片的实体 CAD 模型,它是在日本 CMET 公司 SoupⅡ激光快速成型机上用树脂制作的原型。

图 9-12 是一全牙列石膏模型的三维层析测量及数据处理过程。三维层析测量机工作流程包括填充、切层、扫描、提取轮廓、重构等操作。采用"铣削断层+扫描"的方法与医学 CT 相类似,层析方法的最大特点是可以测量任意复杂的内、外腔形状。

图 9-13 是陶瓷娃娃的测量数据点云图与真实感图。

图 9-14 是电钻枪的激光扫描测量数据和处理结果。

"设计是制造业的灵魂",创新设计是提高企业产品竞争力的主要手段。将逆向工程应用于现代产品设计,能使产品开发周期平均缩短 60%,大大降低了产品开发成本。将逆向工程与已有的计算机辅助设计(CAD)、计算机辅助工艺规划(CAPP)、计算机辅助制造(CAM)以及产品数据管理(PDM)等技术有机地组合在一起,能够有效地提高产品设计与制造水平,对缩小发展中国家与发达国家之间的差距具有重要的意义。

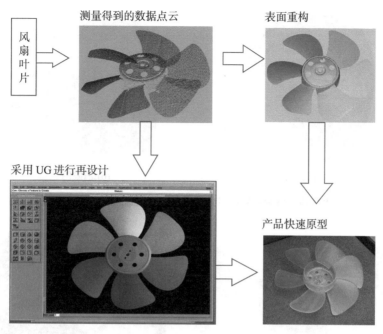

图 9-11　逆向产品开发实例

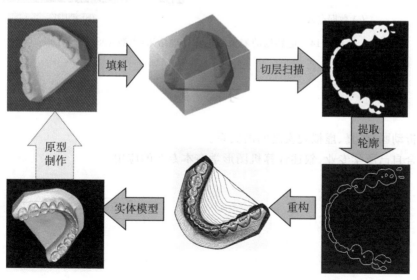

图 9-12　一全牙列石膏模型的三维层析测量和数据处理过程

(a) 数据点云 　　　　　　　　　　(b) 消隐图

图 9-13　陶瓷娃娃测量数据及处理结果（总点数 116035）

(a) 数据点云 　　　　　　　　　　(b) 消隐图

图 9-14　电钻枪的测量数据和处理结果（点数 198726）

习　　题

9.1　分析动画、仿真、虚拟现实之间的关系。

9.2　结合自己所学专业，叙述计算机图形学在本专业的应用。

参 考 文 献

1 Donald Hearn, M Pauline Baker 著. 计算机图形学. 北京:清华大学出版社,1998
2 孙家广,杨长贵编著. 计算机图形学. 北京:清华大学出版社,1995
3 唐荣锡等著. 计算机图形学教程(修订版). 北京:科学出版社,2000
4 唐泽圣等著. 计算机图形学基础. 北京:清华大学出版社,1995
5 彭群生,鲍虎军,金小刚编著. 计算机真实感图形的算法基础. 北京:科学出版社,2002
6 David F Rogers 著. 计算机图形学的算法基础. 石教英,彭群生等译. 北京:机械工业出版社,2002
7 向世明编著. Visual C++ 数字图像与图形处理. 北京:电子工业出版社,2002
8 向世明编著. OpenGL 编程与实例. 北京:电子工业出版社,1999
9 侯俊杰著. 深入浅出 MFC(第二版). 武汉:华中科技大学出版社,2001
10 詹海生,李广鑫,马志欣编著. 基于 ACIS 的几何造型技术与系统开发. 北京:清华大学出版社,2002
11 朱心雄等著. 自由曲线曲面造型技术. 北京:科学出版社,2000
12 管伟光编著. 体视化技术及其应用. 北京:电子工业出版社,1998
13 唐泽圣等著. 三维数据场可视化. 北京:清华大学出版社,1999
14 金涛,童水光等编著. 逆向工程技术. 北京:机械工业出版社,2003

参考文献

1. Donald Hearn, M.Pauline Baker 著. 计算机图形学. 北京: 清华大学出版社, 1998.
2. 唐荣锡, 汪嘉业等. 计算机图形学. 北京: 清华大学出版社, 1995.
3. 孙家广等. 计算机图形学教程(修订版). 北京: 科学出版社, 2000.
4. 孙家广等. 计算机图形学 第三版. 北京: 清华大学出版社, 1998.
5. 潘云鹤, 董金祥, 陈德人. 计算机图形学——原理、方法及应用. 北京: 高等教育出版社, 2001.
6. David F. Rogers 著. 计算机图形学的算法基础. 石教英, 彭群生译. 北京: 机械工业出版社, 2002.
7. 刘勇奎等. Visual C++ 数字图像与图形处理. 北京: 电子工业出版社, 2002.
8. 和平鸽工作室. OpenGL编程与实例. 北京: 中国水利水电出版社, 1999.
9. 张建高等. 精通与提高 MFC(第二版). 北京: 中科多媒体电子出版社, 2001.
10. 楚颂元. 李工 盖. 许胜勇等著. 基于 AGI5 的几何造型基本与实践. 北京: 国防工业大学出版社, 2003.
11. 吴国亮. 计算机图形学基础考试. 北京: 科学出版社, 2002.
12. 曾建超等. 虚拟现实技术及应用. 北京: 清华大学出版社, 1997.
13. 唐泽圣等. 三维数据场可视化. 北京: 清华大学出版社, 1999.
14. 石教英等. 科学计算可视化. 测量工程技术. 北京: 机械工业出版社, 2003.